国家社会科学基金艺术学项目（14BG071）
河南省软科学项目（182400410355）

U1075098

中原地区传统民居营造技艺及传承研究

◎ 刘素芳 蔡家伟 著

中南大学出版社
www.csupress.com.cn
·长 沙·

图书在版编目（CIP）数据

中原地区传统民居营造技艺及传承研究 / 刘素芳，蔡家伟著．— 长沙：中南大学出版社，2019.8

ISBN 978-7-5487-3725-4

Ⅰ．①中… Ⅱ．①刘… ②蔡… Ⅲ．①民居—建筑艺术—研究—中原 Ⅳ．① TU241.5

中国版本图书馆 CIP 数据核字 (2019) 第 180669 号

中原地区传统民居营造技艺及传承研究

ZHONGYUAN DIQU CHUANTONG MINJU YINGZAO JIYI JI CHUANCHENG YANJIU

刘素芳　蔡家伟　著

□**责任编辑**　彭亚非
□**责任印制**　易红卫
□**出版发行**　中南大学出版社
社址：长沙市麓山南路　　邮编：410083
发行科电话：0731-88876770　　传真：0731-88710482
□**印　　装**　北京虎彩文化传播有限公司

□**开　　本**　710 mm × 1000 mm　1/16　□**印张** 20.25　□**字数** 350 千字
□**版　　次**　2019 年 8 月第 1 版　□ 2019 年 8 月第 1 次印刷
□**书　　号**　ISBN 978-7-5487-3725-4
□**定　　价**　88.00 元

图书出现印装问题，请与经销商调换

前言

中原文化以河南文化为代表，河南地处华夏腹地，是全国文物大省之一。这方神奇的热土，自古中天下而立，群山起伏，大河纵横，平原辽阔，深得天时地利之便，孕育了中华民族悠久的历史和灿烂的文化。由于历史上战争的频发，王朝的更迭，人民的迁徙，这里又成了民族汇合与交融的熔炉。自夏商周以来，迄宋代为止，这里长期是我国的政治、经济、文化中心。在漫长的历史岁月里，这里留下了丰富的遗迹和遗物。它们既是历史的见证，也是祖先对人类文明的伟大贡献。本书主要介绍河南典型的民居建筑，帮助我们从中了解中原地区传统民居的营造技艺和传承现状。

传统民居建筑与人类的文明几乎是同步发展的。它是历史上出现最早的建筑类型。它量大面广，与人民生活的关系最为密切，同时也是人类最原始且可持续发展的一种建筑类型。传统民居在很大程度上揭示了不同时代和不同环境下建筑的发生与发展规律，也反映了当时当地的经济、文化、生产、生活、伦理、习俗、宗教信仰，以及哲学、美学等观念。

本书致力于研究中原地区传统民居建筑的文化内涵、地域特色和形态特征，帮助人们了解传统民居所承载的人文情怀、精神内涵和历史文脉，从而更好地传承、保护和开发利用这一文化遗产，也有利于中原地区民居建筑传统元素和现代意蕴的完美结合。

本书的写作任务分配详情：第一章至第四章以及附录寨卜昌民居至荆紫关民居由刘素芳老师负责撰写，共计约 17.5 万字；第五章至第八章以及附录康百万庄园至八路军洛阳办事处旧址由蔡家伟老师负责撰写，共计约 17.5 万字。由于作者水平有限，书中的疏漏之处在所难免，希望广大专家学者和读者朋友批评指正！

目录

第一章　中原地区概况　/　001

第一节　中原文化简述　/　001
第二节　中原地区政区分布　/　003
第三节　中原地形地貌　/　004
第四节　中原气候　/　007

第二章　中原地区传统民居的地域分布　/　008

第一节　传统民居的地域分区方法　/　009
第二节　传统民居的地域分区结果　/　013
第三节　传统民居地域分布的共性和个性　/　023

第三章　中原民居的形态与空间组合　/　049

第一节　中原民居的形态与分布　/　049
第二节　中原民居单体建筑布局　/　051
第三节　中原民居院落形式与聚落组合　/　059

第四章　中原民居的结构与构造　/　068

第一节　建筑材料与承重体系　/　068
第二节　木构架类型与防水　/　073
第三节　地面与台基构造做法　/　083
第四节　墙体类型及构造技术　/　088
第五节　门窗形式及采光、通风　/　097
第六节　楼层、屋顶构造技术　/　109

第五章　中原民居的装饰与家具陈设　/　120

第一节　内、外檐装修设计　/　120
第二节　雕刻艺术的运用　/　133
第三节　家具陈设思想　/　158
第四节　匾额与楹联构造　/　167

第六章　中原窑洞民居　/　170

第一节　窑洞民居的形成　/　170
第二节　窑洞民居的分布与特点　/　172
第三节　窑洞的空间组合　/　174
第四节　窑洞的装饰装修　/　177
第五节　窑洞的营造技术　/　181
第六节　河南窑洞民居的现状与传承　/　184
第七节　中原窑洞民居典型实例分析　/　190

第七章　中原合院民居　/　197

第一节　合院的形态特征　/　197
第二节　合院的布局形制　/　199
第三节　合院的造型风格　/　203
第四节　合院的装饰装修　/　205
第五节　合院的营造技术　/　212
第六节　合院民居的典型实例分析　/　214

第八章　中原传统民居的保护、开发及传承　/　225

第一节　中原传统民居建筑现状　/　225
第二节　中原传统民居建筑的价值　/　228
第三节　中原传统民居的保护对策探讨　/　230
第四节　中原传统民居的开发　/　240
第五节　中原传统民居对现代建筑节能的启示　/　243
第六节　中原传统民居的传承与发展　/　245

附录　/　260

康百万庄园　/　260
八路军洛阳办事处旧址　/　273
寨卜昌民居　/　277
石头房　/　294
临沣寨　/　301
荆紫关民居　/　310

参考文献　/　317

第一章　中原地区概况

第一节　中原文化简述

中原文化以河南省为核心，以黄河中下游地区为腹地，向外逐层辐射，影响延及海外。中原地区是中华文明的摇篮，中原文化是中华文化的重要源头和核心组成部分。中原地区在古代不仅是中国的政治中心与经济中心，也是主流文化和主导文化的发源地。中原地区以其特殊的地理环境、历史地位和人文精神，在中国漫长的历史长河中长期居于主流地位。中原文化在一定程度上代表着中国传统文化。

河南自古是中国之中心，是中华民族的主要摇篮地，中华文明的主要发祥地，中华文化的主要创生地。我们的祖先就生息繁衍在中原大地上。南召县云阳人遗址、安阳小南海人遗址、新郑裴李岗文化遗址、渑池仰韶文化遗址、郑州大河村遗址，以及河南龙山文化和二里头文化遗址，都是当今学界公认的著名历史文化遗址。从中国第一个世袭王朝——夏朝，至北宋 3 000 多年的历史中，先后有 22 个朝代在河南建都，河南处于全国政治、经济、军事、科技、文化中心地位的时间长达 2 200 多年。2004 年，在国家公布的八大古都西安、洛阳、北京、南京、开封、杭州、安阳、郑州中，河南独占四席（洛阳、开封、安阳和郑州），这足以说明这块沃土有着辉煌的历史。长期的历史积淀使中华文明大量的文化景观、文化遗存、历史文物、文化典籍及艺术珍品留在了这片中原大地上。河南地下文物的数量居全国第一，地上文物的数量居全国第二，馆藏文物 140 余万件，约占全国珍藏文物总数的 1/8。河南是中国历史的缩影，是天然的历史博物馆，有“一部河南史，半部中国史”之称，主要表现有四点。一是从史前文明至有朝代起的夏商周，再到宋金，中华文明发展的各个重要历史时期都能在河南找到实物例证。二是文物品类齐全，古遗址、古墓葬、古城址、古建筑、石刻石窟、古文字、青铜器、陶瓷器、木漆器、玉器等各类文物应有尽有，而且都具有很高的知名度。三是文物价值高，如裴李岗文化遗址、仰韶文化遗址、郑州大河村遗址等，而且龙山文化和二里头文化遗址还是我国考古断代的标杆。四是文物地域分布广，几乎遍及全省各地，且数量众多。河南现已查明各类有价值的不可移动文物达 3 万余处，其中世界文化遗产 2 处，全国重点文物保护单位 189 处（198 项），省级文物保护单位 761 处，市、县级文物保护单位 5 000 多处。河南文物系统收藏的各类文物藏品中，已经鉴定的珍贵文物约 25 万件。河南拥有全国历史文化名城 8 座，省级历史文化名城（镇）20 座。

河南是中华民族的“民族之根”“文化之源”。相传人文始祖轩辕黄帝出生于新郑，河图洛书出于洛阳，考古发现中华第一龙出于濮阳。中原地区是汉文化、中华民族文化形成与发展的中心地区。在黄河与洛河之间发展起来的河洛文化在古代中国各地区各民族文化中长期处于领先地位，对四方文化具有很强的吸引力、融合力和辐射力。文字、礼器、青铜冶铸、都城及河图洛书，都是河洛文化对中国古代文明的重大贡献。中国目前发现最早的文字——安阳殷墟出土的甲骨文，世界第一部字典、归纳汉字生成规律、统一字义解析的《说文解字》，至今我们还在使用的规范性字体“宋体”，博大精深的《易经》，充满哲理的《道德经》，指导农耕生产与人民生活的农历二十四节气等，都源于河南。现代常用的 100 多个姓氏中，有 73 个源于河南。

在漫漫历史长河中，河南也是古代天文学、医学、地震学、文字学、老庄哲学、程朱理学等文化的发祥地。中原大地上孕育出的千古风流人物灿若群星，如古代哲学家和思想家老子、庄子、墨子、韩非、程颢、程颐；政治家和军事家李斯、刘秀、司马懿、岳飞；科圣张衡、医圣张仲景、诗圣杜甫、诗魔白居易、文字学家许慎（《说文解字》作者）、律圣朱载堉等。他们的传世之作，早已成为中华民族文化的重要基石。

除了这些星光灿烂的大家外，还有建筑界杰出名家——李诫，他为后人留下了举世名著《营造法式》。河南古代的城市（洛阳、开封）建设，在中国古代城市建设史上都居于示范性的重要地位。民居建筑也同样类型丰富、形式多样，亦为研究传统建筑的宝贵资源。

第二节　中原地区政区分布

河南省位于中国中部偏东，介于北纬31°23′~36°22′，东经110°21′~116°39′之间，东与山东、安徽相连，西与陕西接壤，北和山西、河北为邻，南临湖北，是中国东西南北的交接处。

现河南政区南北长550千米，东西宽580千米，全省总面积为16.7万平方千米。因大部分地区在黄河以南，故名河南，因曾是上古九州中心的豫州，故简称“豫”，又有“中州”之称，且因境内平原多，故又称“中原”。《吕氏春秋》记载，河汉之间为豫州。所谓“河汉之间”，即指黄河以南、汉水以北地区，大体相当于今河南省黄河以南所辖区域的大部分。

距今4000年前，河南逐渐发展成为全国的政治、经济和文化中心。我国第一个王朝夏朝建都于阳城（今登封告城镇），开始以河南西部的河洛地区为中心，向北、中部扩展；到启时，迁都阳翟（今禹州）。继之而兴的商族，崛起于今河南濮阳。商汤最初建都西亳（今偃师尸乡沟），中期时的都城在今郑州二里冈，盘庚时迁殷（今安阳小屯）。随后周公营建东都洛邑（今洛阳），使其成为东方的政治文化中心。春秋时期，境内属秦、晋、楚、宋、卫、郑、陈、蔡诸国。战国时属韩、魏、赵、楚之疆。秦统一中国后，设郡、县，河南分属三川、颍川、南阳、河内、陈郡、东郡和砀郡等郡。西汉承秦制，仍设郡、县两级，并实行分封诸侯王国与中央直辖的郡交错分布的制度。为了加强对郡、国的控制，西汉统治者又将全国分为司隶校尉部及13州刺史部，实际是监察区。河南分属司隶校尉部及豫、兖、荆、冀四州管辖，设有弘农、河内、河南、颍川、汝南、陈留、南阳和魏郡及淮阳和梁国两个诸侯王国。东汉建都洛阳，实行州辖郡、郡统县的制度，河南分属司隶校尉部及豫、兖、荆、冀、扬五州管辖，设有弘农、河内、颍川、南阳、汝南、陈留、东郡、魏郡等郡及陈、梁两国。三国时期河南属魏，先建都许昌，后迁洛阳，仍实行州、郡、县三级的制度，设12郡和梁国一国。西晋建都洛阳，境内有18郡。南北朝时期河南分属北魏和南齐。北魏在河南设8州26郡，南齐在河南设3州12郡。隋统一南北后，在河南设20郡。唐朝先建都长安，后迁洛阳，河南分属京畿及河南、河北、淮南、山东南等道，领21州郡及河南1府。五代时，后梁、后晋、后汉、后周建都汴（今开封），后唐建都洛阳，河南境内多数称州，少数称军、府。宋建都汴梁，河南境内设有京东、京西、河北诸路，路辖有府、州，有些军、监也隶属于路。府、州、军均辖县。宋南迁后与金以淮河为界，河南大部属金。元朝的中央辖区直属中书省，其他地区分设行中书省，简称“行省”，行省之制始于此。“行省”之下统路、府，府领州、县，也有府、州不隶于路而直属省。时河南境内黄河以北地区属中书省，黄河以南属河南江北行中书省。中书省在河南管辖的有大名、彰德、卫辉、怀庆等路和濮（pú）州，行省下属河南府路、汴梁路、南阳府、汝宁府、归德府。明朝改行中书省为承宣布政使司，司（省）下辖府、州，再下为县。明末，河南省领有开封府、归德府、河南府、南阳府、汝宁府、彰德府、卫辉府、怀庆府等府和汝州直隶州及京师之大名府、山东之东昌府的一少部分县，共计府属州31个，县96个。清朝恢复行省，省下为府，再下为州、县。整个清朝，河南领有开封、归德、河南、南阳、汝宁、陈州、彰德、卫辉、怀庆等9个府，郑、许、汝、陕、光等5个直隶州和淅川直隶所，府属州5个，县96个。民国初年改道制，河南设有开封、河北、河洛、汝阳4个道，5个直隶州，100余个县。民国中后期，政区屡有变动。至1948年，全省分为12个行政督察区，其中郑州、开封等市属第一督察区，商丘市属第二督察区，安阳、鹤壁等市属第三督察区，新乡、焦作等市属第四督察区，许昌、平顶山等市属第五督察区，南阳市属第六督察区，周口市属第七督察区，驻马店市属第八督察区，信阳市属第九督察区，洛阳市属第十督察区，三门峡市属第十一督察区，兰考、杞县、睢县、通许、民权等县属第十二督察区。

中华人民共和国成立后，河南省行政区划逐步调整，截至2005年，河南省共有郑州、开封、洛阳、平顶山、安阳、鹤壁、新乡、焦作、濮阳、许昌、漯河、三门峡、南阳、商丘、周口、驻马店、信阳、济源等18个省辖市，共有21个县级市和89个县，共110个县级行政区划。

第三节　中原地形地貌

河南地处我国第二阶梯与第三阶梯的过渡地带，地势西高东低。北、西、南三面由太行山、伏牛山、桐柏山、大别山环绕，“五岳”之一的中岳嵩山位于河南中部。区内有断陷盆地，东部为宽阔的平原。河南境内山地和丘陵面积占全省总面积的44.3%，平原面积占55.7%。地貌大致由豫北、豫西、豫南山地和黄淮海平原、南阳盆地等五个分区组成。

豫北山地，即太行山区，位于黄河以北，京广铁路以西，是向东南凸出的弧形山脉，为海拔1 000～1 500米的单面山地。山地东西两侧地形有显著不同：西北坡和缓，逐渐倾入山西高原；东南坡险峻，陡落于黄河新冲积平原。山前有海拔300～400米的丘陵，山间多小型盆地，较大的有林县盆地、沁阳盆地等。

豫西山地位于黄河以南，南阳盆地以北，是秦岭山脉的余脉，由5条支脉组成，分别为小秦岭、崤山、熊耳山、伏牛山和外方山。它们在河南境内呈扇形向东南展开，构成面积广大的豫西山地。豫西山地海拔大都在1 000～2 000米，部分山峰海拔超过2 000米。山脉向东逐渐降低、分散，形成低山丘陵。南支伏牛山脉呈西北至东南走向，位于南阳盆地北侧；中间两支为熊耳山和外方山；北支为小秦岭，为河南境内最高的山脉，主峰老鸦岔垴位于最西部的灵宝市境内，海拔2 413.8米。

豫南山地包括桐柏山脉、大别山脉，自西北向东南延伸，横陈于豫、鄂、皖边境。其东部的大别山以低山为主，海拔一般在1 000米以下，山势低缓，山体较破碎。西部的桐柏山脉山势也较低，海拔高度400～800米，主要由低山丘陵组成。山地中分布着一些小盆地，共同构成长江与淮河的分水岭。

黄淮海平原位于河南省东北部区域，西起太行山、豫西山地的东麓，南至大别山北麓，东部和北部直达省界，属华北平原最南端的部分，是由黄河、淮河和卫河冲积而成。其东北部，是黄河出山地以后造成的巨大扇形冲积平原，地势分别向东北和东南方向平缓下降，沿坡面作扇形分散。平原高度多在100米以下，东部降至50米左右，南部沿淮河一带海拔在30米上下，是省内的最低处，平原面积8万平方千米。这里土层深厚，土壤肥沃，地下水资源丰富，成为全省的主要农业区。

南阳盆地又名南阳平原，位于豫西山地和豫南山地之间，为伏牛山、桐柏山和湖北的大洪山、武当山所环抱，中间是由汉江支流的唐河、白河侵蚀冲积而成的向南敞开的扇形平原，宽约110千米，长约150千米。这里水热资源丰富，适宜多种农作物生长，是河南省重要的农业生产基地之一。

河南境内河流众多，有古称为“四渎”的长江、黄河、淮河、济水。其中淮河、济水发源于河南，黄河横贯河南省境的东西，长江最大的支流汉水在河南也有多条支流。省内水系流向随地形变化，大多发源于西部、西北部和东南部山区，分别流往东、南、东南和东北方向，分属长江、黄河、淮河、海河四大水系。河南境内以黄河、淮河水系为主，流域面积在 100 平方千米以上的河流有 490 多条。其中，黄河的主要支流有伊洛河、沁河、漭河、宏农涧河、金堤河等。淮河支流众多，干流两侧呈明显不对称状分布，南侧支流源出桐柏山和大别山，河短流急，北侧支流发源于豫西山地和黄河南侧，主要有沙颍河、洪汝河、贾鲁河、惠济河等，源远流长，水量较大。唐河、白河和丹江是长江支流汉水的重要支流，也是河南省南部的大河，这些河流水量丰富，省内流域面积 2.72 万平方千米。卫河源出太行山，是豫北地区的一条大河，也是海河最长的支流，省内河段长 400 余千米，流域面积 1.3 万平方千米，省内主要支流有安阳河、汤河、淇河等，均从西侧山区汇来，卫河东侧为平原区域，支流很少。

河南东西联系的通道是黄河谷地，可以上溯至关中，直达大西北和西亚地区，著名的丝绸之路向东延伸正是经过黄河谷地，现代重要的交通动脉陇海铁路线和连霍高速公路都经过这条通道。南北之间的通道是在山地与平原交界的地带开辟的，如古代著名的南（阳）襄（阳）通道，现代的京广铁路线、京港澳高速公路、大广高速公路等，均属这一地理区域。从政区和交通位置来看，河南处于居中的位置。以河南为中心，北至黑龙江畔，南到珠江流域，西至天山脚下，东抵东海之滨，大多跨越两至三个省区。若以省会郑州为中心，北上京津唐，南下武汉三镇，西至关中平原，东至沪宁杭，其直线距离大多在 600 ~ 800 千米。河南承东启西、通南达北的地理位置，决定了其在全国经济社会活动中的重要地位。

从地理位置上看，河南是各族人民南来北往、西去东来的必经之地。从历史上看，河南是各族人民频繁活动和密切交往的中心。因此，“得中原者得天下”成为从古至今的政治家、军事家们的共识。在这片土地上，曾上演过一幕幕惊心动魄的历史剧，诸如武王伐纣、周公营洛、春秋诸侯争霸、战国群雄逐鹿、刘邦项羽对峙、光武刘秀兴汉、曹魏中原称雄、隋末瓦岗暴动、赵匡胤陈桥兵变、岳飞抗金、李自成中原血战、蒋冯阎大战、京汉“二七”风暴、刘邓大军挺进中原等。历史的风云变幻，无不在中原大地上留下深深的痕迹。

今天，河南境内三纵四横的铁路网、四通八达的高速公路和不断发展的航空运输，进一步强化了其交通枢纽的特殊地位。西气东输、南水北调等国家重点工程陆续兴建。河南仍然是全国经济社会活动的中心区域。

第四节　中原气候

河南地处亚热带北界，四季分明，光、热、水资源比较丰富，过渡带气候特征明显。河南的气候主要有以下三个特点。第一，过渡性明显，地区差异性显著。我国划分暖温带和亚热带的地理分界线为秦岭、淮河一线。此线正好穿过河南境内的伏牛山脊和淮河干流。此线以北属暖温带半湿润半干旱地区，面积占全省总面积的70%。此线以南为亚热带湿润半湿润地区，面积占全省总面积的30%，气候具有明显的过渡性特点。全省由于受季风气候的影响，加上南北所处的纬度不同，东西地形的差异，境内热量资源南部和东部多、北部和西部少，气候地区差异性明显。第二，河南气候冷暖适中，兼有南、北方气候特点。冬冷夏热，四季分明，冬长寒冷雨雪少，春短干旱风沙多，夏日炎热雨丰沛，秋季晴和日照足。南北两个气候带的特点兼而有之，有利于多种农作物的生长。第三，季风性气候特征显著。河南西靠欧亚大陆，东近太平洋，冬夏海陆温差显著，风向随季节变化明显。季风气候对农业的影响主要是有利的，但也有不利的一面，具体表现为降水量南部和东南部多，北部和西北部少，且降水多集中于夏季。

河南境内年均降水量差别大，自西北向东南递增。少雨区位于伊、洛、卫河沿岸一带，年均降水量不足600毫米。多雨区位于淮河以南，年均降水量1 000毫米以上。由于影响雨水的季风各年强度不一，雨量年均悬殊甚大，多时可超过年平均雨量的50%，甚至一倍，少时只有年平均雨量的1/2，这种极端的天气情况即为灾害现象，对农业经济会产生不利影响。

第二章　中原地区传统民居的地域分布

对中原地区传统村落进行地域分区的实质，是以村落为对象，根据影响村落空间形态的因素，归纳河南省传统村落在地理空间上的分布特征。村落的地域分区也体现了传统村落中人的活动与其所处的环境的关系。村落的地域分区现象是一种客观存在，不同地区乡村房屋的结构形式、村落形态都有着明显的差别。各种不同聚落的用地也不同，它们在地理分布上，或有明显的分界线，或者逐渐过渡。处于相同自然条件下的民居及村落，其形态便包含许多共同特征，而处于不同自然条件下的民居及村落则形态各异。

通过实地调查走访和对相关文献资料的总结，我们发现河南省传统村落的地域差异现象是客观存在的。传统村落分布在一定的地域空间单元，其发生、发展都借助于一定的地域空间。其村落选址、村落布局、结构形式、营造技艺等，都体现出很强烈的地域特征。河南的传统村落数量多，村落本身易受到自然、社会等诸多因素的影响，区域特征明显。分区域研究，同时将不同地域的村落纳入整体的研究框架中，总结各地域特征，横向比较各地域间的差异，是行之有效的研究办法。

以传统村落为研究对象，归纳这些地域差异造成的传统村落之间的差异，如村落选址、村落形态、空间结构等方面的差异，与百姓的生活方式、基本需求及村落社会组织等方面进行关联耦合，就能改变传统上只对河南民居本体物质形态单一性的描述和总结。建立传统村落的地域分区，也跳出了以描述单个村落为对象的现状，更易从地域性和文化性等方面研究村落，符合村落作为聚落最小社会单元的基本属性。合理的地域分区，通过区域内的纵向比较与区域间的横向比较，总结区域特征和区域间的差异，对研究中原地区的传统村落来说不失为一个良策。

第一节　传统民居的地域分区方法

一、主导因素影响论

（一）地域分区方法

影响地域分区的因素有很多，得到了学术界普遍认可的是基于地域决定论和文化决定论而延伸出来的主导因素影响论，即认为村落的分布规律及整体形态是在某种主导因素的影响下产生的，即把影响村落分布因素的类型图叠置在一起，用叠置法进行村落地域的划分，同时坚持主导因素为主的原则。河南的村落空间形态普遍存在受到某一种因素影响为主、其他各种影响因素交织在一起的现象。

在村落的形成过程中，必然是在多重因素影响下构筑人、村落和环境的和谐。只用单方面的“决定论”去认识村落，不足以理解这种“五脏俱全”的小型社会。人类活动不仅仅在于控制物质环境，更重要的是实现内心和物质环境的和谐统一，形成一个文化意义上的理想家园。正如《尔雅·释地》中所云：“地气使之然也。”归纳起来，地理环境、以小农经济为基础的宗法社会、传统的伦理观念都是构筑传统村落环境的重要影响因素。人类借助了一切可能的工具，将这一理想化的模型变为现实。无论是气候、材料、技术，还是社会、经济等因素的影响，既定的价值取向使百姓朝着实现自己理想家园的目标不断地修正和完善。葛全胜、吴忠勇、王会昌、金其铭等自然地理学家对地域分区进行了大量的总结，成果丰硕（表 2-1）。

表 2-1　关于地域分区的理论及代表人物

序号	人物	理论观点及主张	
1	葛全胜	自然和人为主导因素，地域分区应同时反映自然现象和人类活动的地域差异	
2	黄秉维	自上而下	将整个对象分为若干部分，按照重要性来排列指标，选用一种特征划分区域，分区结果受到选取指标及顺序的影响
2	黄秉维	自下而上	根据相似性指标，从最低级的单位开始，先把它们组合为若干类型，再按更高层次的相似性指标进行组合。组合是根据可观测的事实逐次归纳的

续表 2-1

序号	人物	理论观点及主张	
3	吴忠勇	主导因素叠置法	选取影响地域分区的主导性因素产生的地域分区结果，进行叠加综合
4	朱光亚	自下而上	以民居不同的结构体系为划分标准，划分建筑文化圈
5	王会昌	自上而下	两区三级区划：东部农业文化区和西部游牧文化区两大区，中国传统农业文化等 4 个亚区，中原文化副区等 15 个副区
6	金其铭	自上而下	三区两级区划：南方、北方、西部三大区，晋豫陕等 11 个亚区
7	陶金	自下而上	根据传统民居的构成要素类型，对广东梅州民居进行文化分区

（二）主导因素叠置法

对河南传统村落进行地域上的区划，主要借鉴地理学上分区的概念和方法，笔者拟采用“自上而下”的方法，将提取的地理特征、文化圈层等要素分层叠加，据此来作出结论，并把“主要矛盾体现在地域分异的主导因素之上，作为区划的依据”。只需要用粗线条勾画出相似的区域和分异规律，相对客观地揭示出地域分区的规律。孤立地以某种单一的因素作为限定条件来划分传统村落的地域分区都可能是片面的。“人类广泛的活动会使自然界发生巨大的变化，人为变化对植被、水文、土壤、动物等影响都非常大，在若干地域会因为人类活动而产生比较显著的变化”。结合河南地域的实际状况与传统村落的现状，笔者提出以下分区指导原则。

第一，以河南传统村落为对象，地域分区要反映地域特征和人类活动的差异性。

第二，区划级别控制在区域和亚区两个层次。

第三，地域分区之间的边界可能存在多种类型，边界特征表现为地理特征的转折或文化过渡融合地带。

二、地域分区边界

进行地域分区，必然涉及分界线的问题。“区域的边界有突变型和渐变型，突变型边界可以勾画出明确的边界线，如自然区中的海陆界线、社会经济区中❶的国家界线等；也有自然区和社会区没有泾渭分明的界线，在区与区之间

❶ 王建．现代自然地理学[M]．北京：高等教育出版社，2010.

有宽阔的连续过渡地带，这类边界是渐变型边界线。”对于边界的探讨，学术界多采用行政区划作为边界，如学者余英运用“历史民系地域综合研究法”结合历史行政区划，将中国东南部社会与建筑的区系分为了五大民系。宋海瑜认为，“进行区划研究时，分区界线必须考虑到行政区的完整性，因为行政单元大部分都是历史上演变而来的，大多数区域界限都与行政区吻合，是综合地理区域划分中必须要考虑的因素”。

以行政区划边界作为地域分区边界的由来已久。从唐代开始，就是以山川、河流作为行政边界，开启了“山川形便”之先河。“唐代道的设置的划分原则是山川形便，即以自然的山脉、河流走向为分界依据；从道的命名，可以看出一种附于行政建置的南北观念。”“唐太宗在贞观元年将天下诸州以山川形便分为十道，严格以名川及关隘要塞作为界限。”从历史地图来剖析，在历史上河南的行政边界与自然山川、河流等多有吻合之处，因此以行政边界作为地域区划具有可行性。

本书在进行地域分区时，以行政区划边界为重要的参考对象。河南现有的行政区划边界，与自然地形地貌特征存在着高度的吻合，有的行政单元，如南阳，就是一个非常完整的村落的地域分区。

三、河南已有的地域分区

（一）地域中心说

学者左满常以河南传统民居为研究对象，按照地理方位结合河南人的习惯进行区划，以省会郑州为中心，将河南划分成豫东、豫西、豫南、豫北。“豫东指郑州以东的开封市、商丘市和周口市以及永城市、兰考县、鹿邑县在内的省直管县（市）；豫西指郑州以西的洛阳、三门峡所辖的区域；豫南指郑州以南的许昌、漯河、驻马店、信阳和西南部的平顶山、南阳等地所辖的区域；黄河以北的新乡、安阳、焦作、鹤壁、濮阳等所辖区域为豫北地区。”

（二）河南综合自然区划

河南大学的全石麟等综合了河南的地质构造、植被、土壤等实际情况，按照自然综合体的相似性和差异性进行自然区划，形成了高低两个级别的结果（表 2-2）。

表 2-2 河南综合自然区划

<table>
<tr><th colspan="2">高等级划分</th><th colspan="3">低等级划分</th></tr>
<tr><td rowspan="3">I</td><td rowspan="3">北亚热带落叶阔叶与常绿针阔叶混交林——黄棕壤与黄褐土地带</td><td></td><td>地区</td><td>州</td></tr>
<tr><td>I</td><td>桐柏山大别山丘陵地区</td><td>桐柏大别山地州和桐柏大别山北麓丘陵州</td></tr>
<tr><td>II</td><td>南襄盆地地区</td><td></td></tr>
<tr><td rowspan="3">II</td><td rowspan="3">暖温半干生落叶阔叶林——褐色土地带</td><td>III</td><td>黄淮平原地区</td><td>淮河平原州和黄河平原州</td></tr>
<tr><td>IV</td><td>秦岭东段山地丘陵地区</td><td>嵩山箕山低山丘陵州、伏牛山地州和豫西黄土丘陵山地州</td></tr>
<tr><td>V</td><td>山西高原地区</td><td>太行山东麓丘陵盆地州和太行山地州</td></tr>
</table>

资料来源：全石麟，李克煌．河南综合自然区划问题的探讨[J]．河南大学学报（哲学社会科学版），1964（1）：108-123.

（三）河南农业经济分区

学者张教平等结合河南各区的资源条件和现状特点，在农村经济区划理论的基础上制定了区划原则体系，将河南全省划为七个农村经济区域。以农村的经济为对象，划分出相似的农村经济分区。根据相似的地域特点、发展方向、产业结构和布局，寻找农村经济的空间发展规律。

表 2-3 河南农业经济分区

Ⅰ区	豫西北	郑州、洛阳、安阳、鹤壁、焦作、新乡等市所辖区域
Ⅱ区	豫中	平顶山、许昌、漯河所辖区域
Ⅲ区	豫东北	开封、濮阳、商丘及新乡市的延津、长垣、封丘、原阳县，鹤壁市的浚县，安阳市的滑县、内黄等县
Ⅳ区	豫东南	除泌阳县外的周口市、驻马店市
Ⅴ区	豫南	信阳市
Ⅵ区	豫西南	南阳市所辖各县和驻马店市的泌阳县
Ⅶ区	豫西	三门峡市和洛阳市的栾川、嵩县、汝阳、洛宁、宜阳、伊川等县

资料来源：张教平，朱友文，杨延哲．省级农村经济区划研究——以河南省为例[J]．地域研究与开发，1999（4）：46-49.

（四）中原文化圈区划

河南形成了以中原地域文化为脉络的文化体系，学者郑东军根据河南的地理环境、气候条件、人类活动等限定要素，以及河南地区在历史上的酋邦、方国、封国、族群的影响，将中原文化分为河洛文化、天中文化、河内文化、黄淮文化和楚文化等五个子文化地区。学者赵天改根据婚丧嫁娶习俗、方言分布、宗教信仰等地域文化，将河南分为陕州文化区、河北文化区、西府文化区、南阳文化区、豫东黄河文化区、豫南楚文化区等六个文化分区。

第二节 传统民居的地域分区结果

无论什么类型的村落，都是“处于一定的地理环境中，都是在一定的社会生产力水平下，人类活动与特定地理环境结合的产物”。村落都是在特定的自然环境及人文历史、经济发展的影响下逐步形成的。因此，在地域分区过程中，自然因素、社会因素等是重点要研究的对象。

一、自然因素影响下的传统村落地域分区

绝大部分河南村落是以农业为主导类型的村落，自然环境、地理条件等成为这些村落地域分布首先要考虑的因素。自然环境设定了“村落营建的门槛，提供了可能性的范围”。祖先最初营村建寨的一个主要目的是为了解决人与自然、繁衍与灭亡的矛盾。村落生存与发展必然受到自然地域条件的限制，“自然环境是决定聚落空间的必要因素，尤其是在自然条件恶劣的地域，能否适应自然极大地左右着聚落的布局，”“村落的发展演化、形态规模强烈地受到各自然要素的综合作用”。日本学者和辻哲郎认为，“村落形态、居住形式的差异性主要是由风土的影响所致，而风土是某一个地方的气候、气象、地质、景观的总称”。德国学者拉采尔认为，地理环境对人类居所起到了决定性的作用，地理条件决定着民族性与社会制度，制约着历史与文化发展的方向，如地理环境对人的生理、心理及社会组织架构、人类迁徙及最后分布都会产生影响。法国学者让·白吕纳也认为，村落形式的本身就是一件地理事实，“处于相同自然条件下的村落有着许多共同的特征，而处于不同自然条件下的民居及村落则形态各异”。自然因素对村落的影响主要体现在以下的几个方面：第一，村落

的形态和民居所采用的形式受到这个地区降水、温度、日光、地形等因素的影响，形成了地域性的差别；第二，“农村聚落的位置、规模、形态、分布，与地形、河流的关系最为密切”；第三，靠近地理中心的居住形式相对成熟，其成熟度向地理的边缘地带递减。

（一）地形地貌对河南传统村落的影响

河南传统村落根据其所处的地域特征，如平原、丘陵、高山或者沿河不同而有形态差异。地域特征在一定程度上决定了村落分布、形态和空间上的差异。河南地处我国第二阶梯和第三阶梯的过渡地带，地形地貌丰富，地势西高东低，北、西、南三面由太行山、伏牛山、桐柏山、大别山环绕（表 2-4），东部为广阔的平原，山地和丘陵面积占全省总面积的 1/2 左右。山区、平原、丘陵、黄土塬等地形地貌的差异会造成形态迥异的村落，尤其体现在村落的宅院营建、防御体系的组织、村落的空间格局、百姓的风俗礼仪等方面，它们都有本质上的差别。

表 2-4　河南主要的山体及其特征

序号	名称	特征
1	豫北太行山	海拔 1 000 ~ 1 500 米的单面山地，靠近河南一侧山势挺拔，山前有丘陵，山间多小型盆地
2	豫西秦岭余脉	秦岭山脉向东延伸的五支余脉，分别为小秦岭、崤山、熊耳山、伏牛山和外方山，构成广大的豫西山区。山地大部分海拔在 1 000 ~ 2 000 米，山脉海拔向东逐渐降低、分散，形成低山丘陵
3	南阳盆地伏牛山	山地对南阳盆地呈环抱状，大部分海拔在 1 000 ~ 2 000 米，山前形成低山丘陵
4	豫南大别山	南部山地包括桐柏山、大别山脉，自西北向东南延伸，横陈于豫、鄂、皖边境，其东部的大别山以低山为主，海拔在 1 000 米以下，山体破碎

（二）气候

河南的气候主要有以下特点：一是地区差异显著，区域间过渡性明显，我国温带与亚热带的地理分界线为秦岭—淮河一线，正好穿过河南境内的伏牛山脊和淮河干流，气候有明显的过渡性特征；二是河南的气候冷暖适宜，兼有南北两方的气候特征，四季分明；三是季风性气候特征显著，风向随季节变化大，降水量分布差异也较大，豫南、豫东南年降水量明显高于豫西、伊河、洛河一带。气候在河南的传统村落中的影响也很明显，尤其体现在宅院类型和营建上，院落的空间尺度南北差异大，营建材料上东西差异明显。

（三）分区结果

综合河南的地形地貌特征、气候及河流等自然要素对河南进行区划，将河南总共分为五个大区六个亚区（表 2-5）。

表 2-5　自然因素影响下的河南传统村落地域分区

分区		所辖区域	亚区	特征描述
Ⅰ区	豫西	三门峡、洛阳	Ⅰ-1 三门峡	位于河南西部秦岭余脉，形成了山体、黄土塬等地形，区域内伊、洛二河交汇于黄河；气候干燥少雨
			Ⅰ-2 洛阳	
Ⅱ区	豫南	南阳、驻马店、信阳	Ⅱ-1 南阳	位于河南南部伏牛山—桐柏山带状沿线，形成了山区、浅山区、山前平原等地形；气候湿热多雨
			Ⅱ-2 驻马店、信阳	
Ⅲ区	豫中	郑州、平顶山、许昌		位于河南中部，环嵩山带沿线，地形以浅山区、山前平原为主
Ⅳ区	豫东	漯河、周口、开封、商丘、濮阳、新乡、焦作的部分地区	Ⅳ-1 黄河以北	广大平原地区，主要有黄河以南，黄河夺淮泛滥形成的黄淮平原和黄河以北的豫北平原；气候四季分明
			Ⅳ-2 黄河以南	
Ⅴ区	豫北	济源，焦作的博爱、修武，新乡的辉县，守阳的林州		黄河以北的太行山沿线，山地与平原分界线清晰，山势险峻

二、社会文化因素影响下的传统村落地域分区

文化决定论者强调人的因素，认为村落受到文化圈层的影响，“区域影响人，人影响区域”，把人所派生出来的社会因素也充分考虑了进去。日本学者藤井明认为，“风土绝不是决定性因素，只不过是作为一个已知的条件而已，各种宗教及宇宙观、空间观念、社会制度和家庭制度都会反映在传统的聚落和

住居当中，其多样性是人家自己主张的体现，它完全凌驾于风土之上”。学者金其铭也认为，“随着时间的推移，文化现象要比自然地理现象具有更大的变动性，自然条件对聚落的影响虽然是经常性的，但是自然条件是被动的因素，经常主动影响聚落的是社会条件”。社会文化因素可以轻易地破坏掉延续了几百年的原始村落，如新材料、新的生产组织方式、外来文化的渗入，都会使村落发生一些质的变化。刘易斯·芒福德认为，在聚落的形成过程中，文化符号早于物质形态，“早在人类制造工具之前就已经能够创造符号，建造房屋是一种复杂的文化现象，其构成的形态和组织方式与其所处的社会环境有密切的关系”。《礼记·表记》记载：“殷人尊神，率民以事神，先鬼而后礼。”《荀子·儒效篇》记载：“居楚而楚，居越而越，居夏而夏。”《礼记·王制》：“广谷大川异制，民生其间者异俗。”这些古文献中的记载都表明，文化圈层对生产力相对低下的村落有影响，村落中的部分祭祀、占卜等文化现象一直延续至今。

学者罗德胤从民族谱系的角度出发，将中国传统村落分为四个分区（表2-6）。

表 2-6　中国传统村落谱系特征

序号	片区名称	文化特征	气候、地理特征	建筑特征
Ⅰ区	汉族片区	宗族文化、泛神崇拜、科举影响	丰富多样的农业景观，讲究风水	以合院为主，常见的公共建筑有宗祠、庙宇和文教建筑
Ⅱ区	少数民族片区	苗族人信奉巫术，牯藏节是苗族民间最大的祭祀活动	村落多在海拔较高的山区，狩猎是维持生存的必要手段	各个民族表现不同，如苗族以吊脚楼、土坯房、石砌房等为主
Ⅲ区	民系片区	宗族对村落的主导作用极为明显，宗族对村落影响的时间节点因地域不同而有差异	沿海，与海外交流的过程中，传统民居里也有西方建筑元素的出现	住祠合一或住祠分离
Ⅳ区	混合片区	原住加外来人口的格局，文化会产生碰撞	主要沿用原来的文化风俗，文化融合困难	主要还是沿用原来的建筑形态

资料来源：罗德胤．中国传统村落谱系建立刍议[J]．世界建筑，2014（6）：104-107，118.

文化圈层与村落空间有着对应关系。“从文化发生的角度来看，任何一种文化都是和一定的自然、社会环境相对应的。”司徒尚纪认为，文化区域是一种空间单位，是时间推移和空间扩张的统一体，遵循以下原则：第一，比较一致或相近的文化景观；第二，同等或相近的发展程度；第三，类似的区域文化发展程度；第四，文化地域分布基本相连成片；第五，有一个反应区域文化特征的文化中心。

文化表象会投射到物质空间中，并以此为载体影响整个的民居形态和聚落形态。村落中的百姓都有着相似的生活态度和生活方式，共同去应对外界物质环境的变化。由于不同的区域之间，社会、文化、经济等诸多因素的千差万别，应对方式也就跟着地域的不同而形成差异。社会文化因素对村落的影响主要有以下几个方面。第一，文化制约。文化制约是指一个社会的观念、制度和习俗性活动对村落及民居形式有着至关重要的影响。第二，风气制约。约定俗成的行事规范对村落及民居形态有着同样重要的影响力。第三，世界观制约。村落百姓对外部世界的独特看法和认识对村落及民居形态有着重要的影响力。第四，民族性制约。一个族群常见的集体性会对村落及民居形态产生重要的影响。在生产力相对低下的传统村落中，个体的诉求往往显得微不足道，而整个村落对理想环境的共同追求和目标，会将文化上的理念和情感都付诸实物。因此整体性、系统性的村落具有很强的社会象征意义。

（一）以中原地域文化为主导的圈层

中原文化主要指以中原地域为依托，在中原地区生活的人们与其所处的自然物质环境、社会精神环境等构建而成的复杂关系，以及在这种关系下形成的制度、思想观念、生活方式、人文风俗的统称。从传统村落中我们可以清楚地观察到这个地域的文化脉络和发展轨迹，“没有任何一个民族，不可以从其聚落景观中寻找出其文化演进的轨迹，更可以从聚落形式及屋宇结构看出一个民族的文化概况”。

中原地域文化有很强的渗透力和包容力，地域之间存在着相互渗透的迹象。如豫西地区明显受到晋陕文化圈层的影响，晋商经常往来于豫西地区，豫西村落中一些较大规模的宅院布局、装饰，都与晋东南一带非常相似。同时，在山西地域范围内，也会有河南地域文化的渗透，如汾水中下游的晋南地区也有河南文化的因素。

（二）分区结果

综合已有的研究成果，结合影响村落营造方式和空间形态的社会性因素，如历史上的文化圈层、方言民俗、宗教信仰等，笔者将河南分成五个文化圈层（表 2-7）。

表 2-7　社会因素影响下的传统村落地域分区

	分区	所辖区域	亚区	特征描述
Ⅰ	河洛文化区	三门峡、洛阳、平顶山、济源		文化正统，深受礼制等儒家文化的影响
Ⅱ	楚文化区	南阳、信阳	Ⅱ-1 南阳 Ⅱ-2 信阳	人文情怀浓厚，重山水，地域文化影响深厚，重商轻农
Ⅲ	河内文化区	焦作、新乡、鹤壁、安阳、濮阳	Ⅲ-1 豫北山区 Ⅲ-2 豫北平原	乡绅文化影响深厚，重山水
Ⅳ	黄淮文化区	郑州、许昌、漯河、周口、开封、商丘	Ⅳ-1 豫中地区 Ⅳ -2 豫东地区	中原文化的中心区域，历史上战乱不断，文化多元，文化融合，其中形成了环嵩山带的嵩岳文化圈
Ⅴ	天中文化区	驻马店		南北经济转移的过渡区，兼有楚、中原文化的特征

Ⅰ- 河洛文化区。“河洛文化影响范围非常大，是一统文化和国都文化，是中华文化的源头。”河洛文化的影响范围有着明确的界定：“黄河中下游，洛水流域，”“以洛阳为中心，西至潼关、华阴，东至荥阳、郑州，南至汝颍，北跨黄河而至晋南、济源一带。”河洛文化中心的影响明显，向四周逐步减弱，主要影响力在以洛阳为中心的伊、洛两河沿线。夏代至北宋时期，河洛文化最具辐射力和影响力。受地理、经济和政治等因素的影响，河洛文化以正统性、传承性、融合性、原创性为特点。

Ⅱ- 楚文化区。楚文化主要是指先秦以来的楚地文化，影响范围“北接陈汝，襟带许洛，南连襄郢，肘腋安凤”，主要在与湖北接壤的信阳、南阳一带。

有学者考证，楚文化的发源地丹阳，就在今天的南阳淅川境内。中原楚文化是楚人在中原一带文化创造的遗存，如现在方城等地保留的楚长城遗址。楚文化重山水、崇尚自然，与地域结合紧密。

Ⅲ－河内文化区。河内文化区是指以河南焦作地区为中心的黄河以北地区。历史上夏少康十八年（公元前 2101 年），夏帝王还将国都迁于河内西部的原，河内便成了夏帝国的核心。商朝定都于殷，河内则属于京畿要地。《尚书·禹贡》有“覃怀底绩，至于衡漳”的记载。秦汉之后，覃怀河内一直是中国中原地区文化经济比较发达的河朔名邦。清咸同年间，该区域能率先大规模展开寨堡类村落的建设，一定程度上也得益于发达文化的传承。

Ⅳ－黄淮文化区。黄淮文化区是中原的核心地带，主要指豫东、豫中地区黄河中下游及淮河上游地区。历史上这里是不断遭受兵燹之地，文化多元，以“水文化”“商文化”“汉文化”为代表。

Ⅴ－天中文化区。天中文化区主要指驻马店地区，也是中原文化圈层的重要组成部分。据《禹贡》等史书记载，禹分九州时，豫州为九州之中，汝南又为豫州之中，故此地被称为“天中”。这里有泌阳的盘古文化，汝南的梁祝文化，上蔡的重阳文化，西平的嫘祖文化，以南海寺、北泉寺为代表的宗教文化；近代历史上，红色文化也非常盛行。同时，这里还是南北文化经济相互转移、人口大迁移的过渡区，兼有南北文化的特征。

三、经济及其他因素对村落地域分区的影响

（一）商业活动对村落空间的影响

经济因素对传统村落的影响并不像地理环境、文化圈层的影响那么强烈。普遍的观点认为经济因素会起到一定的作用，但这种作用并非是决定性的，“经济状况相似的群体可能有着不同的道德观和世界观。宅屋是世界观的体现，因此经济生活对宅屋形式就没有决定性的影响了”。对大部分以农业为主导的村落来说，经济因素对村落空间形态起不到决定性的作用。原因如下：第一，中原地区大多数村落是以自给自足的小农经济为主，村落中的百姓生活在封闭的经济圈内，低下的生产力把农民的生活需求限制在极低的水平线上，经济交流相对较少；第二，交通是一个限制因素，传统的交通方式使老百姓的经济生活半径往往集中在一定的范围内，“村落的分布受到耕作距离的限制，多在 5 千米以内，即一个小时的步行尺度以内”。勒·柯布西耶也认为，村落处在一

种完全原始、未开化的状况中，农民对其他地方的了解有限。

但从另外一个角度来说，商业活动在激发村落活力方面起到不可忽视的作用，对村落空间会产生一定的影响。美国学者施坚雅认为，中国乡村存在着稳定的经济空间结构，“农民的实际社会区域的边界是由它的基层市场所辐射的范围决定的”，集市是农村社会交往的一个重要影响因素，不论村落大小，一年总会有几次规模不等的“集”或“会”。在集市上交换的物品是剩余下来的农产品、手工业品或者是牛羊等牲口。市场被作为一个老百姓交往的空间，“中国人徒步走上三里或者八里，甚至十来里去一个市场，是很平常的事情，因为市场不仅仅是一个市场，还是一种一般性的交流。大家知道，在这里可能会碰上任何一个其他的人”。河南受到经济因素影响显著的村落归纳起来有沿河、官道、手工业等类型。商业活动也给这些村落空间尤其是空间的尺度、结构带来了一些显著的变化（表 2-8）。

表 2-8　经济因素影响下的河南传统村落形态与空间

序号	类型	特征	村落布局影响	村落空间影响
1	沿河类型	沿河运、漕运的码头等形成	沿着河岸带状分布	沿河道发展，线状空间，界面整齐完整，公共建筑多
2	官道类型	官道沿线驿站发展形成，借助便利的交通存在	沿着官道带状分布	紧密结合地形布局，山区村落布局松散，空间多样
3	手工业类型	村民以生产手工业制品为生，对土地的依赖较弱	一般呈团状分布，紧凑布局	村落中的窑、作坊等形成了手工业制作中心

（二）水患对中原地区传统村落地域分区的影响

河南东南部黄淮平原的产生与“黄河夺淮”有着密切的关系。历史上黄河不断决口，奔向淮河，淤积形成了今天的黄淮平原。《金史·河渠志》中记载：“南宋建炎二年（1128 年），杜充决开黄河，数十年间，迁徙无定，以东南入泗夺淮为常，成为黄河全面夺淮之先声。”黄河在淮北平原上肆虐泛滥，《元史·脱脱传》曰“方数千里，民被其害”，“黄河夺淮”一直延续到清咸丰五年（1855 年）。据统计，“仅仅 1901 年至 1948 年，就发生了 42 次‘黄河夺淮’

的水灾,1916 年、1921 年、1931 年和 1938 年的灾情最为严重,1931 年大水,灾民近 2 000 万。”1938 年 6 月 9 日，郑州的花园口黄河决堤，黄河再次夺淮，泛滥持续 9 年之久。不断的水患灾害对村落的破坏非常严重，黄淮平原已经难以寻觅到传统村落的实例，形成了传统村落的一个空白区。

四、地域综合分区

地域综合分区是把自然、文化、经济等作为主导因素，对河南传统村落形成的区划结果进行叠加处理，采用影响优先的原则，处理各种因素交叉影响的分区域方法。笔者以行政区划单元为边界，以传统村落为研究对象，以“地理方位 + 主导文化特征”的方式命名，将河南划分为豫西河洛文化区等六大区八个亚区（表 2-9）。

表 2-9　河南传统村落综合地域分区

<table>
<tr><th></th><th>分区</th><th>所辖区域</th><th>亚区</th><th>主导因素</th><th>村落特征描述</th></tr>
<tr><td rowspan="2">I</td><td rowspan="2">豫西河洛文化区</td><td rowspan="2">三门峡、洛阳</td><td>I–1 三门峡</td><td rowspan="2">自然地形地貌等因素</td><td rowspan="2">地域因素影响明显</td></tr>
<tr><td>I–2 洛阳</td></tr>
<tr><td rowspan="2">II</td><td rowspan="2">豫南天中文化区</td><td rowspan="2">信阳、驻马店</td><td>II–1 驻马店</td><td rowspan="2">南北文化的过渡地带</td><td rowspan="2">村落选址多在山林、官道沿线，重宗祠建设</td></tr>
<tr><td>II–2 信阳</td></tr>
<tr><td>III</td><td>豫西南楚文化区</td><td>南阳</td><td></td><td>楚文化的影响</td><td>村落与自然地域条件结合紧密，商业类型的村落有地域特点</td></tr>
<tr><td rowspan="2">IV</td><td rowspan="2">豫北河内文化区</td><td rowspan="2">济源、新乡、安阳、濮阳、鹤壁</td><td>IV–1 济源，焦作的博爱、泌阳、修武，新乡的辉县，安阳的林州</td><td rowspan="2">距离京畿较近，礼制文化影响大，乡绅起到了中流砥柱的作用</td><td rowspan="2">村落与地形地貌结合紧密，村落形态粗犷，地域材料使用丰富，大宅院多</td></tr>
<tr><td>IV–2 焦作的武陟、孟州，新乡（除辉县），安阳（除林州），濮阳，鹤壁</td></tr>
</table>

续表 2-9

	分区	所辖区域	亚区	主导因素	村落特征描述
V	豫中嵩岳文化区	郑州、平顶山、许昌、漯河	V-1 郑州、许昌、平顶山	中原地域文化的核心区域，文化大融合的区域，环嵩山地域带分布	村落类型丰富多样，重礼制，形式格局完整
			V-2 漯河		
VI	豫东南黄淮文化区	开封、商丘、周口		长期受到“黄河夺淮”的影响，水灾害有千年之久	区域没有留存形态完整的传统村落

I- 豫西河洛文化区，包括河南西部三门峡、洛阳等地。地形地貌主要以秦岭余脉的山区和黄土塬为主，有黄河、伊河、洛河等河流。该区主要受到河洛文化的影响，与山西接壤，受晋文化影响非常明显。该区村落受自然因素的影响也非常显著。

II- 豫南天中文化区，包括信阳、驻马店等地。历史上，在元、明、清的版图中，信阳大部和驻马店同属汝宁府管辖范畴，地貌以浅山区结合平原为主，山水情怀浓厚。桐柏山与大别山首尾相接呈“S”型，蜿蜒贯穿该区域。该区域以受天中文化影响为主，同时受楚文化的影响，也是历史上三次南迁的一个过渡区域。它是一个南北文化的过渡地带，是一处兼容南北文化的特色地带。区域中的村落往往处在一些官道沿线或者隐匿于山林之中，形成了具有豫南风格的村落形态特征。

III- 豫西南楚文化区，主要是指独立的地理单元——南阳盆地。这里三面环山，只有南边沿着唐白河向湖北方向开放，西北为秦岭余脉伏牛山，与平顶山、洛阳隔开，东北方向跨过桐柏山脉联系驻马店、信阳，中间为盆地，是典型的“形胜之区、四塞之城”。区域主要受到楚文化的影响，村落与自然地域条件结合紧密，商业类型的村落非常有地域特点。

IV- 豫北河内文化区，指的是黄河以北的广大区域，主要包括济源、新乡、安阳、濮阳、鹤壁等地。黄河作为一个天然的分界线，对地域进行划分。区域内又可以分为两个亚区。一是沿太行山脉蜿蜒北上的山区，包括济源、焦作、新乡的部分地区，安阳的林州地区，鹤壁的部分地区，村落形态与地形地貌结合紧密。村落形态粗犷，地域材料使用丰富，太行八陉中有三陉在这个区域中，山中官道也有为数不少的村落。二是广袤的平原地带，主要包括新乡部分地区、濮阳等，这个区域距离京畿较近，经过元、明、清的不断发展，一些开明的乡绅在村落的建设中起到了很大的作用。

V- 豫中嵩岳文化区，这里主要是指郑州、平顶山、许昌、漯河等地。“环嵩山地域带自古以来是村落大量存在、生长、发展的区域”，是文化大融合的区域，也是中原地域文化的核心区域。地貌以平原、浅山为主。共分为两个亚区：一是环嵩山区域，主要包括郑州、许昌、汝州、平顶山；二是平原地区，主要指的是漯河。区域中村落类型丰富多样，重礼制，规模大，形式格局完整。

VI- 豫东南黄淮文化区，主要是指开封、商丘、周口等地。历史上，这个区域长期受到“黄河夺淮”的影响，水害有千年之久，造成了大量的淤泥堆积，对村落造成了严重的破坏。这个区域没有留存形态完整的传统村落。

第三节　传统民居地域分布的共性和个性

一、传统村落地域分区之间的共性表现

（一）尊重自然，因势利导的村落选址

河南各个地域分区中遵循着类似的原则，百姓在村落营建过程中始终秉承着一种尊重自然，无为而治的哲学思想，尤其体现在村落的选址上。顺应自然、因势利导是百姓应对自然等未知世界非常有效的手段。

1. 村落选址的理想格局

村落在选址过程中以理想的格局为终极目标，以寻山找水为主要手段。我们的祖先就有很浓重的山水情怀，并对环境有着深刻的理解。《国语·周语下》有描述：“夫山，土之聚也；薮，物之归也；川，气之导也；泽，水之钟也。夫天地成而聚于高，归物于下。疏为川谷，以导其气；陂塘污庳，以钟其美。是故聚不阤崩，而物有所归；气不沉滞，而亦不散越。是以民生有财用，而死有所葬。”百姓从山川自然中获取财富，形成了原始的山川崇拜。基于这种朴素的山水情怀，村落形成了“左青龙右白虎，前朱雀后玄武”的理想选址格局特征（图2-1）。

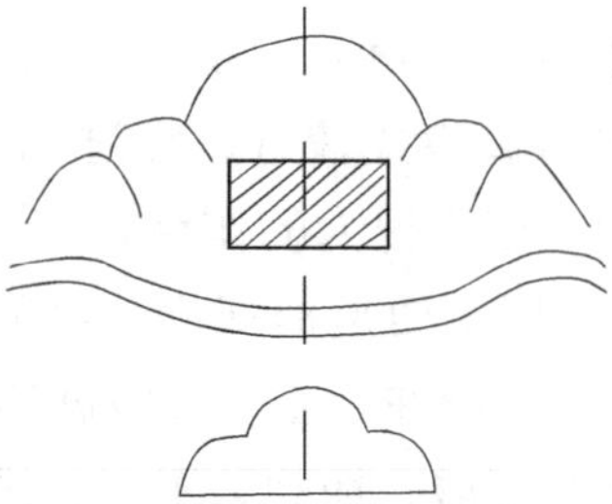

图 2-1　村落的理想选址

在《阳宅十书·论宅外形第一》中有这样的描述："凡宅左有流水，谓之青龙；右有长道，谓之白虎；前有汙池，谓之朱雀；后有丘陵，谓之玄武，为最贵地。"《葬书·内篇》中提到选址应该在山脉或者龙脊的终止之处，"草上露华偏在尾，花中香味总居心"，其形宛如露水结于弯下的草尖。流传于河南民间的《阳宅八卦》《阴宅八卦》中，详细记录了村落和民居择址的原则，如《八卦取象论》中所说的"乾为首，人之首，取象于乾，凡宅乾方，若有坑坎井池破碎伤损，其凶主应于首或出秃或出疮，如此地整齐方正，亦主寿高名扬"。而阴宅选址则有"头有所枕，脚有所蹬""远看是坡，近看是窝""穿地宜狭而深，狭则不崩损，深则盗难入"的说法。真实的环境并不会与理想的格局完全契合，在营建村落的过程中，村落的选址会被不断地修正，使村落最终呈现出来的格局接近理想的模式。祖先们的经验也必然是子孙们所得到的经验，"从每个人可能得到的经验说，却是同一种方式反复地上演"，百姓在村落的选址和建设过程中不断地积累经验，而且一代一代地传承下去，在宗族的家谱中总会记录着村落的堪舆图，清晰地描绘着村落如何选址、如何与周边环境相契合。

2. 河南村落选址原则

河南的村落选址都会在用地、近水、防卫、格局及交通等几个方面进行综合权衡，"在不同的时期，不同的地域范围，各种经验模式有着极大的同构性"，这种"同构性"的提炼和剖析有利于从村落选址角度探寻村落中蕴含的人地之间的丰富关系。百姓有意识地用这些原则将村落与周边地域环境结合起来，寻找一种最有利于人类生存发展的模式，这也是村落百姓对未来蓝图憧憬的第一步（表 2-10）。

表 2-10　河南传统村落选址的一般原则

选址侧重点		原则描述
1	用地	有足够的建设用地、生产用地以承载村落未来人口发展
2	近水	择水而居，在河道沿线分布，靠近水源，如水井、泉水等
3	防卫	选择能够轻易地建立起防御体系，以御外患的区域
4	格局	有良好的格局，如负阴抱阳、依山就势、背山面水、前低后高等，规避自然灾害，也要具备优良的小环境，趋吉避凶，如避寒风、防潮气、防旱涝等，又有可利用的有利环境因素，如向阳、利于排水、高地等
5	交通	选择交通便捷的古驿道沿线，易形成商业和农业并存的村落模式

3. 河南村落选址类型

每个地域分区中都有着类似的选址类型，每一种类型都有共同之处，都在与周边的环境进行对话和呼应。下面总结了河南不同地域分区村落不同选址类型的共性特征（表 2-11）。

表 2-11　河南传统村落的选址类型

序号	类型	主要所处的地理位置	村落形态	优势	劣势
1	背山环水的浅山地带	黄河以北的太行山、西部秦岭余脉、南部的大别山等靠近平原的浅山区	沿着山势团状或带状展开	山水资源利于生产生活，易建立起防御体系	村落建设用地和耕地不足
2	沿河岸地带	河岸的两侧或者单侧	带状	村落有商业活力，经济模式多元化，有效利用水资源	百姓之间联系薄弱，防御条件差
3	山谷中的阶梯地带	深山中的谷地	紧凑的团状或分散	防御条件好，可有效利用山地资源	耕地和建设用地严重不足
4	黄土塬上阶梯台地	豫西的黄土塬上	团状或分散	可有效利用塬形成窑洞空间	建设用地不足，防御条件差

续表 2-11

序号	类型	主要所处的地理位置	村落形态	优势	劣势
5	山口的平原	盆地地区及山体与平原交会处	团状	耕地肥沃充足，建设用地充足	村落防御条件差，易遭水患
6	平原的高地	平原地区较高地势处	团状	耕地肥沃充足，建设用地充足	防御条件差
7	重要官道、驿道沿线	太行八陉、商南官道等及其他古代重要的官道沿线	带状	村落有商业活力，建筑类型多样	防御条件差

（1）背山环水的浅山地带。在中原地区，这种村落选址类型是最接近“理想村落模式”的类型，格局表现出来的特点主要为负阴抱阳，背靠山、前面水，沿着山势呈团状或带状展开，与山体有机嵌合在了一起，山前有河对村落呈环抱状。《阳宅十书》中有这样的论述：“人之居处宜以大地山河为主，其来脉气势最大，关系人祸福最为切要。若大形不善，总内形得法，终不全吉。”背山环水型的村落选址，正是根据山水融合的原则将村落布局于此。背山环水的村落优势特别明显：首先，利于生产生活，利用浅山地前的平坦地可以轻易地开垦出田地，靠山吃山，靠水吃水，山上的果树、经济作物，河里的鱼虾等都能够作为村落可靠的食物来源，村前溪流上游可以作为饮用水，下游又可以洗衣洗菜等；其次，能够建立起攻守兼备、安全的防御体系，山体和河流是天然的障碍，能够轻易地阻挡外来力量的侵扰。

（2）沿河岸地带。沿河岸地带选址类型村落多沿着河流的一侧或者两侧岸线发展起来，借助河流通航的商业价值和天然防御优势，进行村落的建设，顺应河道的走向，呈带状或者靠近河流呈团状。村落中还会有码头、龙王庙等公共设施，河流水系在村落的选址、形态、空间、宅院类型等方面起到了关键性的作用。趋利避害是百姓在选址过程中对河流的态度，水流带来优势的同时也充满隐患。《读史方舆纪要》中这样描述水患：“河南境内之川，莫大于河；而境内之险，亦莫重于河；境内之患，亦莫甚于河。”据河涉险，利用河流做出防御，保障村落百姓和财产的安全，是一个非常好的选择，引水入壕是简易又行之有效的防御体系。同时，利用河流的通航能力可以给沿岸村落百姓带来潜在的商业价值。古代水运是重要的交通手段，河流彻底改变了村落百姓单一依靠农业经济的生存方式。

（3）山谷中的阶梯地带。这种选址类型的村落布局表现为，选址在两山夹一沟或者靠着一侧山坡的地形上，利用山地上的小块平坦的地带布局村落，谷底的河流是天然的泄洪通道和优质水源。村落选址在山谷首先要考虑的就是村落安全。在战乱不断的年代，把家族隐匿在山谷之中，享受世外桃源的平静生活，丝毫不用担心村落的安全问题，也可以轻易地将村落百姓转移至就近的深山密林中。其次要考虑的是有利于生产生活，规避自然灾害。村落周边一般都有相对开阔且肥沃的土地以便耕作，山谷阶梯地形稍加引导便可利用高差排涝，及时疏解水患，发生旱灾时，又可以利用山上流下来的泉水补充村里水源。

（4）黄土塬上阶梯台地。这种选址类型表现出来的特点是，利用黄土塬的阶梯台地进行村落布局。黄土塬是豫西黄土高原上一种特殊的地形地貌，由于长期的风化腐蚀作用，有些河谷谷深达百米以上，形成了一个个顶面平坦，层层而上，四周直立如切割的黄土平台。豫西三门峡、洛阳一带，很多村落就在这些黄土塬上，这类村落阶梯层次性非常清晰，塬上塬下都会有村落的存在。这种类型的村落选址的优势在于，塬上地形平坦利于村落的建设，四周落差大，能够建立起完善的防御体系，同时能够利用黄土的直立性开挖窑洞空间并有机地融合到宅院中。这种选址的劣势也很明显，有限的村落建设用地使得村落不能满足未来发展的要求，当村落无法容纳日益增长的人口数量时，只能择址另建新村。

（5）山口的平原。这种选址类型表现出来的特点是，浅山区前利用河流形成的冲积平原进行村落布局，一般会近水而建，但又与沿河村落浓厚的商业氛围不同，还是以农耕为主，河流仅作防御。河南多山，山前有大量的冲积平原，这些地带非常适合村落的建设，如环嵩山地域带中有大量此种类型的村落。这种村落选址的优势非常明显：土地平坦肥沃，水源充足，还有河流从村落旁穿过，灌溉、水产等都很便利；可以从附近山上采石营建村落；容易寻找庇护之所，自古以来就有“小乱居城，大乱居山”的避乱模式。除可以自己营建寨墙进行防御之外，还可以轻易退守到附近的山区，这些条件都是传统村落生存得天独厚的条件。

（6）平原的高地。在平原地区，往往散落着不计其数的村落，平原上的较高地势是村落选址的一个重要因素，这种类型的村落选址主要考虑两方面的问题：农耕和防患，患主要包括水患和匪患。虽然平原地带地形变化小，但村落在选址时也会甄别一番。专家学者对河南新郑裴李岗遗址进行考古时发现，村落虽然“地处平原，但绝大部分的遗址都处在平原地带的高岗上，这些遗址所在地迄今仍高出地面一两米，可设想当时的地势会更高”，虽地处高地，却也经常因无险可守而失去安全的保障，遭受自然灾害或者人为灾害。平原地带的村落往往会选择较高的地势，通过建立壕沟结合寨墙的模式进行防御，壕沟和外部水网联系，可以及时疏解村落中的水涝，实现“贼近则更番守御，贼远则出入耕作”，较高的地势也很容易抵御平原地区的水患。在平原环境中，村落择址的过程就是察穴的过程，一个重要的原则就是在凸突之地寻找凹陷之穴，在凹陷之处确定凸突之穴。堪舆家将地形的微妙起伏视为山。唐代杨筠松《撼龙经》中这样描述：“高水一寸即是山，低土一寸水回环。”平原地区选址主要有两种模式（图 2-2）：模式一，平坦的地上有凸起的地方，其上又有凹陷，如鸡窠状；模式二，平坦的地上有像马蹄印一样的地形，即凹中有凸。

（a）鸡窠状剖面

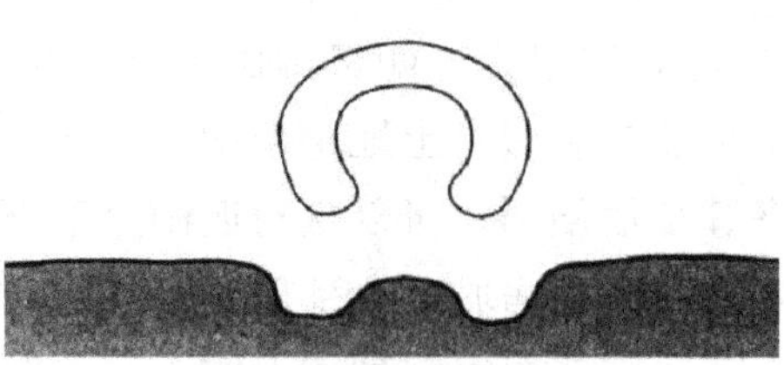

（b）马蹄印穴剖面

图 2-2　平原村落选址类型

（7）重要官道、驿道沿线。这种选址类型的村落主要依附古代官道而生，有的村落就是从驿站发展而来的，村落形态与功能有别于普通的村落。官道成为村落发展的限定要素，村落多沿着官道呈带状发展，官道也成为村落空间结构联系的主体。在古代，交通方式和工具与现代交通的概念有着本质的不同。古代一些著名的官道、驿道等到了近代反而成了偏远地区，因此官道沿线的传统村落得以保留，如太行山就有著名的太行八陉，是中原联系山西、陕西的大动脉，其中的轵关陉、太行陉、白陉的起点都在河南境内，豫南地区还有潢川官道等，依附着便捷的交通会产生大量的村落。《周礼·地官》中记载“凡国野之道，十里有庐，庐有饮食；三十里有宿，宿有路室，路室有委”，这种类型的村落选址可以充分利用官道方便来往的客流经商，同时可以融合不同地域文化脉络，形成文化融合和多元包容的村落物质载体和空间特色。

4.平原地区村落风水补基

河南平原地区的村落缺少山水的依托，往往会进行引水、植树的风水补基，采取兴建魁星楼等措施弥补村落布局的先天不足。

一是百姓常说的“引水聚财”，视水为财运，将水引入到村落的内部。《水龙经》这样描述：“水积如山脉之住，……水环流则气脉凝聚。后有河兜，荣华之宅；前逢池沼，富贵之家。左右环抱有情，堆金积玉。”除引水入村之外，也会在村前或祠堂前开挖池塘。二是以树仿山，以树提气。树是灵气和生命的象征，平原的村落多以种植树木来弥补平原风水格局的缺陷，一般会在村落的北面植树作为靠山，大量的树木成林，起到了挡风聚气的效果，使得村落从形态上显得完整；也会在水口等关键点种上大树。三是利用建筑“压邪兴运”，在一些重要的“犯冲”“镇邪”关键点上布局建筑，如村落中会有土地庙、观音庙、关帝庙、龙王庙等建筑。又如兴建魁星楼兴文运，也是对村落格局的一种补充，“凡都省府州县乡村，文人不利，不发科甲者，可于甲、巽、丙、丁四字方位上，择其吉地，立一文笔尖峰，只要高过别山，即发科甲。或于山上立文笔，或于平地建高塔，皆为文笔峰”。受到儒家思想的影响，村落也重视文运与教育，在村落风水布局时会通过兴建魁星楼等方式有意识地强调出来。中原地区典型的传统村落选址类型如表2-12所示。

表 2-12　中原地区典型的传统村落选址类型

序号	选址类型	村落
1	背山环水的浅山地带	丁李湾、小店河村、东岭后村、白石坡、苏坟村、李老庄村、四楼湾、四方洼、九渡村、赵沟村、王家站、纣王店、张泗沟村、徐楼弯村、龚冲村、向楼村、钱大湾、大湾村（新县周河乡）、刘咀村、韩山村、何老湾、大湾村（新县莆田乡）
2	沿河岸地带	何家冲（罗山）、杜康村、卫坡村、北张庄村、大营村、东街村、李渡口村、小张庄村、北街村、朱阳村、大王庙村
3	山谷中的阶梯地带	吴垭村、石场村、寺坡山村、双庙村、平顶爻、朝阳村、漏子头村、赵坡头村、何家冲（商城）、石崖村、东山底村、火神庙村、山顶村、山头赵村、草庙村、梨园坪村、南湾村、温坡村、郭亮村、长岭村、转角石村、土地岭村、前庄村、余老湾
4	黄土塬上阶梯台地	庙上村、乔庄村、石碑凹、城村、杨公寨、草庙岭村、南沟村、肥泉村、苏羊村、刘寺村、丁管营村
5	山口的平原	临沣寨、张店村、渣园村、西寨村、马街村、杏山村、丈庄村、程庄村、齐村、赵村、陈家沟
6	平原的高地	裴城村、单拐村、高皇庙村、竹沟村、北朱村、大胡村
7	重要官道、驿道沿线	东岳村、上戈村、一斗水村、渔洋村、任村、毛铺村、老城村、杜店村、石佛村、西街村、大金店老街、半扎村、杨帆村、白沙关

（二）形式灵活、结构稳定的村落空间

河南的传统村落向我们展示出了千姿百态、丰富多彩的村落形式，步入其中感受各不相同，但是仔细深究起来，在这些形式的背后都是村落的空间结构在起作用。无论是哪个地域分区，同一种村落的空间结构都有着类似的内涵特征，外在表现形式却异常多样。村落空间所承载的内容十分简单，就是乡土社会中百姓的种种交往活动。“乡土社会的一个特点就是人是在熟人圈里长大的，他们在生活上互相合作，都是天天见面的”，空间使用主体都有着相同的经历，彼此的语言交流也非常简单，“在相似的环境中接触和使用同一象征，在象征上附着了同一意义”，村落百姓也会根据实际的使用状况，对村落的空间进行调整，简单、直接、约定俗成，这就是村落空间的意义所在。下面对中原地区传统村落空间结构的共性特征进行归纳（表 2-13）。

表 2-13　中原地区典型的传统村落空间结构类型

空间结构类型			村落
集中型	1	一字带型	毛铺村、新店村、卫坡村、赵坡头村、南街村、中街村、北街村（淅川）、一斗水村、古孤泉村、岗顶村、杜康村、东岳村、寺坡山村、草庙岭、北街村（郏县）、漏子头村、肥泉村、纣王殿村、九渡村、四方洼、蔑沟村、朱阳村、石佛村、柏石崖、东山底、西街村、抱犊寨、山顶村、陈家沟、杨帆村、白沙关、三过尧、盆剑村、董老塆、梅河村朱畈组
	2	一字鱼骨型	四楼湾、丁李湾、乔庄村、上戈村、杨公寨、隔堤寺村、朝阳村、苇池凹村、香椿圪道、王家辿村、半扎村、大金店老街、方顶村、西寨村、马街村、小店河村、白石坡、李老庄、东街村、东岭后、平顶爻、大王庙村、草庙村、梨园坪、南湾村、郭亮村、张泗沟、长岭村、前庄村、苏羊村、龚冲村、西河村、四渡村、小张湾、马家店、宋家店、下塬村
	3	十字型	大胡村、裴城村、高皇庙村、程庄村、大营村、张店村、小张庄、李渡口村
	4	网状型	石场村、吴垭村、城村、土地岭村、前庄村、寨卜昌、临沣寨、油坊村、渣园村、苏坟村、单拐村、丈庄村、北张庄村、渔洋村、任村、北朱村、双庙村、冢王南村、齐村、山头赵、温坡村、大湾村、太和庙村、垌头村、上园村、台陈村、桃园村、圣王台村、南上村、人和寨、霹雳店
	5	片状紧凑型	董大畈、何家冲（商城）、石碑凹村、康百万庄、四楼湾、何家冲村（罗山）、徐楼村、向楼村、刘咀村、何老湾、余老湾、槐树湾、英窝
分散型			庙上村、刘寺村、邢沟村、寺沟村、郭坟村、镇南沟村、丁管营村、转角石村、西王村、曲村、寺院村

1.集中型村落空间结构特征

（1）一字带型。如图 2-3，村落以一条主巷进行内部联系，主要沿着单方向发展，形成了“一”字带状的结构模式。主巷将整个村落贯穿起来，宅院分布在主巷两侧，街巷转折点处易形成村落的公共交往空间，有些宅院为了能够面向这条主巷，会放弃南向朝向。一字带型为主导的空间结构多存在于官道沿线或者沿河的村落，沿着主巷单向发展。村落都会有明显的标志点，如起点、转折点、结束点等，入口处往往是牌坊、寨门等，重要的建筑前会形成节点空间，结束点往往会是寨门或者其他标志物，主巷自然地把村落分成了村头、村中、村尾等几个部分。一字带型村落具备以下特征：第一，村落沿主巷的内向性很强，宅院大门会开向主巷；第二，宅院沿着线性要素的界面非常严整；第三，沿着主巷的某些宅院入口处或者一些拐点处易形成非常明显的中心点；第四，村落空间层级关系一般为“主巷一宅院”，直接从开放向私密过渡，中间缺少过渡环节。

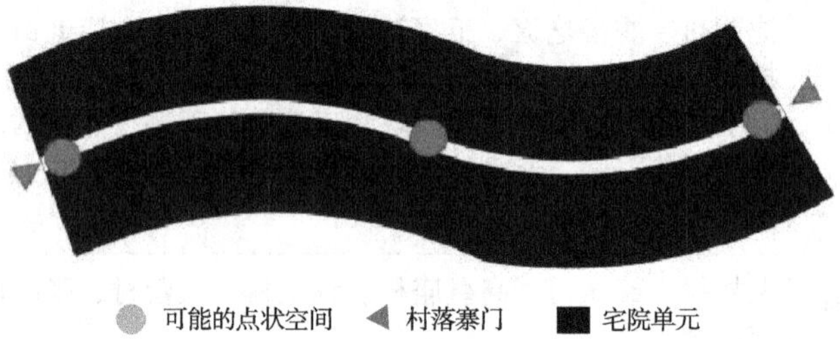

图 2-3　一字带型

（2）一字鱼骨型。如图 2-4，村落沿着主巷单向生长的同时，会向主巷两侧以支巷等空间类型蔓延，形成了以一条主巷为主导空间、支巷向两侧延伸的格局。主巷贯穿整个村落，垂直于村落主巷的支巷引导着村落向外拓展，形成了鱼骨状的村落空间体系。一字鱼骨型的村落具备以下典型特征：第一，主巷、支巷是村落的主要空间组织构架，空间层级清晰，主、支巷联系紧密，主巷的界面严整，支巷则灵活得多，街巷能够清晰地反映村落的脉络关系；第二，村落中的关键节点空间易产生在主、支巷空间的交叉点等位置，这里也是邻里矛盾的高发区域；第三，村落层级一般为“主巷一支巷一宅院”，空间层次为“开放一半开放一私密”。

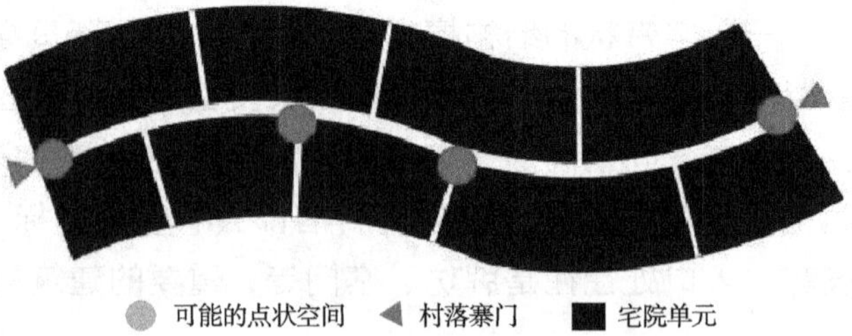

图 2-4　一字鱼骨型

（3）十字型。如图 2-5，十字型空间结构多存在于平原地带、规模较大的村落中，十字交叉的主巷是村落的主要空间结构，十字交叉的中心是村落地理位置的中心。靠近十字街中心往往会是大户宅院集中的区域，因为这里最繁华、最安全，出行也最便捷。十字街向四个方向延伸至寨门处作为结束点，很自然地将整个村落划分成了四个片区，片区内部通过细小的支巷与主要道路相连。十字形的村落具备以下典型特征：第一，十字交叉的主巷将村落分为四个片区，每个片区中还可能会有次一级的公共中心；第二，十字交叉点往往是村落地理上的中心，也是百姓心理上的中心，村落中的活动、集市等一般都围绕这里展开；第三，村落层级一般为“村落门户空间—主巷—支巷—宅院”，空间层次为“开放—半开放—半私密—私密”。

（4）网状型。如图 2-6，网状型的村落往往在用地规模、人口规模方面都比较大。村落内部街巷空间联系更加顺畅和便捷。网状体系的空间结构将村落均匀分割成了数个空间单元，在每个单元里，一般是血缘关系更加亲近的家族在一起居住生活；公共服务设施，如祠堂、庙宇等也都会一并安排在某个单元内部，没有哪个单元会显得很突出或者很庞大，这种网格化的分割方式，单凭街巷关系来说，很难分辨出村落的中心在哪里。村落中的主要街巷呈网状形，街巷相对均匀地覆盖到村落中的各个空间单元。网状型村落具备如下特征：第一，街巷组成了村落主要的外部空间，主要街巷呈网状覆盖整个村落，形态一般多为“回”“井”字形等，尺度均等，形成了非常完善的空间体系；第二，主巷占据绝对的主导地位，将村落相对均匀地划分成了几个片区，片区内部也会有细小的支巷联系宅院大门；第三，村落层级一般为“主巷—支巷—宅院”，空间层次为“开放—半开放—半私密—私密”。

（5）片状紧凑型。如图 2-7，片状紧凑型的村落依托家族背景和动荡的社会背景而产生。宅院内部联系得更加紧密，形成了内部的街巷、空间，外部的街巷空间则要弱得多。村落宅院位置凸显，有时候整个村落就是一处宅院。宅院内部相互交错联系，进了宅院的大门就等于进入了整个村落。片状紧凑型的村落具备以下特征：第一，村落规模一般都不大，大多是以血缘宗族为纽带进行联系的，整个村落就是一个巨大的社会交往网络；第二，村落防御体系格局相对完整，内外界线分明；第三，宅院与宅院之间的横向联系更加紧密，相互之间有开放的通道联系，通过外界街巷空间的联系较少。

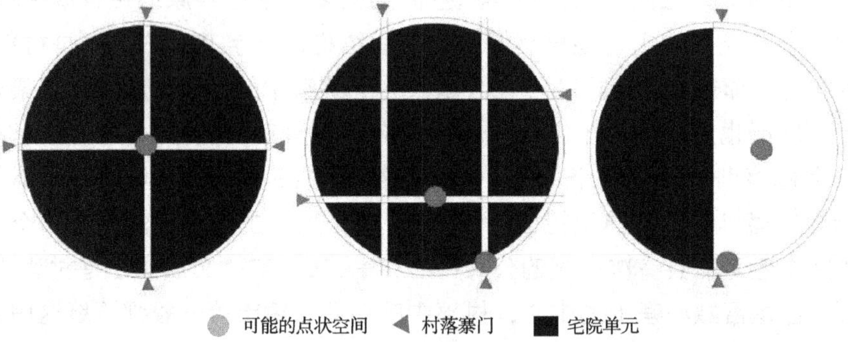

图 2-5　十字型　　图 2-6　网状型　　图 2-7　片状紧凑型

2. 分散型村落空间结构特征

分散型村落空间结构较为松散，一般处在黄土塬的冲沟内或者是黄土塬上的地坑院村落。对于分散型的村落来说，空间结构不像集中型村落那么清晰，因为分散型的村落往往由于地形的限制，村域范围跨度有的能够绵延几千米以上，分散型的村落往往会依附于一个外界的载体，将村落进行延展拉伸（图 2-8）。总的来看，分散型的村落具备以下特征：第一，呈带形延展布局，但不同于集中型的一字带型布局模式，界面并不严整，经常由于地形地貌而轻易地打破沿街界面的完整性；第二，缺少明显的中心，可能某处貌不惊人的拐点处就是这个村落的精神中心，这些中心往往需要在当地人的指引下才能做出判断；第三，必须依附于某种外在的媒介而存在，如河流、官道、沟壑等，村落就依附于这些媒介产生、兴旺和衰落。

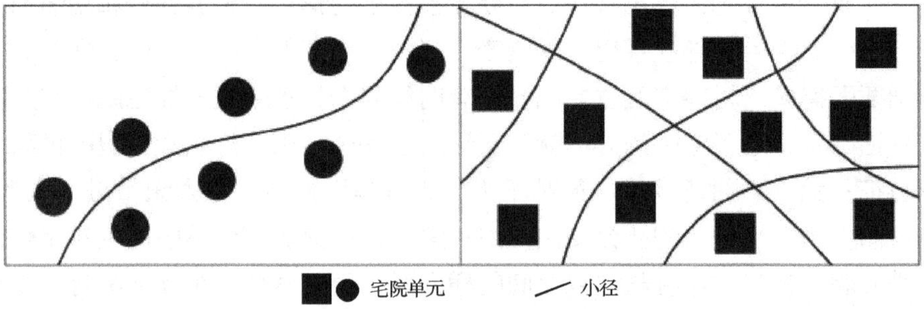

图 2-8　分散型村落空间

（三）应对环境、追本溯源的村落功能

河南村落的分类标准都与村落固有的性质有关，如功能性的分类、形态上的分类都是村落本身固有性质的体现。

1. 职能类型

中原地区的传统村落按照功能分类可以分为农业功能、商业功能、军事防御功能、手工业功能等四种村落的类型。传统村落在形成的肇始，就会为某种主要的目的而存在，中原地区以农业为根基，农业类型的村落占主导地位，百姓大多以种地为生。大多数传统村落直接取资于土地，一代一代地积累传承，逐渐形成村落，形成了一个“生于斯，死于斯”的乡土社会（表2-14）。

表2-14　按照功能分类的河南传统村落

序号	村落类型	特征
1	以农业功能为主导	“趋利避害”的村落选址观念； “血缘纽带”的社会网络联系； 庙宇等公共建筑盛行
2	以商业功能为主导	选址往往是借助于码头、古官道驿站； 村落邻里交往少，以商业利益为首； 综合性功能公共建筑盛行
3	以军事防御功能为主导	“遏守咽喉”的选址特征； 生活型和避乱型的村落并存
4	以手工业功能为主导	多元化的收入方式； 以作坊、手工坊为中心； 村落相对开放，与周边村落交流融合广泛

（1）以农业功能为主导的村落。农业类型的传统村落是河南最普遍的一种村落类型，这种村落重点在于村落本体与耕地之间的关系。百姓以农为本，靠天吃饭，过着自给自足的生活；村落耕地是非常珍贵的；村落往往呈紧凑的团状；宅院的建设则尽量压缩，少占耕地；耕地一般都在村庄周边方圆几公里之内。农耕对百姓定居的形成起着至关重要的作用。《隋书·食货志》中有这样的描述：“百姓立堡，营田积谷。”这八个字把村落与田地相互之间的关系描述得一清二楚。以农业功能为主导的村落主要有以下特征。第一，“趋利避害”

的村落选址观念，避免地质灾害、水患等不利因素，选择土地肥沃、水源充足等生存条件良好的区域，有利于百姓安居乐业。第二，“血缘纽带”的社会网络联系，村落多为宗族、家族式的网络关系，以单一姓氏为主导。家谱中都记载着从某地举家迁移于此，开始扎根，共同开垦，几代之后，就成为同姓村落。第三，庙宇等公共建筑盛行，百姓对未知世界充满恐惧，寄希望于一些神怪来解释自己的困惑。庙宇等公共建筑一般会出现在丁字路口、风水增补处，改善村落的风水格局。有时同一个庙中供奉着数个神仙，如汝阳县的圣王台村的观音寺，里面不同的大殿中分别供奉了圣母、关帝爷、玉皇大帝、汤王、土地神等。

（2）以商业功能为主导的村落。这类村落主要依附水运码头、驿站而存在，对土地的依赖程度大大减弱。百姓进行农耕的同时经营着各种商品，如特色饮食、手工制品、农产品等基本的商业产品，依靠来往的客商对物品的购买获取收入，也通过其他的商品买卖贴补家用。以商业功能为主导的村落非常有活力，形成了较为特殊的村落形态，主要有以下特征。第一，“巧于因借”的选址，村落选址借助于码头、古官道驿站等有利因素而产生，自身没有商业价值，必须依附于这些外界因素。第二，“视同陌路”的社会关系，这种类型的村落内部的人际交往少了很多，大家都以商业利益为首，虽然村落中也有较大的姓氏家族，但是由于与外界交往频繁，商会等组织比宗族更有势力。第三，综合性的公共建筑。村中公共建筑一般是综合性的，集祈福、社会交往活动、娱乐活动、住宿等于一体。

（3）以军事防御功能为主导的村落。村落都具备防御功能，但在河南也存在以军事防御为主导功能的村落，其中以圩寨类型的村落为代表。首先，为了抗击匪患，咸同年间，许多地方建起了以寨堡类型为主的村落。寨堡式村落分布广，“河南修建圩寨的地域范围很广，东起夏邑、永城，西至卢氏，北及安阳、内黄、南乐，南到信阳，几乎遍及全境”；其次，类型多样，如依托自然村修建、联村修建、聚族而建、凭险而建、借助集市修建、大寨内修小寨等；最后，圩寨式村落清晰地勾勒出了河南地区圩寨式村落内部社会的组织结构、生活状况、风俗习惯等诸多信息。圩寨式村落是河南传统村落大家族中一个重要脉络，能揭示整体或局部地区社会变迁和治安状况。以军事防御功能为主导的村落有着如下的功能特征。第一，“遏守咽喉”的选址特征，军事类型的村落在选址上往往会选择在一些制高点或者咽喉要道建寨，易守难攻。第二，生活型和避乱型的村落并存。在生活型村落中，百姓的日常生活都会在这里发生，与普通村落显著不同的是村落的边界异常清楚，往往是以寨墙、壕沟为边界将村落内外区分开来，寨墙坚固，有哨楼和射击孔等。而避乱型村落，则脱离村落而存在，设置在山顶等险要的制高点，易守难攻，许多都是为了短暂的避乱而建的堡垒，内部功能相对简单，只是有简单的交通、存储、防御等功能。

（4）以手工业功能为主导的村落。在禹州一带的村落，如浅井村、拔村以烧制瓷器为主导，东岳村的石沸荡从明代开始就是一个巨型采石场，周边百姓主要依靠采石为生，向周围方圆几十里的村落出售石碾、石磨盘等，时至今日，这里的百姓依旧在开采石头。

中原地区传统村落功能类型分类如下表（表 2-15）。

表 2-15　中原地区典型的传统村落功能类型

序号	村落类型	村落
1	农业	大胡村、裴城村、高皇庙村、程庄村、大营村、张店村
2	商业	南街村、中街村、北街村、一斗水村、古孤泉村、九渡村、半扎村、大金店老街、李渡口村、方顶村、四渡村、康百万庄
3	军事防御	白沙关、人和寨、龙头寨、宝吉寨、四方洼、临沣寨、陶城村、袁寨
4	手工业	杜康村、东岳村、马街村、石场村、寨卜昌、渔洋村、拔村、浅井村

2. 形态类型

中原地区传统村落的整体形态主要分为两种：聚集类型和分散类型。聚集类型的村落形态就是指村落聚集而居，布局紧凑。这种类型在河南的传统村落中最为常见，从安全、节约土地的角度考虑，团聚在一起，便于相互协助，外围修筑寨墙和环壕，可以形成防卫以抵御匪患。

在河南浅山区、平原地带的村落形态绝大多数为团状，能够相互借势，相互合作，能够最大限度地发挥村落的集中优势。聚集类型的村落一般有以下特征。第一，村落内部的居住单元之间相互联系紧密，结构紧凑。聚集类型的村落有一种内在的秩序，街、巷、院落单元相互搭配组合，村落的物质形态整体与村落的空间关系非常明晰。第二，村落的范围与周边环境之间的边界非常清晰，能够轻易判断出边界和村落的范围。第三，村落的中心感非常强，一般呈现出内向性的结构，村落的中心一般都有明确的可识别性，以凝聚的形式建造村落，强调向心性。有的村落虽然在空间分布上较为松散，但是有着明确的中心点，这些依然可以算作聚集类型的村落。聚集类型的村落可以进一步细分为团状、带状、环状等具体形态。

（1）团状村落。如图 2-9，村落的总体平面呈圆形或者近似圆形，村落的东西轴和南北轴长度大致接近，形成了较为紧凑的团状形体。

（2）带状村落。如图 2-10，村落呈现一种带形或者线形的形态布局。整个村落沿着一个方向一字排开布局，多见于一些商业类型的村落，或者靠近官道、河流水系等线性环境要素的村落。

（3）环状村落。如图 2-11，这种村落往往多见于浅山区，村落一般会环绕着山体或者水塘等中心展开布局，村落形成狭长的环状。

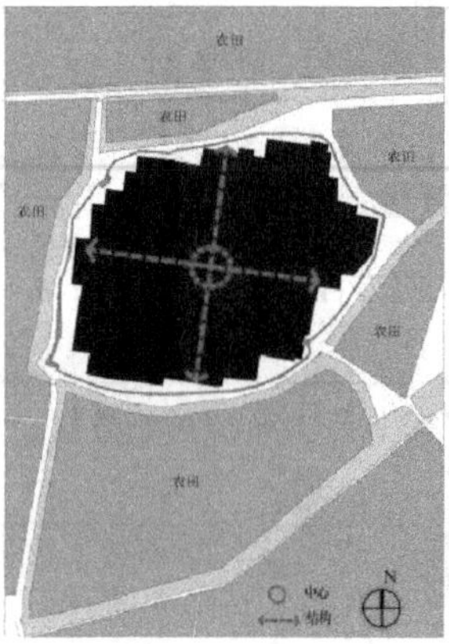

图 2-9　团状村落

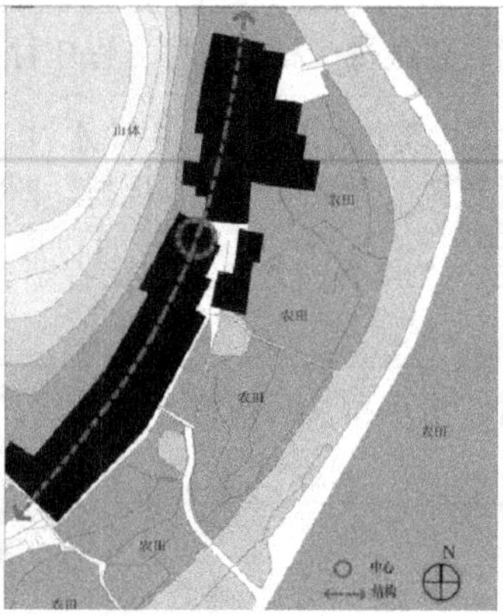

图 2-10　带状村落

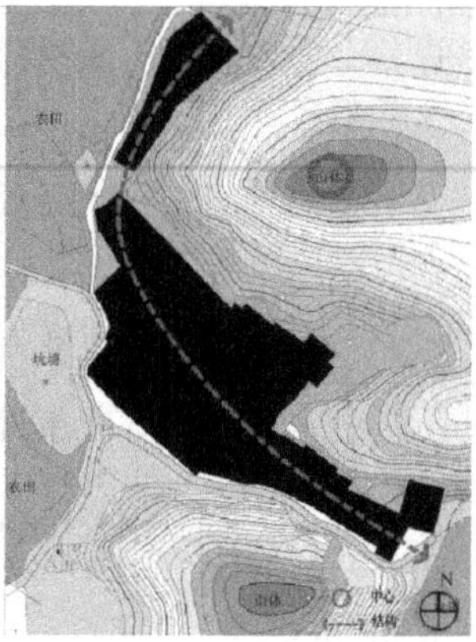

图 2-11　环状村落

分散类型的村落主要是指存在于地表以上的建筑物和构筑物相对分散，形态上不集中，体现了村落与地理环境之间的关联性，体现了“周围广大区域内多种地理实体的空间关系”，与地域环境的结合异常紧密。村落没有明确的边界，宅院之间的联系也非常松散，只是共同分享这块土地。地坑院类型的村落就属于典型的分散类型村落，一个个的地坑院宛如散落的点组成了村落，没有明确的道路系统，可以任意地穿梭在整个村落中。分散类型的村落主要有以下形态特征：第一，分散类型的村落整体形态一般受限于周边的环境，村落的组成单元与村落的边界关系并不是很明晰；第二，村落的中心感不强，缺少明确的地理中心，虽然有不少分散型村落也有庙宇和祠堂等公共性的建筑，但无法判断村落的中心在哪里；第三，村落整体的结构联系不紧密，道路等级区分不大，往往是一条小径串联起整个宅院单元，宅院之间的联系较少。

二、传统村落地域分区之间的个性体现

（一）村落形态：人地关系的体现

村落是百姓利用自然、改造自然的成果，也是村落营造过程中人地关系的展现，受到地域环境和文化圈层的影响，又表现出了地域间的差异性。其差异主要体现在形态特征、选址特征、宅院特征、村落营建材料的使用等方面（表 2–16）。

表 2–16　中原地区村落形态的典型特征

序号	地域分区	选址特征	形态特征	宅院特征
1	豫南天中文化区	选址多与山水关系紧密；官道沿线多村落分布	沿着山前有限的地形呈团状、环状展开；沿官道多带状形态	院落街巷化，宅院体现内向性特征，宅院之间相互串联
2	豫北河内文化区	村落集中在太行山中官道、台地中；豫北平原地区	官道呈带状分散布局；平原地区多团状寨堡式村落	平原宅院以大户为主，空间层次丰富；山区宅院空间立体化特征显著
3	豫中嵩岳文化区	环嵩山带为主，多选址在浅山区和山前平原	村落以团状形态为主	多进宅院，街坊式宅院
4	豫西南楚文化区	在盆地的四周，山体和平原的衔接地带	村落以带状形态为主	前店后院，跨院居多
5	豫西河洛文化区	利用黄土塬的特性，选址分布在塬上	村落以团状、带状分布为主	宅院以地坑院、窑房院为主

1. 村落形态的地域差异

从村落整体形态的角度来看，村落有效而紧凑地利用周边的地形地貌进行

营建，各个地域分区中，村落形态与地域环境的呼应有着显著不同。豫北地域分区中，村落主要分布在太行山区和平原地区。太行山大多险峻，山势陡峭，村落多依山而建，村落形态会呈现一种层层叠叠的团状，紧凑地布局在一起，分布在不同的高差层面上，利用地形的高差，屋顶空间也使用得非常高效。也有村落分布在太行山中的官道沿线，“见缝插针”式的营建方法导致村落呈现分散状。而豫北的平原地区土地肥沃，百姓生活富足，为了抗击匪患营建圩寨自保，往往会集合各方面的财力形成较大规模的村落。团状的寨堡式村落是最为普遍的一种。

在豫南地域分区中，虽然村落主要藏匿在山中，但与豫北险峻的太行山不同，这里的山体相对平缓破碎，村落多利用山前小块平坦的地带进行营建，村落布局也多与水结合，村前有河或者池塘。村落的整体形态受到山前地形特征影响较大，随着不断地发展，村落也与环境形成了犬牙交错状，环状、带状、团状村落等都很普遍。另外，豫南处在河南的边陲地区，与湖北交界地带的山区历史上多官道、关隘，沿线分布着很多村落，也形成了相对典型的带状形态的村落。

豫西村落的整体形态与黄土塬紧密联系在了一起。百姓充分利用塬的特性来营建村落，塬上多为分散状的地坑院村落，塬中则形成了以窑房院为基本单元的村落类型，塬底则为良田、道路等。村落由塬而生，与地域环境结合紧密。

豫西南南阳盆地地区的传统村落多布局在盆地四周的边缘地带。浅山区与豫南地理环境条件非常相似，村落营建能够就地取材，借助山势建立防御体系，村落多根据环境条件形成集中的团状。豫西南商贾之风盛行，村落多沿着河流、官道等呈带状展开。

在豫中地区，从古到今，村落主要环绕着嵩山地带分布，主要集中在山前的平原上，结合水系来布置。为了节约土地，村落多为集中的团状形态，村落的形态受到地形的影响较小，更多是从功能和防御的需要出发，多近似圆形和椭圆形。

2. 村落选址地域差异

我们深入到河南的传统村落来探究选址，以主导性的因素判断村落的选址类型。从村落选址的特征来看，各个地域又有明显的差异。以村落在选址过程中对水的运用为例，就能看出各个地域分区中选址显而易见的差别。

豫南地区多雨水，在选址的过程中，村旁有水是最有利的条件，村落往往会形成背山面水的理想格局，有的时候还会在村前、村旁开辟水塘，作为日常生活取水、用水的一个重要地点。村前池塘的岸线也是百姓交往的重要地点，在豫南村落中到处可见大大小小的水塘。另外，水塘也是村落内部排水的终点，有了水塘，多雨的季节水就能及时地排出村落，防止内涝。

畏水则是豫北山区村落对水的态度。村落一般来说会靠近水系，但又保持一定的距离，因为雨水对山体的冲刷很容易带来山体的垮塌，对村落造成破坏。村落选址在较高的山中地带，避免村落受到水患的侵扰；村中、村旁会有泄洪通道疏解山上冲下来的洪水；村落中没有办法存水，村中取水、用水问题多通过井、泉解决。例如，一斗水村村名就来源于村中一口井中有源源不断的泉水涌出，解决了全村百姓的饮水问题。

豫西南地区河流资源丰富，村落若能选址在靠近河道的码头，利用河流便利的水运条件，就会形成商业类型的村落，给村落百姓带来翻天覆地的变化。

豫中地区在选址过程中对水则是敬的态度，平原地带本身比较缺水，人们会想办法利用水系，有的甚至将水系引导到村落内部，如漯河的裴城村，老洄河蜿蜒穿过村落内部，南面承接大沙河，北面汇到渚河。对于豫中百姓来说，水又是把双刃剑，以水建壕、引水入村能改善村落环境，增强村落防御，又有潜在的水患的威胁。

豫西地区天气干燥少雨，地面渗透强，百姓对水非常珍惜，村落中多能见到大大小小的水窖用来收集雨水，地域材料建造起来的水窖成为村落独特的一景（表 2-17）。

表 2-17　河南传统村落选址中对水的态度

序号	地域分布	对水的态度	水在村落中的体现
1	豫南天中文化区	亲水	水是村落选址过程中不可或缺的因素，多形成面水靠山的理想格局
2	豫北河内文化区	畏水	避免水患的侵扰，村旁或村中有泄洪沟以便及时将山上冲下来的水疏导出去
3	豫中嵩岳文化区	敬水	以水建壕、引水入村能改善村落环境，加强村落防御体系，但又有潜在水患的威胁，豫中村落中能够见到不少龙王庙，人们借此祈求平安

续表 2-17

序号	地域分布	对水的态度	水在村落中的体现
4	豫西南楚文化区	用水	村落选址靠近河道码头，利用河流便利的水运条件，形成商业类型的村落
5	豫西河洛文化区	惜水	豫西少雨缺水，黄土塬渗水性强，村落用大大小小的水窖来收集雨水

3. 宅院的地域差异

宅院是百姓与大自然经过长期互动，不断修正的经验成果。学者左满常认为气候、地形地貌和文化交融等因素导致河南民居院落空间的多样化，“地形地貌复杂，从而使联系单体建筑的院落布局也具有多变性；与周边文化互通互融，使得院落布局又呈现多元化的特点”。宅院与自然环境会产生互动关系，百姓建造宅院会考虑日照、通风、雨水等因素，体现出明显的自然环境的烙印，在不知不觉中适应自然环境。同时，宅院也是村落百姓通过总结适合家庭生活、符合族规、能够体现家族礼仪的空间。宅院是一种适应性的工具，适应百姓传统农业耕作的生活方式，不断地传承家族礼仪，也会随着经济条件的改变发生变化。因此，宅院就是百姓不断适应自然环境和社会环境的体现。

四合院是河南地区宅院采用最多的一种形式。通过比较，我们不难发现，河南各个地域分区中，宅院类型有着明显的差异。

豫南地域分区中主要以天井院落为主，天井尺度深且窄长，利于通风，明显是与豫南多雨的地域环境特征相结合的。天井院落的位置灵活，并不会刻意追求轴线对称；院落之间相互贯通，不用通过外部的街巷就能把村落中的整个宅院串联起来，这是应对社会环境动荡不安的一种举措。

豫西地区的地坑院和窑房院非常有地域特色，都是紧紧围绕黄土塬来展开的，一种是在黄土塬的顶面向下开挖方形的院落，然后在侧壁上水平开挖窑洞空间，形成地坑院落；另一种是在黄土塬的沟壑中的侧壁上开挖窑洞，然后按照四合院的格局修建房屋，形成窑房院。由于豫西特殊的地貌特征，院落中出现了中心前置的特征，不同的院落空间承载着不同的活动内容。

豫北山区利用山势造宅院，院落纵向空间丰富，行走在院落空间中，不知不觉就走进了另一户的屋顶空间，整体的院落空间层层叠叠，院落空间延伸至屋顶，屋顶也成为宅院空间的一个重要部分。平原地区多为大户宅院，院落规模大且层次多。

豫西南的前店后院是非常典型的合院类型，前店后院是商业活动的重要载体，沿街的店面成为村落中最主要的房子，宅院完全以商业服务为中心，这点与豫中地区的商业古街有着显著的不同。豫西南地区无一例外地没有宅院入户大门的空间，而是穿过店面进入内部的院落，联系各个房间。这与豫西南历来重商，礼制影响较小有关。豫西南商业类型的村落形成了一个大家庭单元的操作模式，整个家庭都为沿街的店面服务，沿街店面也可能是整个家庭的经济支撑，礼制约束在宅院、用材等方面都表现得非常薄弱，体现的更多是自由灵活、因地制宜、就地取材。

与豫西南地区前店后院的宅院不同，豫中地区为更加凸显院落的入口空间，往往会牺牲重要的沿街商业界面。豫中地区大金店金西村、金东村、金中村与荆紫关北街村、中街村、南街村的村落空间结构非常相似，但是从宅院布局的差别上就能看出一些端倪。豫中地区无论是多么重要的商业界面，一定要留出宅院的入户大门，而且宅院的入户大门修建得非常醒目、高大（表 2-18）。

表 2-18　中原地区传统村落宅院地域差异

序号	地域分布	宅院	院落地域特征
1	豫南天中文化区	天井院	院落深且窄，有通风除湿功能；宅院之间相互贯通，以御外患
2	豫北河内文化区	立体院落大户宅院	利用山势造宅院，院落纵向空间丰富，院落与屋顶空间融合贯通；平原大户宅院规模大、层次丰富
3	豫中嵩岳文化区	四合院、窑房院	四合院空间层次丰富，格局明确严谨，礼制约束明显
4	豫西南楚文化区	前店后院、跨院	商业类型村落多采用前店后院的模式，家庭式作坊将院落的重心放在了沿街店面上；跨院窄且狭长，作为主院的辅助空间
5	豫西河洛文化区	地坑院、窑房院	利用黄土塬特点向地平面以下开挖院落形成地坑院，对塬的侧壁开挖窑洞形成窑房院

4. 村落营建材料的地域差异

村落营建材料的使用在凸显河南地域差异性方面有非常重要的作用。在河南传统村落的营建过程中，百姓使用地方材料时充满了智慧，基本上原材料都取自自然，砖、瓦、木、石、土“五材并举，百堵皆兴”（表 2-19）。

表 2-19　中原地区传统村落营建材料使用的地域差异

序号	地域分区	主要材料	使用部位
1	豫南天中文化区	砖、石、土、木	房屋承重体系为木和石，房屋墙体为砖和夯土，寨墙多为石头
2	豫北河内文化区	石、木	房屋承重体系为木，房屋墙体为砖和石，寨墙多为石头
3	豫中嵩岳文化区	砖、木、石	房屋承重体系为木，房屋墙体为砖和夯土，墙基、寨墙多为石头
4	豫西南楚文化区	砖、石、木	房屋承重体系为木，房屋墙体为砖和石，墙基、寨墙多为石头
5	豫西河洛文化区	土、砖、木	房屋承重体系多为木，房屋墙体、寨墙为夯土、砖

在传统村落的营建过程中，砖、石、土和木一直是主要材料，是河南传统民居的主要构成材料，黄河中下游地区盛产木材，各种木材都呈现出了不同的地域特色，民间建筑多就地取材，房屋承重体系以木构为主，石构为辅，顾荆乐堂中整体结构全部由石材构成。而维护材料则丰富得多，除了民居中的土和木等地方材料的使用外，还有石头、竹条、芦苇、草，甚至一些生产构件都被用于宅院和村落建设中。

石头在河南传统村落的营建过程中有着非常广泛的应用。豫西北有太行山，豫南有大别山、桐柏山等。靠近山，可就地取材，加上石头的耐久性、坚固性都非常好，常用于自家宅院的墙基、院墙、台阶等的营建，也广泛运用于村落中的路面、寨墙。豫北太行山中的村落，房屋建设都以石头为主，如石墙、石片瓦等，百姓对石头运用相当娴熟，整个村落显示出巧夺天工之美。

即使同样是运用石头建设传统民居，河南各个地域分区中也表现出了迥然不同的风格，如林州石板岩镇一带的村子，石头一般为页岩，能够很轻易地切割成大块的片状，所以形成了风格独特的石板屋顶；而南阳的吴垭石头村，石头都呈破碎状，小块的石头相互咬合，形成了独特的墙面效果；焦作云台山深处的一斗水村，则盛产块石，大块的石头形成了整齐的墙面。这些地方材料建设出来的传统民居呈现出了形态各异的效果，蕴含了丰富的营造技艺。又如豫西的石场村，被称为“石头部落”。村落营建之初就坐落在山间石头中，石头也成为村落建造的主要用材。村落从内到外，全部采用石头，利用石头来砌筑墙体、石窖，甚至延伸到了内部陈设，石桌、石凳、石床等也就形成了相对独特的街巷、院落的空间特色。我们看到村落百姓对于石头的运用达到了炉火纯青的地步的同时，也可以看出当地百姓也对石头有着特殊的感情。从最初的村落选址对石头是否有利于建设的甄别，逐步演化到对石头精雕细刻，直到今天，村落的更新和建设还把石头作为主要材料，村落中的石匠都可以熟练地对石头进行加工和精细处理。古今唯一不同的是多了现代化的加工和雕刻工具。

（二）村落空间：人地关系互动的载体

村落的空间是百姓使用村落的主要场所，空间的形态和使用状况也是体现村落社会性的一个重要方面。村落空间建立在不同社会的结构方式、生产方式的不同基础之上，具有很强的识别性。村落外部空间形式多样，如街巷、中心广场、宅院入口空间等，这些空间的尺度、规模、形态都建立在地域现状的限定条件下，其中充满丰富的智慧。从一定程度上来说，村落的外部空间可以体现物质性和社会性的双重属性，因此，每个地域的村落都有着自己独特的空间表达方式，都是当地百姓在特定的社会环境下长期与周边环境互动的结果。

1.村落空间类型的地域差异性

根据每个地域分区的村落形态，结合村落的地域环境和社会环境特征，我们可以剖析出不同地域分区存在的空间类型的差异（表2-20）。

表2-20　村落空间类型的差异性

序号	地域分区	村落主导空间	特征体现
1	豫南天中文化区	点状空间	点状空间主要集中在村落的入口处和祠堂周边，担负着村落中开展重大活动的功能，如祭祀、晾晒农产品等

续　表 2-20

序号	地域分区	村落主导空间	特征体现
2	豫北河内文化区	线状空间	平原地区线状空间担负着交通、邻里交往等诸多功能，线状空间是邻里矛盾的高发区域；山区同样因地制宜地以线状空间为主导
3	豫中嵩岳文化区	线状、点状空间	线状空间为主导，担负着交通、邻里交往等功能，在寨门处、庙前、十字街等会形成点状空间
4	豫西南楚文化区	线状空间	带状村落中线状空间很典型，串联整个村落宅院和功能空间，担负着全部的邻里交往和交通功能
5	豫西河洛文化区	线状、面状空间	地坑院村落以自由灵活的面状空间为主，其他类型的村落以线状空间为主，主次街巷的空间层次分明

豫南地区整个村落就是一个大的“家园”，在“家园”的入口处往往会有一个较大的点状空间作为村落的主要集散空间，村落内部结构的紧凑也使得这个点状空间担负了较多的院落空间的功能，如晾晒粮食、存放农用机械等。豫南的祠堂建筑形成的祠堂空间也是点状空间的一种类型，属于村落中较为重要的一种空间类型豫南地区的村落内部的街巷空间非常局促，只是为了宅院外部的联系，有的仅容一个人穿过。

豫中和豫北平原地区线状空间在村落整体的空间体系中发挥着较为突出的作用，线状的街巷空间不但担负着主要的交通功能，也发生了许多邻里交往活动。街巷和宅院的交叉点是邻里交往的重要节点，而点状空间则弱化了很多。豫中地区寨堡式村落的寨门处、庙前、十字街等会形成点状空间，是村落中集中的点状空间。

豫西地区地坑院村落中的外部环境没有明显的中心，百姓可以自由穿梭其中，是典型的面状空间。其他类型的村落主要是以街巷空间为主，主次线状空间主要担负交通功能。

2. 村落空间结构的地域差异性

以百姓的主要活动轨迹为联系村落各个功能要素的纽带，空间结构将村落各个要素有机地串联起来。从各个地域分区来看，每个分区都有类似的空间结构关系，但每个分区中往往会有相对主要的一种空间结构类型，这种空间结构类型在这个地域分区中较为普遍，也最能体现村落的形态和地域之间的关系（表2-21）。

表2-21　村落主导空间结构的差异性

序号	地域分区	村落空间结构	特征体现
1	豫南天中文化区	一字带型、一字鱼骨型	村落多沿着山体、官道、河流等线性要素展开，村落主要由一个主街巷串联村落的整体功能单元，支巷与之相连
2	豫北河内文化区	网状型、一字鱼骨型	平原地区村落规模较大，网状的空间结构能有效地覆盖村落；山区村落多平行于山体等高线，主巷对村落进行串联
3	豫中嵩岳文化区	网状型、十字型	村落规模较大，网状结构或者十字结构能够相对均匀地覆盖村落整体，有效地串联村落的组成部分
4	豫西南楚文化区	一字带型	村落多沿着官道、河流发展，多以一主街巷串联村落，沿着街巷两侧形成完整的界面
5	豫西河洛文化区	分散型、一字鱼骨型	村落围绕黄土塬展开，形成分散型的地坑院村落；同时利用塬的沟壑中的平坦地带，形成一字鱼骨型空间结构的狭长村落

豫中地区最为普遍的村落空间结构是网状型和十字型，村落的用地规模和人口规模都较大，多为团状形态的村落，网状型或者十字型的空间结构可以相对均匀地将村落划分成几个部分，主街巷空间也能够有效地覆盖到村落的整体范围。

豫南地区村落多为一字带型或者一字鱼骨型结构，豫南村落多处在山中、官道沿线、河流沿线等，沿着这些限定性的要素形成了带状等形态，村落内部也主要是由一个相对较长的主街巷串联村落的整体功能单元，同时一些支巷与之相连，形成了主次分明的空间结构关系。

豫北地区山区和平原的村落呈现出了迥然不同的空间结构关系，平原地区的村落与豫中有类似之处，多为网状的空间结构；而在山区村落中，多为一字鱼骨型的空间结构。村落主要街巷平行于山体，是百姓的主要活动空间和交通空间。

豫西南地区的村落凸显地域特色的为一字带型的空间结构，村落多沿着官道、河流发展，多以一主巷串联村落，沿着街巷两侧形成完整的界面。

豫西地区村落较为特殊，如地坑院村落，呈现出分散型结构，村落外部空间结构关系并不明晰，呈现出散落的状态；集中形态的村落则在塬上或者靠近塬布局，根据地形地貌的走势大多形成一字鱼骨型的村落空间结构关系。

第三章　中原民居的形态与空间组合

第一节　中原民居的形态与分布

一、中原传统民居的地理分布

在河南，具有悠久历史的民间居住房屋有很多，样式也是千变万化，根据地区、天气等自然因素的不同有着很明显的差异性特征。我们可以将河南划分成四个区域，豫东、豫西、豫南、豫北。豫东区域包括郑州、开封、商丘、周口等地。这个区域不但是河南的中心位置，而且在古代更是中国最中间的区域。这个区域地势平缓，交通发达，目前是整个河南经济发展最好的区域。这个区域的房屋是最具河南特点的，现在存在的古老民居中具有典型意义的有尉氏的刘家宅院、项城的袁世凯行宫和故居、虞城的任家大院、商水邓城北部的叶氏民居等。

豫西区域包括三门峡和洛阳。这个区域地形势复杂，天气相对有些干燥，目前在交通和经济发展上有些落后，区域内在经济上两极分化明显。这里的房屋比较传统，很多古代遗迹都保存得很好，建筑的特点和材料跟山西、陕西很像，部分传统民居旧址特点突出，最有名的就是康百万庄园。

豫北区域包括省内黄河以北的区域，也就是新乡、安阳、焦作、濮阳、鹤壁、济源等地。豫北区域现在保存的古代住房中最具典型意义的是安阳县的马丕瑶府第、博爱县的寨卜昌民居、林州任村的张翰林民居等。

豫南区域包括郑州南边的许昌、平顶山、漯河、南阳、驻马店、信阳。这些地方大都是山地地形，人口的数量不多，植被覆盖面积大，种类多，水资源充分，地势幅度大，房屋特点更加多种多样。尽管豫南区域现存的古代房屋数量上很少，规模也不大，但是这些古代房屋仍然具备了北方房屋四四方方、稳重厚实的特点。豫南区域具有代表性的建筑有历史文化名村临汁寨、荆紫关民居。

二、中原传统民居的布局特征

（一）自然条件——重视根据不同的环境进行设计

《管子·乘马》中写道：“因天材，就地利，故城郭不必中规矩，道路不必中准绳。”意思是说，古时候的人在组成村子的时候很看重村子地址的选择及房子位置的确定，还有土地的科学分配，城镇建设的合理布局，虽然建造的时候不强制性要求外形的统一，但是一定要最大程度上与该区域的天气和地理环境相匹配。每个建筑都必须根据环境进行规划设计，用这样的方式让自然环境的作用发挥到最大，达到天人合一的境界，使得人和自然在所建造的城镇中协调统一地发展。河南省现存的房屋是可以居住的，并且符合上述的要求，这些房屋结构上遵循自然环境的要求，其设计依据来自地理环境、水资源环境的统一协调。在山地根据地势来设计，在平原就建造向内集中的院落；到了黄土坡就背靠山壁，凭借地势不同去挖凿坑洞，建造窑洞和地坑这样的房屋样式。河南人民肯干又聪明，他们依据自然环境的差异建造出样式制式都具有差别，同时满足该区域自然环境要求的居住舒适的房屋。

图 3-1　下沉式窑洞

（二）人文条件——注重宗族传统与安全防御

向内集中的建筑布局最早出现在5000 ~ 6000年前的位于现在西安境内的半坡族聚集地。像这样向内围着一个核心建筑的房屋组合模式，其起源是我国古时候的民族宗教信仰。河南的很多村子、住宅及院落均是采用这样向内围绕中心的方法进行结构设计的。这表明河南传统的房屋的结构设计受到了血缘因素和民族宗教信仰的影响。另外，因为古代社会安全性和现代社会相比不能得到保证，村子和院落经常受到战争及强盗的危害，所以必须让村子的设计更加集中，来保证大家的安全。

第二节 中原民居单体建筑布局

一、间架

传统单体建筑以“间”构成一个基本单元，在民间，通常把两缝梁架之间的空间称为一间（图3-2）。“间”另有平面线性尺寸开间之意，“架”是指屋架上檩条的数目，代表了进深的长度。每一根檩为一架，架数越多，进深越大。相邻两檩之间的水平投影距离为一“步架”，《营造法式》中谓之“椽架”。明清以来，表述进深的词语既用架也用步架。檩数比步架数多一，即架数等于步架数加一。例如，通进深四步架可简称为五架，五步架称六架等等，以此类推。步架是房屋进深的基本单位。一座房屋的通进深通常为两步架、四步架、五步架、六步架甚至更多。当屋顶有正脊且前后檐等高时，步架数定是偶数，架数是奇数；当前后檐不等高（如前檐廊房屋）或者为卷棚顶时，架数则为偶数。

民居建筑的开间、进深的度量标准是营造尺，河南民居中的开间尺寸多在八尺到一丈一尺之间（约2.6 ~ 3.6米），2.6 ~ 2.9米多用于单坡顶房屋的开间，2.7 ~ 3.1米多用于一般厢房，2.9 ~ 3.6米多用于规模不等的正房。

河南民居的进深尺寸差异很大，在2.6 ~ 8.7米之间。2.6 ~ 3.1米多用于单坡顶房屋的进深；普通厢房的进深多在3.5 ~ 4.5米之间；一般正房进深多在4.2 ~ 5.2米之间；厅堂的通进深很大，往往在主架前或前后再加单步或者双步檐廊，来扩大通进深，在6 ~ 8.7米之间。河南各地民间都有追求厅堂“方三丈”的思想意识，通面阔容易达到甚至超过 10 米，通进深最大只有 9 米（虞城任家大院的中院厅堂，主架前后另加双步廊）。

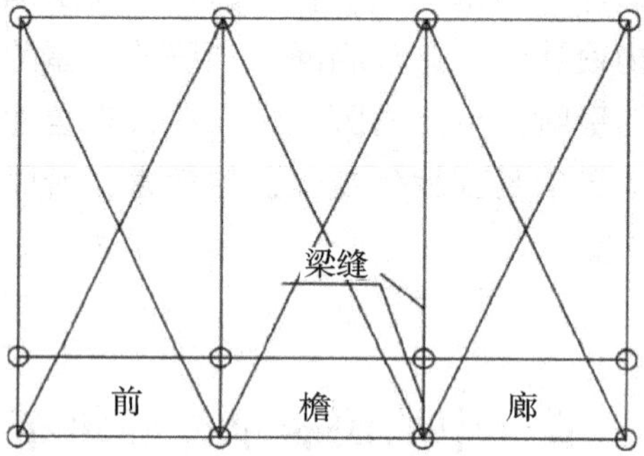

图 3-2　间架示意图

间架尺度也有地区差别，豫东地区普遍较大，如厅堂或一般正房开间 3.3 ~ 3.6 米，主架进深 5 米。豫北、豫西较小，豫南地区开间较小而进深较大。有些单坡顶房屋进深尺度过小，甚至沿山墙摆不下一张床，使用不便；其他厢房使用起来还比较方便；正房面积较大，一般在 15 平方米以上，摆放家具更加灵活方便。

二、单体建筑的构成

单体建筑的构成形态可以分解为平面构成、剖面构成和立面构成三个方面。

（一）单体建筑平面

由若干间沿面阔方向组合成长方形平面的房屋，是民居单体建筑平面的一大特点。这种平面建造便捷，使用方便，是民居平面的主流形式。一座房屋通常有一间、三间、五间甚至更多，一般为奇数间。因为奇数在中国传统文化里是阳数，有阳刚的属性，可以平衡室内之阴；奇数还可以维持明间居中，使两边对称。

组成单体建筑的各间均有各自的称谓，位于中间的一间称作明间，两侧的房间称次间，再侧谓之梢间，再侧谓之尽间。中国传统建筑中明间、次间、梢间及尽间的开间尺寸不同，明间最大，其他递减（也有相等的情况）。以此体现明间的中心地位，主次有别，同时也是传统建筑在统一中求变化的具体表现。

民居单体建筑以三间为多，图 3-3 所示的四种平面为河南民居常见的三开间平面形式，（a）型是一明两暗式的“一堂二内”平面，这是民居的基本形式。“所谓基本型，指的是单体建筑中数量最多、运用得最为广泛的一种基本形式”。（b）型是小型民居常见的三开间平面形式，分为两所，墙若通顶还可节省一榀梁架，既节省资金又方便实用（c）型为前檐廊式平面，常用于中、大型院落的一进院厢房或后院正房。（d）型是官式建筑的前后廊式，民居中用作厅堂，后廊则围合在室内。

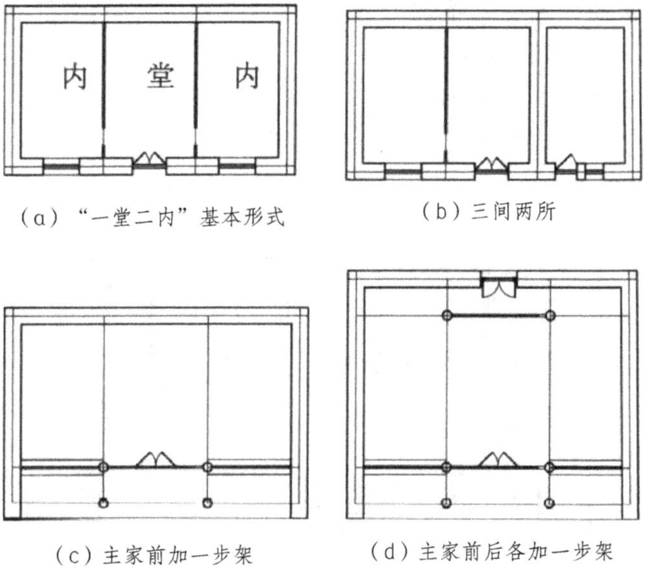

（a）“一堂二内”基本形式　　（b）三间两所

（c）主家前加一步架　　（d）主家前后各加一步架

图 3-3　三开间单体建筑平面

三开间单体民居建筑历史悠久，早在魏晋和隋朝时期，河南就有非常明确的三开间民居形象，不仅有正房，还有厢房，在社会上成为单体建筑的典型形式，也成为历代典章制度规定的法定形制。唐代规定“六品、七品堂三间五架，庶人四架”，明代规定“六品至九品，厅堂三间，七架”“庶民庐舍不过三间五架”。六品以下官员到黎民百姓的宅舍数量占据了全部宅舍数量的大部分。因此，三开间单体建筑是量大面广的基本形制。受此影响，就连靠崖窑洞也是以三孔一组组成洞外空间。侯幼彬先生对这种三开间单体建筑的优点有精辟的总结：① 提供适宜的实用面积；② 满足必要的分室要求；③ 具有良好的空间组织；④ 获得良好的日照通风；⑤ 可用规整的梁架结构；⑥ 有利于组群的整体布置等。

在封建社会时期，单体建筑间数和架数都有等级制度控制的具体量化指标，庶民以三间五架为限。对于有些中型或大型民居的二进院厢房，也有不少是五间一幢的。因通体五间用于居住，面积不太适宜，所以一般分为两所，如图 3-4（a），这样的房屋在豫北和豫西大型民居群里有很多实例。图 3-4（b）为官僚大型宅院的后院正房，这种类型的单体建筑是正统的官式类型，只有马丕瑶府第和林州杨尔庄杨驸马府第有应用，他们的厅堂也是官式正统形式，其他低级官员和富商大贾用得不多。受等级制度的限制，河南民居中的厅堂或正房多以明三暗五的形制营建。图 3-4（c）、图 3-4（d）两种形式就是富商大贾厅堂的常见形制，地区不同，形式有别。以上几例仅为常见形式，并非全部，这也体现了民居建筑单体平面设计的灵活多变性。

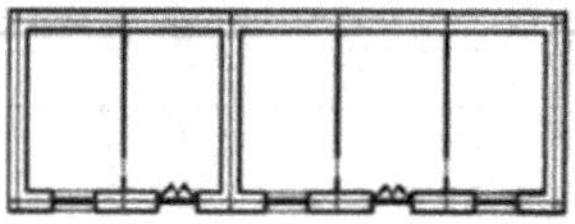

（a）五间两所厢房

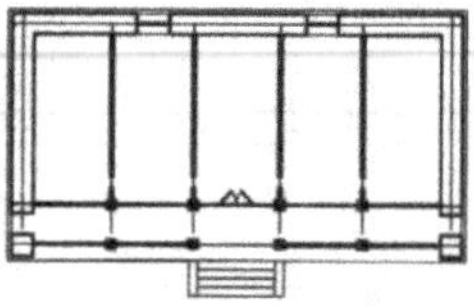

（b）五间普通正房

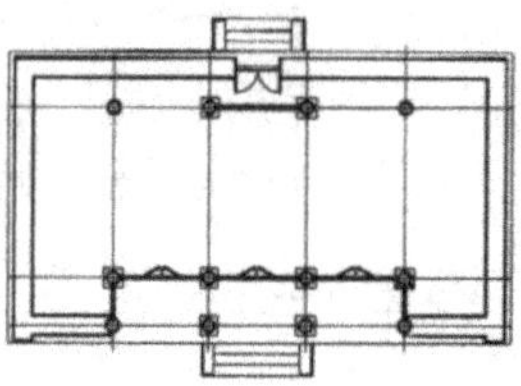

（c）豫北、豫西地区明三暗五

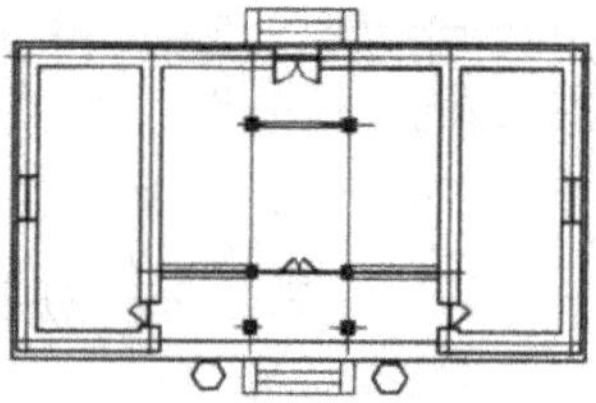

（d）豫东地区明三暗五

图 3-4　建筑形制平面图

在河南民居中，会特意设立耳房以增加住房面积，开封民居中应有三间一耳的平面布置。豫西康百万庄园有厢耳房布局，耳房一般是丫鬟居住的地方，而康家的耳房用途多样，如用作账房、小客厅等。其他地方则较少布置耳房，即使有厢耳房的布局，也是为了弥补两厢房三面之间的间隙而插建的，开间、进深根据现有空隙而定，属削足适履之举，并不是通行的建筑形制。这种方法在豫东地区的叶氏宅院和任家大院均有实例，在河南其他地方也有实例可见。

（二）单体建筑剖面

单体建筑剖面反映房屋的高低、进深大小、梁架类型与屋面坡度等几个主要方面。中国传统建筑当层数一定时，其剖面在很大程度上取决于梁架的架数、出廊的方式和举架高低等因素。在步距一定的情况下（正房步距一般为 4 尺，合 1.33 米），架（檩条）数越多，进深越大，屋顶也就越高。河南民居常规的出廊方式有两种，即柱廊和挑廊。木构架类型的主要形式是抬梁式。南北部地区结构方式不尽相同，剖面也有差异。

单体建筑层数以单层为主，两层楼房也较多，图 3-5 为安阳马丕瑶府第中路四进院正房楼剖面图，该楼房为六架前檐廊，前檐低后檐高。三层四层的也不足为奇，图 3-6 为神垕镇温家四层民居楼剖面图，下面两层为砖石拱券结构，三、四层为砖木结构。类似的楼房还有康店的康家楼。

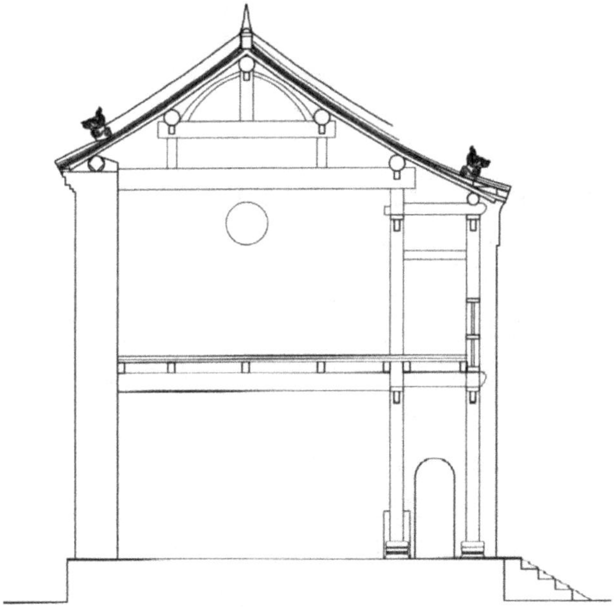

图 3-5　二层民居剖面

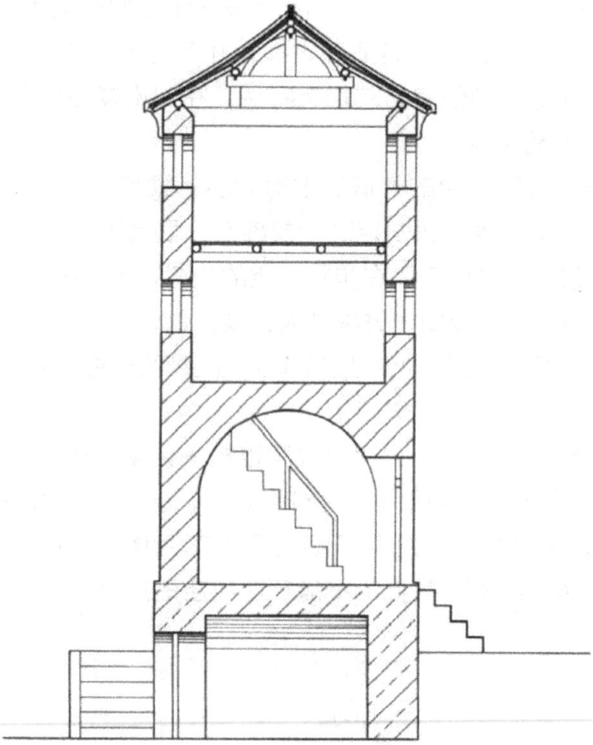

图 3-6　四层民居剖面实例

豪门大户的楼房上层是以储物为主，居住为次。康百万家的房屋和窑洞多数均为两层，无楼梯连接，存取物品时用临时扶梯上下。河南民居的剖面形式可以说是不拘一格，灵活多样。

（三）单体建筑立面

“屋有三分”是对传统建筑的立面概括，民居建筑也是这样，分台基、屋身、屋顶三部分。这是对整座房屋水平层次的划分，与土木结构材料和木结构为主要承重体系相适应，呈现出了丰富多变、美观的形体样式。

民居建筑的台基在立面构图中的作用不甚突出，不似官式重要建筑的台基那样高贵庄重。屋身和屋顶是构成立面美的重要部分。

民居建筑的屋顶因受封建制度制约，以硬山顶为主。由于民居构造做法多样、装饰题材丰富、局部造型不拘一格，其变化远比官式建筑丰富多彩，具有强烈的艺术感染力。民居的屋身同样富于变化。在木结构简化的情况下，用砖和土坯结合砌墙，正立面形成条块，门窗洞口的砖柱如同画框，门窗镶嵌在内，好像壁间悬挂着油画。材料虽简，但搭配适宜、构图得当，泥土的芳香、乡村的恬静尽在其中。单一的清水墙使得民居外形简洁朴实（图 3-7），为打破单调感，门洞之上用砖砌有仿木垂花门的装饰物。配有隔扇门与槛窗的房屋外形就显得典雅华丽（图 3-8）。该房屋三间两层，为豫北悬挑式前檐廊，檐下挂落已损，但外表仍不失秀气。前柱廊式配隔扇门和普通牖窗也透出几分庄重典雅的气质（图 3-9）。

图 3-10 为安阳马丕瑶府第中路第四进院正房楼立面图，这幢楼为五开间二层，进深五步架，前檐廊。大木作部分接近官式建筑之木构架，砖石木雕应用很少，但外形比例匀称，栏杆虚实相间，廊内宽大的槛窗与隔扇门美轮美奂，正统大气中不失精巧，为河南民居立面构图之精品。

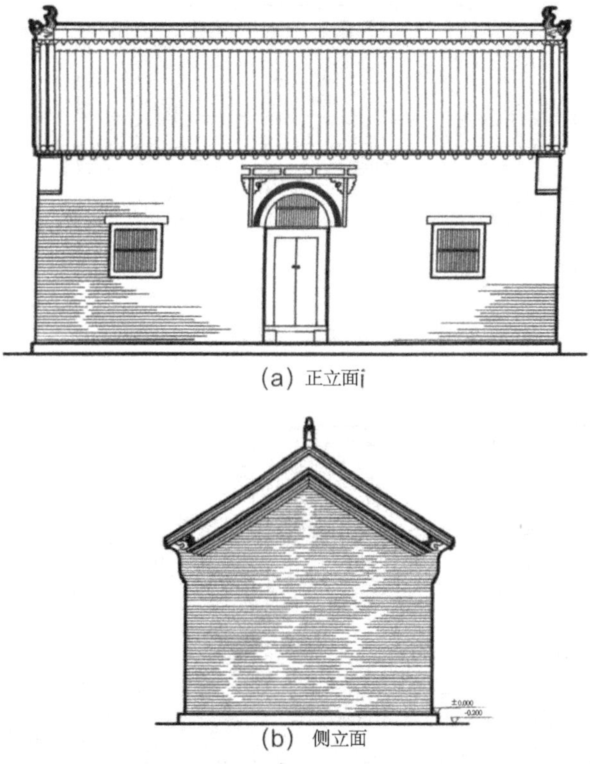

图 3-7　豫西民居砖木结构外形

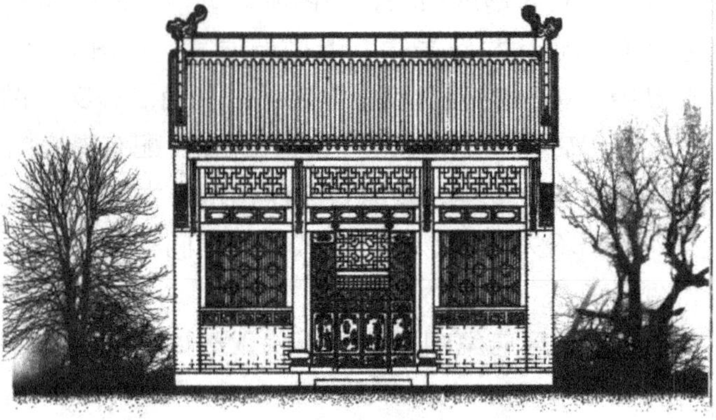

图 3-8　寨卜昌民居某厢房立面

图 3-9　豫西民居某厢房立面

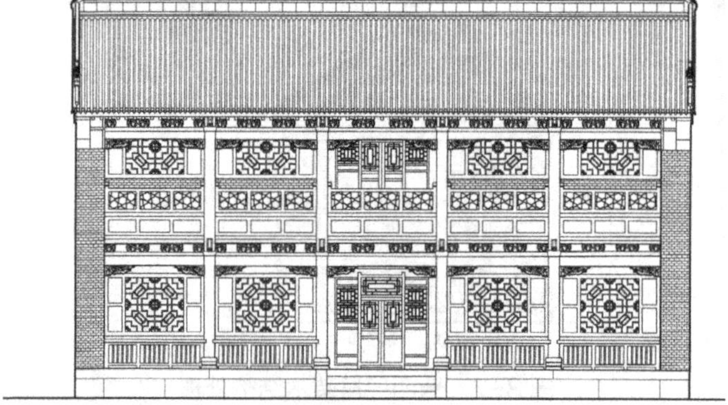

图 3-10　安阳马丕瑶府第后楼正立面图

第三节 中原民居院落形式与聚落组合

中国传统建筑以土木为主要材料，单体建筑的体量不宜过分高大，尤其是民居建筑单体。将这些单体建筑通过有机组合形成院落是传统建筑的普遍现象。现存最早的建筑史上公认的院落格局是可能属于晚夏宫殿遗址的河南偃师二里头。此后院落组合方式占据中国古代建筑群体组合的主导地位。河南民居扎根于院落的故乡，也以院落为主。

“院落”与“庭院”在建筑史中是同义词，例如，单体建筑与围墙围合成的院子，有“庭院式”和“院落式”两种称谓，且两个词义完全等同。众所周知，中国的院子形态按平面分，可以是单独的，也可以是复合的，即大院中套小院。就民居中的院子来说，大院里包含若干个小院的情形是司空见惯的。当我们描述大院和大院里某一个小院时，都用“院落”或“庭院”，显然概念不清。“庭院”一词，按《现代汉语词典》解释为“正房前的院子，泛指院子”。《现代汉语辞海》释“庭”为“院子”，正房前面的空地为“庭院”，组成词语有“庭院”。“院落”，《现代汉语词典》解释为“院子”。而《现代汉语辞海》释“院”为“房屋前后用墙或栅栏围起来的空地”，组成词语有“院子、院落、宅院、庭院”。从两本工具书对上述两个词条的解释来看，它们有通用性，用来强调“院子”时，它们是通用的；但是也有区别，当强调院子的范围大小时，“庭院”一词表示的范围小，“院落”表示的范围大。因本书涉及这一问题，故明确解释“庭院”与“院落”的区别：当大院内套小院时，整个大院称“院落”，大院内的小院子称为“庭院”；当描述单一院子（院内未套小院）时，无论院子大小，都用“院落”一词。

一、院落基本形式

由单体建筑组合的院落大多以方形或矩形的形态出现，形成围合的院落空间，这是传统建筑群体的重要特色。

院落可以是单一的，即独立的小型建筑群体。根据四周建筑物围合的情况，若四面都布置建筑，周边房屋之间的空隙再用围墙封堵，则形成四合院。同理，还可以形成三合院、二合院，甚至只有一座房子加周边围墙，也可以形成院子。在旧社会，生活在底层的百姓大多数居住的是三间房子的小院或六间房子的二合院；有建造三合院与四合院经济实力的，应是小型地主、富农之类的家庭。

用院落把单体建筑组合起来的方式，是传统建筑千百年来发展的结晶，具有以下突出的优势。第一，具有良好的居住功能。庭院作为单体建筑联系的纽带，将同一院内的各单体建筑与庭院空间组合在一起，成为一种室内、室外共同使用的居住空间。这种布局既适应宗法制度下大家庭居住，也满足传统伦理道德观念的需要不论尊卑长幼，分则各有处所，聚于庭院，其乐融融。第二，具有良好的小气候调适作用。闭合而露天的庭院可以有效地抵御寒风的侵袭，减弱不良气候的危害。利用冬夏太阳入射角的差别和朝夕日照阴影的变化，庭院内的各单体建筑可以互相遮阴，又不误采光。庭院内还可以种植花草，引来花香满院，也可以栽种葡萄、葫芦等攀爬植物，形成凉棚。第三，具有良好的自防、护卫功能。中国传统的单体建筑前檐通透性强，自身的防护能力较弱。采用庭院式布局，各栋建筑都深藏院内或面向内院，整体院落的外界面由院墙、房屋的山墙、后檐墙环绕围合，组成一道坚实的防线，大大增强了建筑组群的整体防护性能。若有动静，庭院内的人们便于集体行动。第四，适应性强。可由建筑围合成三合院，进而形成四合院。根据不同需要，可以由三、四合院进一步发展到多进四合院，还可以并列排布，其布局有较大的可变性。每个庭院均可安排较多的房间，这些房间除居住外，还可以另设书房，大客厅用于接待、议事等社会活动。

河南民居院落变化较大，但大致可归纳为四种基本形式，即四合院、三合院、窑房院和山区的前后排房院（图 3-11）。其中，窑房院是很典型的窑洞与房屋的组合形制，主要分布在豫西窑洞区。这种组合一般是三孔窑洞作正房，庭院内左右分列厢房，厢房间距较小，约在 3 ~ 4 米（图 3-12），沿纵深方向也可以组合为两进院或更多的院落。山区的前后排房组成的二合院见于新县，此地与湖北交界，房屋类型有长江流域居住建筑特点。河南境内的民居院落还有纯真的四水归堂天井式，如豫南民居中的闵氏祠堂，豫北的石老九宅院等，但实例很少，故不作为河南民居的基本类型介绍。

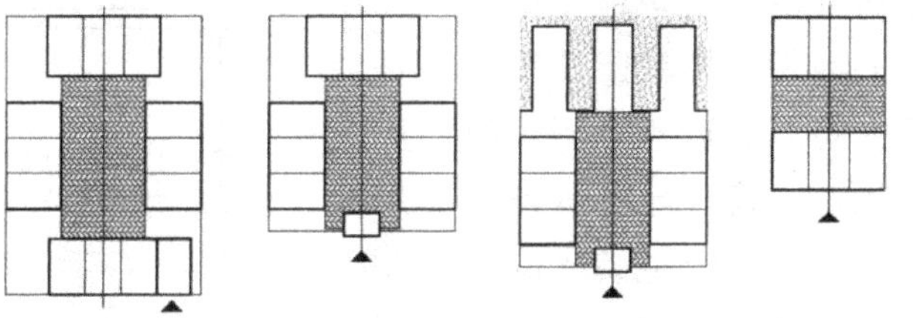

图 3-11　河南民居院落基本形式

图 3-12　窑洞与房屋结合的院落

四合院与三合院在河南各地分布广泛，这些院落还可以以院作为一个单元，进一步组合成中型或大型复合院落。河南各地的四合院、三合院形式大体相同，由四面或三面房屋围合而成。院落中轴线明显，正房坐中，倒座相对，两侧厢房对称分布。官员和有些豪门大户的宅院一般有正房五间、厢房五间。这种情况属于四合院基本形式的扩展。现存河南民居中组成四合院的两层房屋的也很多，如豫东的叶氏宅院，豫北的夏家院、寨卜昌民居，豫西的康百万庄园等，两层楼房居多，单层房屋很少，这丰富了河南民居的院落空间。

河南民居的朝向与我国冷空气流向相适应。避西北寒风，冬采南来阳光，夏迎东南凉风是宅院选向的优先条件。尤其是一望无际的豫东大平原，寒流袭来无所遮挡，所以坐北朝南是河南民居的主导方位。在有地利条件的地方，宅院选址还非常注意按传统风水理念进行“辨正方位”“相形取胜”。如康百万庄园就充分考虑到周围的自然地理条件，尤以主宅区最为典型。主宅区南北长 83 米，东西宽 73 米，建在邙山半腰的一个山坳里，往上是邙山岭的顶面，往下则是伊洛河冲积平地。建筑群依山就势，充分利用此处的地形地貌，集我国传统聚落基址优选原则“避风、向阳、近水”于一身，实属“师法自然”的建筑典范。但自然条件不是唯一条件，街道走向也是决定宅院坐向的重要因素。因此，河南现存传统民居中，面向四正方位的都有。而宅门则在民居宅院的四隅方位，即“坎宅巽门”“离宅乾门”“震宅坤门”“兑宅艮门”等。有一个简单易记的规律，即宅门在正房的左前方位（图 3-13）。这些都属于正统的布置方式，绝大多数的民居。

也有宅门位置坐中的情况，如高官府第，个别财大气粗、胆子大者的宅院，还有因地面狭窄确实无法移位的小宅院。大别山区另有不同的地方习惯，大门也以居中为主。此外还有个别地方民间的宅门，面向西南或东南的倾斜方向；也有个别地方的深宅大院，本身为坐北朝南的坎宅，大门却布置在坤位（西南角面南）的情况。上述这些宅门的位置，各有当地的讲究，均属河南民居中的少数。

影壁也是传统民居的重要组成部分。无论大门设在什么位置、什么朝向，门内一般都设有影壁，多为坐山式影壁，有的大型宅院大门外还设有独立式影壁。

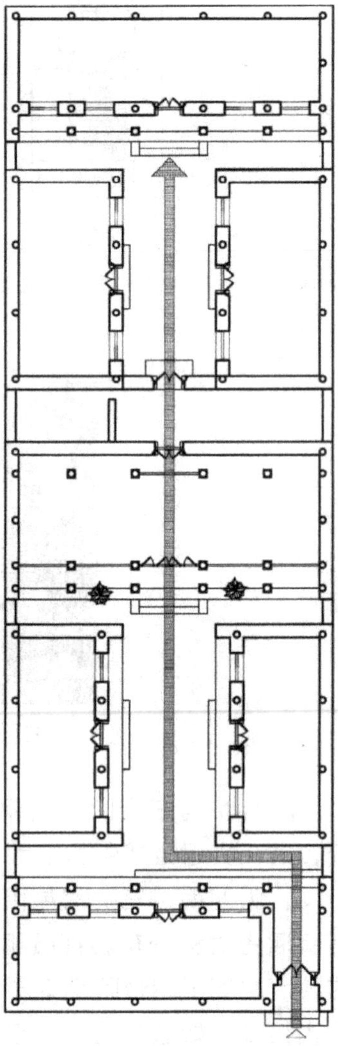

图 3-13　二进院常见形式

二、院落组合

由上述院落进一步组合，即可成为中、大型院落。院落组合可以沿轴线纵向扩展，然后再横向扩展。总之，规模大小视主人的经济能力和社会地位高低，以及个人喜好而定。面朝黄土背朝天的老百姓由于经济能力不足、社会地位低下、居住标准不高，他们的宅院是简陋的。作为统治阶层的封建大家庭，以及富商、豪绅等，他们的物质生活及精神生活内容相对丰富，衣、食、住、行标准较高，社会交往广泛，男女仆役成群。这些都会反映到居住建筑的规模上，可以通过基本庭院的组合来实现主人的需求。

（一）纵向组合

基本院落组合首先是纵向组合，前面一个四合院，后面一个三合院，即组成一座二进四合院。图 3-14 为寨卜昌民居组合的基本形式，该村传统民居存在时间长（200 年左右），多数是一主（面阔五间）一跨（面阔三间）式二进四合院，自成体系，在豫西北地区乃至整个河南地区均具有代表性。其院落特点是，院落宽度等于正房通面阔，进入二进院必须通过客厅，所以客厅在河南又有“过厅”之称。厅堂之后则是一座完整的三合院，有自己的院门，即二门。二门与客厅后檐墙之间还有一段距离，宽度一般在 1.5 ~ 2 米之间，为前后两庭院的过渡空间。这种二门位于厅堂之后，二门前有过渡空间的院落组合方式，是院宽与厅堂相等形制下的组合形式。

若院落宽度大于厅堂通面阔，厅堂两山墙外另有道路可通往后院时，二门一般设在厅堂山墙与院墙之间的隔墙中间。这样的组合，让二门更加隐蔽，此处的空间成为前后院的过渡空间，绕过厅堂即进入二进院。

上述两种组合形式，为河南民居庭院常见的组合形式。

这里特别强调，河南民居的二进院组合方式与北京四合院的二进院是两种不同的形式。北京的二进四合院是在基本型四合院厢房一端的山墙处，接砌墙体，中间设二门（垂花门）形成的二进院。两者的平面布局与空间构成形态差别都很大。

在二进院的基础上继续重叠庭院，即变成三、四进等多进四合院。调研时，我们发现河南平顶山市郊区门楼张村的张氏民居是六进院，为河南民居深度之最，因大部分已不复存在，不便介绍。图 3-14 为三进院的组合图例，其中的（a）为完整型，即每个庭院中正房、厢房俱全；（b）和（c）为简化型，即二进院的正房被减去，只有两所厢房或厢耳房组成二进院的小庭院。这种简化往往是受宅基地长度所限，不得已而为之，也成了河南民居的一种固定组合形制，在河南范围内分布广泛，开封、洛阳、三门峡、平顶山、南阳、新乡等地都有这样的院落，论数量似乎还要多于完整型四合院。这种简化形制也有用于二进院的情况，如康百万庄园主宅区，因基地长度有限，有几座二进院的正房也都被减去，变成简化型院落。

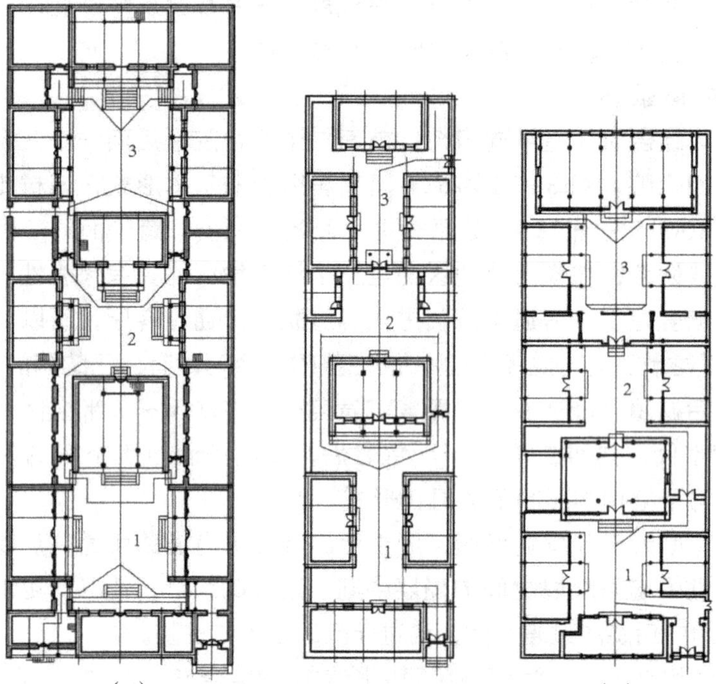

1 第一进院；2 第二进院；3 第三进院

图 3-14　三进院常见形式

（二）横向组合

单独的院落纵深一般不超过两重院，再深就会因狭长而显得平面比例严重失调，且应用不便。院落需要进一步扩大，就要纵横向同时发展，以便更好地组织空间，同时也便于使用。河南民居横向发展的模式有主次院并列、两组或多组并列两种情况。

1. 主次并列式院落

主次并列式院落是指以一座正常的院子为主院，旁边另加一座次院。次院的特点是：比主院窄得多，但与主院等长，与主院共同形成一座中、大型院落。次院在河南民间又叫“跨院”，图 3-15 就是河南民居中较为典型的二进主跨并列式院落，为寨卜昌民居的主要院落形制。图中主院面阔五间，次院面阔三间，次院不够一个标准院落宽度，其内只能容纳一排厢房。主跨院形制在其他地方也可以见到，但不似寨卜昌那样集中，形成的原因不像寨卜昌民居那样，是有意安排的院落形制，而是宅基地宽度大于一座标准院落而又小于两座的宽度，在确定主院格局之后，余下的部分与主院一并统筹安排，按实际需要建房，与主院共同构成合理的分区。纵深组成二进四合院后，院落空间有明确分区，前院为主人会客、管理等活动的公共空间，后院是全家人居住的私密空间。主跨院形制为传统民居的功能分区进一步细化提供了空间保障。富裕人家一般都重视教育，专门辟有家学（私塾）的场所，供老师居住和孩子们学习与活动。劳作区主要是生活区，供长工居住。二进或三进主跨院算是比较阔气的院落了，功能分区齐全，足够中等家庭使用。

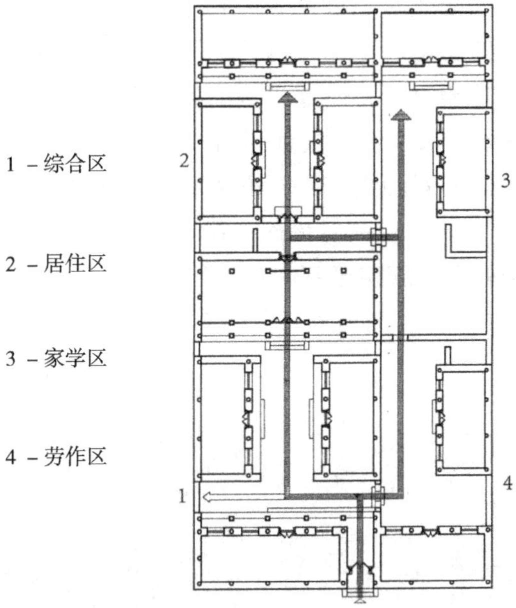

图 3-15　主跨院并列组合形式

2. 两组或多组并列式院落

两组或多组并列有别于主跨院并列，这里的“组”相当于民间说的“路”，指面宽相等或者相近的院子并列形成的大型宅院。这种大型宅院的形成在河南民居中分两种情况。一是大户人家兄弟各自建房，老大、老二等共居一处，宅院集中所形成的大片民居，如灵宝的西路井民居、陕县的段岩民居、孟津的魏坡民居、商水的叶氏民居、林州任村的张翰林宅等等。段岩民居兄弟五人的院落一字排开，占据大半个村庄；魏坡民居七座院落分列路的两边；张翰林宅六座院落占据任村镇西街的大部分；商水叶宅亲弟兄三人的大院呈丁字形分布。这些院落相互之间联系得很紧密。这种民居群多因后代进一步分割财产而难以保持原貌。二是豪门大户一人所为的大型院落或庄园，如洛宁的程总兵府第有四进四路，因后人分割财产也已面目全非。洛阳的八路军办事处、巩义的康百万庄园、安阳的马丕瑶府第和开封的刘家大院等，基本还算完整。其中价值最高者当属康百万庄园和马丕瑶府第。

康百万庄园背山面水，深得地利之便，环境条件优越，三级台地逐级向上，空间层次丰富，与自然高度融合（图 3-16）。二级台地上的院落以涵洞过道为轴线，把大院分为南北两部分。北边五座院一字并列分布，坐北朝南，南边两座院坐西朝东，平面布局不拘一格，庭院空间富于变化。主宅区内窑房结合，建筑类型多样，功能完备，还专门设有幼儿教育、账房、打更房、护院房等。虽然基地平面形状复杂，但是规划利用却很得当。合有序，分使得院广场、家庭花园和各庭院空间相对独立完整；交通联系十分便利，把各个单元有机地联系在一起（图 3-17）。房屋高低错落，体量大小对比明显。室内室外、庭院之间互相渗透、互相融合，庭院是室内空间的延伸，点缀景石花木，处处有景，步移景变，可谓“虽由人作，宛自天开”的典范。

图 3-16　康百万庄园远景

图 3-17　康百万庄园主宅区

马丕瑶府第系大型封建官僚宅院，是光绪十三年马丕瑶官居贵州按察使时在故里所建，一为炫耀，二为告老归隐所用。府第中区宅院三路四进并列，以中路为主导，设有门厅、二门、前堂、后堂、后楼。各进庭院空间大小随使用情况而变化，一进院为客人等候传唤的暂时停留空间，面积较小；二进院为主人接待客人的场所，宽大敞亮；三进院为主人接待上级或同级官员或谋事的区域，因马丕瑶身居高位，能被迎接到此庭院的人很少，利用率也低，但为讲究排场，三进院还是大于二进院；四进院是主人的居住处，为享受天伦之乐的场所，家大人多，因此，这一庭院亦为中路较大的一处。东西两路平面形制相近，均设有大门、前厅、中厅、后厅、后楼等五堂四院制。东面另加一路二进院的家庙和私家花园。各建筑同在一座大院内，严谨规整，除花园已损失，院内房屋基本不缺，甚为珍贵。

第四章 中原民居的结构与构造

第一节 建筑材料与承重体系

一、建筑材料

（一）原材料

中国古代建筑的原材料取自自然，金、木、土、石、皮，“五材并举，百堵皆兴”，一直延续到近代。古代金属产量有限，在建筑中很少应用。土、木一直是主要建筑材料，是建筑的根本，这对“土木”成为中国营建工程的代名词有着直接影响。河南民居中除土木之外，还用石、砂、竹、柳条、芦苇、草等作为建筑的原材料。河南洛阳至焦作一带产竹，《营造法式·竹作制度》也有明确记载，竹篾编制的竹笆、柳条编制的条笆用于屋顶以替代望板。竹和柳条的地域性强，应用不普遍。芦苇产地范围广，用苇箔代替望板方法应用比较普遍。河南是小麦主产区，麦秸为房屋草顶的主材料，因方便易得，经济实用，成为普通平民建屋顶的首选材料。

河南地处黄河中下游地区，黄土资源丰富，从远古到现代都为人们提供了住所。我们的祖先早在仰韶文化时期就会利用黄土，刘敦桢先生曾说：“更重要的是在郑州发现商朝的夯土高台残迹，用夯杵分层捣实而成。夯窝直径约 3 厘米，夯层匀平，层厚约 7 ~ 10 厘米，相当坚硬。可见当时夯土技术已达到成熟阶段。有了这种夯土技术，就可以利用经济又便利的黄土来做房屋的台基和屋身，后来春秋战国时代还广泛应用于筑城和堤坝工程。夯土的出现是中国古代建筑技术的一件大事。”这是社会的进步。人们还以黄土为主要原料，创造出了各种类型的建筑。

木材一直是中国古代建筑重要的原材料之一。木材竖置有很好的耐压性能，横置有优良的抗挠曲性能，适于建造房屋。远古时代，中原这块土地属亚热带气候，森林茂密，盛产木材。黄河中下游地区盛产榆树、槐树、柏树、楝树、杨树、泡桐树等，这些都是民居建筑中常用的优良木材。河南民居中首选地方树种榆木做梁和檩条。槐木、楝木生长缓慢，成材多为檩材，尤其是楝木，因性涩苦而不招虫蛀，更为优良。枣木坚硬，常用作农具。椿木、杨木、桐木易加工，常用于小木作。民间建筑以就地取材为主，如周口一带盛产泡桐，袁世凯故居中的柁梁与檩条就以桐木为主。

石料在河南民居中的应用也比较广泛。豫西北有太行山，豫西有伏牛山，豫南有大别山、桐柏山等，石材储量丰富，尤其是青石，因其色泽与传统砖瓦颜色基本一致，加之其易于开采、抗压性能和耐久性都很好，广泛用于建筑的基础、墙身、台基、阶石、路面等。此外，它还是生产石灰和水泥的主要原料。当然，河南山区也有较多石头房屋（参见第三章第五节河南石头房），如太行山深山区，个别地方建房就以石料为主，石墙、石瓦，还有石桌、石凳等家具，至今仍有留存。位于伏牛山与黄淮平原过渡区的石匠的技术更为娴熟。神屋镇的民居墙体有用卵石砌筑的，大小石块搭配得当，显示出了工匠精湛的技艺。

石灰古称白垩，它是可塑性和保水性很好的胶凝材料，是中国古代建筑中主要的黏结材料。它又有很强的吸潮性，是传统的防潮材料，生石灰还可作消毒剂。河南富煤多青石，为石灰的生产与应用提供了便利的条件。青石俗称石灰岩，主要化学成分为 $CaCO_3$，经 900℃ ~1000℃煅烧生成生石灰（CaO），再加水消化变为熟石灰 [$Ca(OH)_2$]。以石灰为黏结材料的石灰砂浆、麻刀灰一直是墙体砌筑与粉刷的主要材料。把石灰膏稀释成的石灰乳剂用作内墙和顶棚的粉刷材料，在城市一直延续到 20 世纪 70 年代末，至今在农村仍有使用。用石灰配制的灰土（石灰 + 黏土）和三合土（石灰 + 黏土 + 大砂或碎石），在我国有悠久的历史，相关应用技术十分成熟。夯实后的灰土或三合土广泛用作建筑物的地基、地面垫层和城墙、寨墙的重要地段。其强度和耐水性比石灰和黏土都高，因为黏土表面的少量活性氧化硅、氧化铝与石灰发生反应，生成水化铝酸钙等不溶于水的水化矿物。另外，石灰改善了黏土的可塑性，经过强力夯打，密实度更高，也是其强度和耐水性提高的原因之一。石灰在中国古建筑中用量虽小，但作用极大，在中国古代社会有很大的影响。明朝就有文人志士借咏石灰言己之志：“千锤万凿出深山，烈火焚烧若等闲。粉身碎骨浑不怕，要留清白在人间。”

（二）建材制品

1. 砖瓦

在我国新石器时代的裴李岗文化和仰韶文化时期，人们就利用黄土制造了陶器。在社会不断演进的过程中，制陶技术发展，人们又创造了陶瓦等多种陶制品。早在周代，河南就有用瓦的实例。唐宋时期，中国古代建筑体系已相当成熟，砖瓦脊饰等构件品类规格多样，制作方法、使用规则等都在《营造法式》第 12 和 15 卷中明确规定。《营造法式》是官式建筑的规范，民间建筑则自由一些。明代《天工开物·瓦部》对瓦的制作过程与种类也有比较详尽的记载：“凡埏泥造瓦，掘地二尺余，择取无沙黏土而为之。百里之内必产合用土色，供人居室之用。凡民居瓦形皆四合分片。先以圆桶为模骨，外画四条界。调践熟泥，叠成高长方条。然后用铁线弦弓，线上空三分，以尺限定，向泥不平戛一片，似揭纸而起，周包圆桶之上。待其稍干，脱模而出，自然裂为四片。凡瓦大小古无定式。大者纵横八九寸，小者缩十之三。室宇合沟中，则必需其最大者，名曰沟瓦，能承受淫雨不溢漏也。凡坯既成，干燥之后，则堆积窑中燃薪举火。或一昼夜或二昼夜，视窑中多少为熄火久暂。浇水转釉，与造砖同法。其垂于檐端者有滴水，下于脊沿者有云瓦，瓦掩覆脊者有抱同，镇脊两头者有鸟兽诸形象。皆人工逐一做成，载于窑内受水火而成器则一也。”其中所说的“凡瓦大小古无定式”，应理解为民间窑场制作的砖瓦规格不统一。

事实也是这样。以条砖为例，如表 4-1 所示，可见现存河南民居建筑中的砖瓦规格并不统一，尺寸悬殊较大。有的还不成模数，只因砌墙以顺砖为主。条砖主要用于房基与墙体，方砖主要用于铺地，还用作屋顶望砖。

表 4-1　部分民居用条砖规格

民居名称	条砖规格（毫米）			所在地
	长	宽	厚	
袁世凯行宫	340	170	80	项城
袁世凯行宫	280	140	70	项城

续表 4-1

民居名称	条砖规格（毫米）			所在地
	长	宽	厚	
叶氏民居	310	153	75	商城
郑氏民居	310	150	85	许昌
白雀中街红四军司令部	300	190	85	光山
中共中央鄂豫皖分局旧址	300	200	100	新县
穆氏四合院	270	135	67	商丘
程总兵府第	335	165	70	洛宁

2. 土坯

土坯在河南民居的墙体中占有重要地位，其量大面广，无论是有钱人，还是平民，房屋建筑中都会用到土坯。土坯的原料为黏土，随地可取，自己动手肯下力气便可制作出墙体砌块，花费很少甚至没有。大部分土坯的制作方法是：取土—和泥（比较稀的泥，有的还加入少许碎麦秸以提高土坯强度）—装模—脱模—晾干待用。不同地方的土坯用料和制作方法也各有不同，举例如下。

豫北博爱县的土坯，因其土质黏性较好，和泥用水量很少。泥呈“握之成团，落地开花”的松散状态，经装模—捣实—脱模—晾干即可。土坯形状如图 4-1 所示，上表面需要振捣。这样的土坯所砌的墙体，表面抹平后，内部间隙大，墙体保温性更好。

图 4-1　寨卜昌民居中的土坯

图 4-2　白雀镇某民居的土坯墙

豫南民居程相府宅院中涉及的土坯，原料是红石砂和石灰，制作步骤为：掺料—和硬泥—装模—捣实—脱模—晾干备用。这种土坯坚硬似砖，是常作为外墙材料使用的砌块。

劳动人民这种因地制宜、就地取材的实践创造，是民居发展的动力。人民自己建房，经济因素是主要的。寻求方便易取、廉价实用的材料，是现在建房仍必须考虑的因素。

二、承重体系

中国古代建筑素有“墙倒屋不塌”的特点，这是对完全木构架建筑的恰当描述。这里所说的完全木构架，是指水平与竖向承重构件全用木材。木构架诞生于原始居住建筑。当木材进入短缺时期，率先实施节约木材的措施的是民居建造。俗语云“物以稀为贵”，木材稀少，价格必然昂贵。人民要建造房屋而财力又有限，势必会想尽各种办法寻找便宜的替代材料，早期民居中的土承重墙就是鲜明的例证。明清以来，砖在民间的大量应用，推动了民居承重结构的巨大变化。由完全木构架体系，发展到木构架与墙体结合的承重体系，进而又发展到墙体承重体系。河南现存民居的承重结构类型，主要是这三种。

1.木构架承重体系

木构架承重体系历史悠久，在民间也有广泛的基础。这种结构形式房屋建造先搭架，后围护或分隔，墙体除承担自重外，不承担屋顶荷载，所以“墙倒屋不塌”。河南现存传统民居绝大多数为清代民居，清代人口急剧增加，随之建造了大量的房屋，致使木材相对贫乏。梁柱承重的木构架体系在这些民居中已是少数。豪门大户及官吏家的房屋有的还保持着木构架承重体系，如寨卜昌王泰顺家族的有些厅堂、开封刘家宅院的部分房屋、南阳万兴东宅院厅堂、南阳杨家大院的厅堂等。南阳的杨家大院是建筑界同仁熟知的建筑大师、建筑教育家杨廷宝先生的故居，在南阳又名“杨知府院”。笔者曾三次前往，在其外部找不到可入镜之景。近悉，地方政府已采取有效措施，加强了对杨家大院的保护。

2.木构架与墙体结合承重体系

木构架与墙体结合承重体系是指柱和墙体共同承担屋顶荷载，分三种情况。一是“柱 + 山墙”承重，即山墙部位的山面梁架和柱被山墙取代，一堵山墙承担半间屋顶的荷载。二是“柱 + 山墙 + 后檐墙”共同承重，即在第一种情况的基础上后檐墙部位的柱被墙体取代。此种情况较多，既用于厅堂，也用于部分前檐廊的厢房。三是以墙体承重为主，前檐廊檐柱落地，檐柱承担很少的荷载。

3. 墙体承重体系

墙体承重体系是指房屋无檐廊，前后檐墙直接承托屋架大柁，山墙直接承托檩条，四面墙壁都承重。民居发展到清末至民国时期，较小的房子（三间面阔）四面封檐，不再用木柱。水平受力构件仍用木材，抬梁式梁架简化为只有抬梁部分。为了进一步节约木材，又发展出人字形梁架。河南地方语称前者为“重梁起架”，后者为“插手梁架”。这种简化的木构架房屋，在当代北方农村民房中占绝大多数。

中国古代建筑的转型在民居建筑中有其自身的规律。那就是木屋架、坡屋顶仍然保留，以墙体代替木柱承托屋架，墙倒屋必塌。

采用上述三种承重体系的建筑，第一种属于木结构建筑，第二、第三种属于砖木结构建筑。

第二节　木构架类型与防水

一、木构架类型

木构架是中国传统建筑的结构主体，因木材有诸多优点，如易取得、便于加工、适应性强、重量轻、施工方便等，所以木构架得以发展、成熟并延续下来。又因地域气候不同及施工技术的差异，木构架形成了两种主要形式，即抬梁式和穿斗式。这两种木构架形式在河南民居中都有应用，抬梁式应用较多，范围较广。穿斗式应用地域范围相对较小，用量也少一些。此外，二者结合的木构架在河南民居中也有应用，且用量要大于穿斗式。

（一）抬梁式木构架

抬梁式木构架是指沿房屋进深方向在石柱础上立承重柱，柱顶端架梁，再在梁上皮向中心内退一步架的距离立置两根瓜柱，瓜柱上再横置较短（比下层梁短两步架）的梁；根据需要，可依此法重叠三根乃至四根梁，梁的根数越多，房屋进深越大；再在顶层梁上立脊瓜柱，构成一榀三角形木构架；在沿房屋面阔方向用枋连接相邻两根立柱（包括瓜柱）的顶端，并在各层梁头和脊瓜柱上搭置纵向檩条；最后在檩条上等距密排椽子，构架全部形成（图 4-3）。

抬梁式木构架自然构成的坡屋顶，成为中国传统建筑外形的主要特征之一。

图 4-3　抬梁式木构架房屋

抬梁式构架各构件散置，形状以杆件为主，多数构件体积小、重量轻，备料、加工制作与房屋的施工都十分方便。一件件构件拼接安装，梁、檩、椽均为水平受力构件，在构造上又是连接两端的构件，如椽连接相邻的两根檩、檩连接相邻的两榀梁架、梁连接柱等。连接方法由原始的绑扎发展到非常精巧、科学的榫卯扣合。柱及瓜柱轴心受压，正好发挥木材“立木顶千斤”的长处。这种纵、横、竖三向互相连接的木构件形成整体框架结构，对房屋的整体稳定性很有利。

1.常用的抬梁式构架

关于抬梁式构架房屋的大小、屋宇之高深、构件之短长等数据，官式建筑早有一系列规定。开封、洛阳、许昌、焦作、安阳等几个地区民居中的抬梁式构架较为统一，受官式建筑影响较大，也掺杂着诸多地方手法。图 4-4 为五檩抬梁式木构架，即上述几个地区通行的基本形式。较之官式大木小式梁架的相关内容，有三处明显差异，分述如下。

（1）额枋由上下两块木板组成。上为平板枋，板宽等于或略大于柱径，置于柱顶，承托梁头、由额垫块（代替垫板）及斗拱等物。下施矩形断面立置的枋木，两者共同组成“T”字形额枋。民间有形象的称谓，前者叫“卧枋”，后者叫“立枋”，两者断面大小基本相同（图 4-5）。周口、商丘一带的立枋另有变化，将在下面实例中详述。

（2）檩下的随檩枋一般紧贴檩条下皮（图 4-5），节省了垫板。两者之间拉开一段距离，中间再施垫板的官式构造做法，在河南民居中的实例较少。

（3）脊瓜柱多由两件弓形的叉手支撑，其上端有的撑脊檩，有的撑脊瓜柱

（图 4–6）。这种构造方法与角背相比，更能提高脊瓜柱的稳定性。

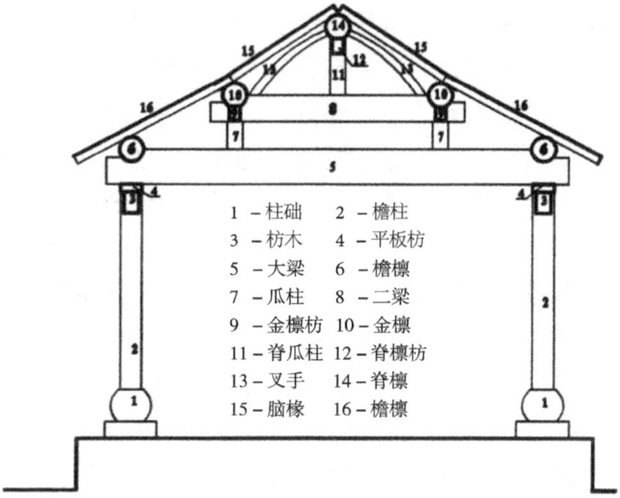

图 4–4　五檩抬梁式木构架基本形式

图 4–5　脊檩构造

图 4–6　瓜柱

河南民居中常用的抬梁式木构架的基本形式有 10 种，如图 4–7 所示，图中的虚线表示墙体，有墙的部位往往是承重墙，就可把柱减去，节约木材，这种情况在河南民居中比较普遍。在笔者所考察的民居中，只有少数几家的房屋未用墙代替柱，仍保持着完全的木构架承重体系。

图 4–7 中的（a）、（b）两种形式，常用于二门，（b）型用得更少些。（c）型为单坡顶房屋构架。在人们的印象中陕西单坡顶房屋多，其实河南境内也不少，分布范围主要是豫秦毗邻区域。豫秦古道（今陇海线）上的分布范围相当

大，三门峡到洛阳一带厢房通行单坡顶。由西往东，单坡顶房屋逐渐减少，到偃师为止。单坡顶房在河南的分布地区有专用称谓“单坡厦”。单坡厦主要用作厢房。两步架进深的较多，庭院较宽的，也有三步架进深的情况。（d）型为五檩四步架进深，三间五架的房屋在传统民居中数量最大，硬山屋顶若前后封檐，构架就简化的只剩上面的抬梁部分。（e）型为常见的前檐廊构架，主要用于第一进院厢房和倒座。（f）型为挑廊式构架，晋东南民居中较多，河南民居中仅在焦作市几个县有实例，寨卜昌民居中的厢房、倒座构架主要是这种形式。（g）型为六檩前檐廊式构架，所形成的房屋前坡大后坡小，前檐低后檐高，常用于较小的正房。豫东地区的院落较宽，厢房也多用这种构架。（h）型为七檩前后廊式构架，河南民居中的主要厅堂都是这种构架。只有七架进深，才能接近主要厅堂平面“方三丈”的要求。不过，河南民居的厅堂几乎都是后封檐，檐墙代替后檐柱承重，变成七檩前廊简化构架。（i）、（j）两种形式是将（d）和（g）两种形式加高变为楼房，常用于后院正房建筑。

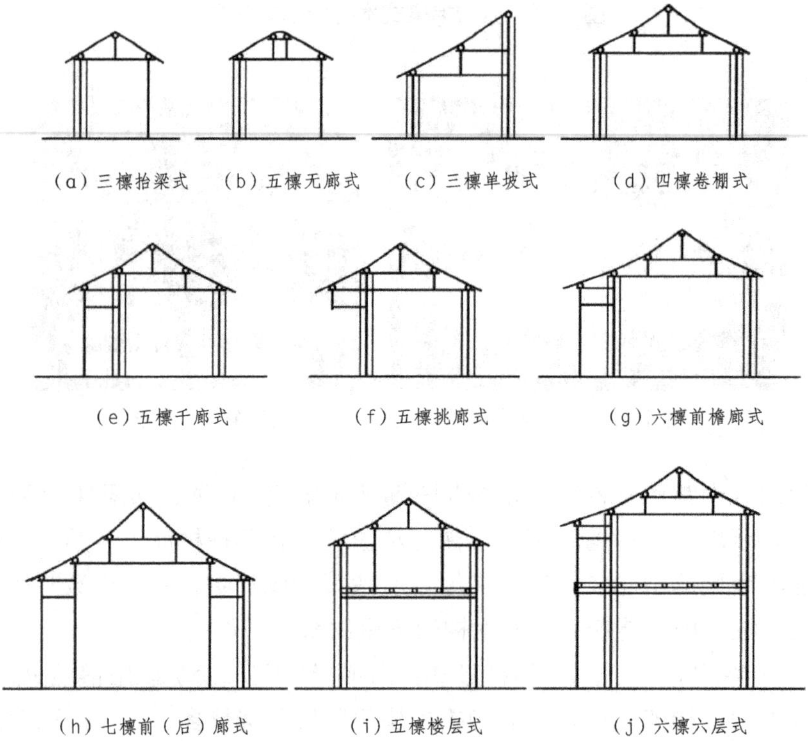

图 4-7　河南民居中常见抬梁式构架示意图

以上 10 种抬梁式构架，有的也视当地情况加用斗拱和飞椽。用斗拱的以坐斗为多，出挑的很少。檐口用飞椽的现象比较普遍，凡有檐廊的檐口都用飞椽。

2. 变异型抬梁式构架

就抬梁式构架而言，开封和其他地区的一些官宅（如安阳的马丕瑶府第、南阳的杨知府院）的木构架相对更接近官式建筑的大木小式；在商丘与周口两地范围内构架变异性就大一些。图 4-8 即为变异型抬梁式构架，其中，（a）型是在五檩等距的构架中廊步另加一根檩，变为双步廊，这是商丘穆家四合院的厢房构架实例。（b）、（c）、（d）三种中间步距大，双步廊步距缩小。比如，（c）型中间四步等距均为 1.28 米，廊宽 1.9 米，步距 0.95 米。（b）型为穆家四合院的绣楼构架实例，（c）型为虞城任家大院中院厅堂的构架实例，（d）型为商水叶氏宅院大厅楼构架实例，（e）型为袁世凯行宫过厅，（f）型是袁世凯故居中堂楼构架实例，大梁由两根直径不等的短木在墙体中对接。

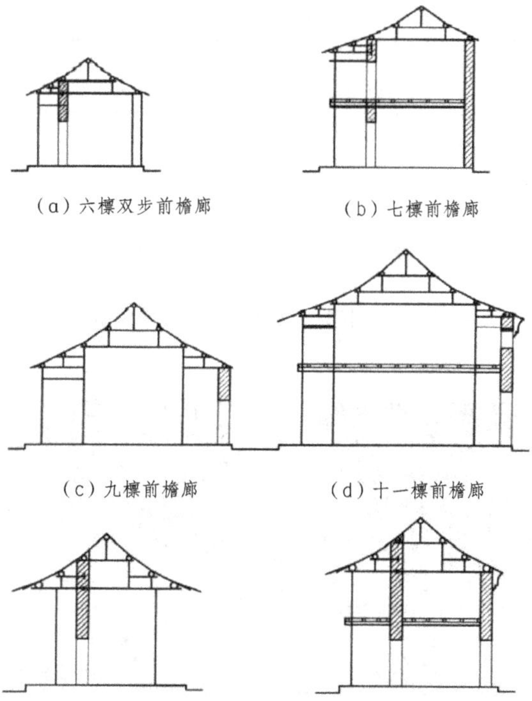

（a）六檩双步前檐廊　（b）七檩前檐廊

（c）九檩前檐廊　（d）十一檩前檐廊

（e）七檩大梁对接、柱位移　（f）七檩大梁对接

图 4-8　变异型抬梁式构架示意图

以上这些抬梁式构架实例都用承重墙代替了柱子，成了既有变化又简化的构架，其中的地方手法使用较多。

民居建筑各地有各地约定俗成的规矩和习惯，不太统一，结构与构造设计随机性也比较强。例如，周口一带的额枋形状（图 4-9）即遵循通行的“T”形式样，在立枋前脸上贴一块板材，周边打圆角，形成雕刻的额枋形象，地方性很强。又如，图 4-10 所示的“棋盘”驼峰，其当心间二梁下的四个柁墩雕刻主题分别为琴、棋、书、画，如此雕镂精到的驼峰在豫西三门峡附近有较多的应用。大木作里的驼峰制度要早于柁墩，此例也表现出河南民居建筑对古代制度的坚守与延续。再如，图 4-11 所示的抬梁利用一根弯木随弯就势地造成了一榀抬梁式构架，这是南阳市北郊石桥镇赵家大院的特殊梁架实例。工匠因势利导，凭着高超的绳墨技艺变废为宝，这种因材致用的随机性设计令人钦佩。

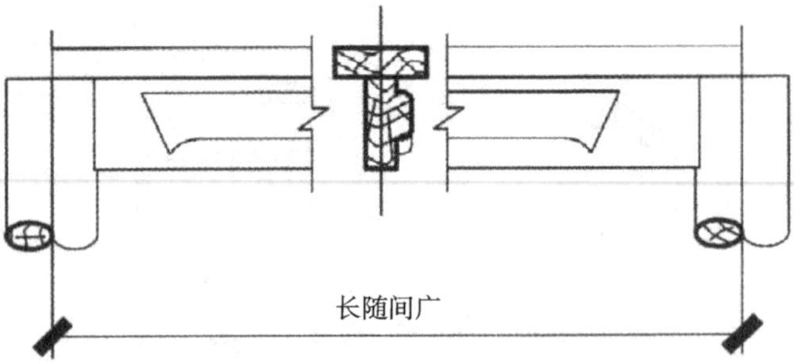

图 4-9　周口一带木构架中的额枋形式

图 4-10　精雕细刻的柁墩

图 4-11　因材致用的梁架

上述各式抬梁式构架有两个重要参数相对统一，即屋顶坡度和步（檩）距：屋面坡度通行的标准为“一丈起三尺”，步距一般为 0.9 ~ 1.5 米，其中厢房的步距一般为 0.9 ~ 1.2 米，正房的步距一般为 1.1 ~ 1.4 米。主要厅堂取较大尺寸，较大厅堂的步距多为 1.2 ~ 1.5 米。

（二）穿斗式及穿斗与抬梁结合式木构架

穿斗式木构架又称为立帖式木构架，多用于南方屋顶比较轻的民居和其他一般性建筑中。穿斗式构架由柱、枋、檩等构件组成。如图 4-12 中的（a）型，即为标准的穿斗式构架。由图可知，柱子直接支撑檩条，图中所示的六步架进深有七根檩就要七根柱支顶。的，谓之穿枋，形成一榀整体构架。

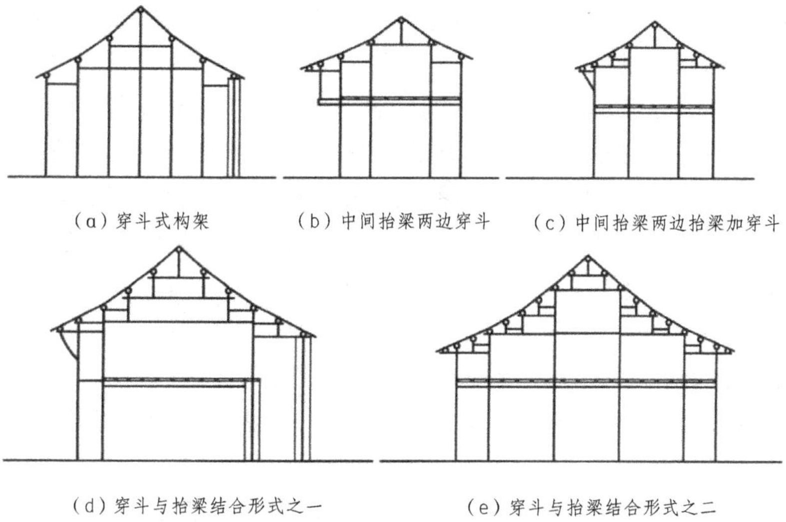

图 4-12　穿斗式及穿斗与抬梁结合式构架示意图

穿斗与抬梁两者的传力方式和用木方式有很大的区别。抬梁式构架是梁柱支承体系，梁是受弯构件，其突出优点是能获得较大的空间跨度。但随之而产生的负面效应也很突出，即梁柱需要较大的截面。同时檩条间距较大，需用较粗的檩木。穿斗式构架是檩柱支承体系，柱直接承受檩条的压力，梁的作用降低，成为两柱间的拉结连系构件。穿斗式构架又分疏檩和密檩两种形式。疏檩式较大檩距约相当于抬梁式较小的檩距，每根柱都落地，如图 4-12（a），即为疏檩式。密檩式是两檩间再加一根檩条，由柱间穿枋中间再立一根瓜柱支撑，檩距很密，约 50 ~ 60 厘米。穿斗式因多用于南方湿热多雨地区，对房屋的保温功能要求不高，屋面轻薄，加之上部荷载分散到相对密集的立柱上，因此檩柱直径较小。用较小的木材解决大问题，是穿斗式构架的突出优点。

河南信阳、南阳两地处于我国南北气候过渡地带，又是襄楚文化与中原文化的交汇区域。民居建筑融南北风格为一体，其结构技术集穿斗和抬梁于一身，除单纯的穿斗式构架外，还综合穿斗和抬梁两者的优点，创造出形式各异的穿斗与抬梁结合式构架。图 4-12 为笔者实地考察所见的构架实例。（a）型为疏檩穿斗式构架，这种典型的穿斗式构架在河南民居建筑中有单独应用的，如淅川大石桥乡杨营村某老宅的正房用穿斗，厢房用抬梁。此地与湖北接壤，用穿斗式构架较多。还有用于房屋山面的，如寨卜昌民居中有些正房的山面构架，埋于山墙内，节约抬梁的大直径木料，在房屋中起辅助作用。（b）型中间三架梁是抬梁，两边使用穿斗。挑檐部分设计巧妙，内檐檩用瓜柱支撑，瓜柱落于楼层外伸的挑梁上，檐檩又由外伸的穿枋承托。抬梁与穿斗结构分明，构造简单利落。此例为淅川贾沟贾氏民居其中一座正房的构架。（c）型以光山白雀镇中街的胡家宅院（红四军司令部旧址）正房构架为代表，中间是抬梁，两步架步距较小。两边抬梁与穿斗结合变为密檩式，四根落地柱非等距排列。挑檐方式与（b）型又有不同，檐檩由插接于檐柱上的挑梁承托。因该挑梁一端榫卯只能连接，不能负重，又在其下斜置一根撑木支顶负重端，把檐檩支撑起来。（b）型和（c）型的两种挑檐方法正符合孙大章先生所说的“硬挑”与“软挑”两种方式，前者属于硬挑，后者应为软挑。（d）型是新县大别山深山区内毛铺村彭氏民居一座房屋的构架实例。它以抬梁形式为主，瓜柱与檩条节点的构造完全采用穿斗的方法（图 4-13）。屋顶前坡略小，后坡稍大。檐柱与楼层梁有连接构件，增加檐柱的稳定性。挑檐也集中了软挑与硬挑两种方法，且叉手为弯曲的弓形。此例的几处变化反映出了山区工匠在结构设计与节点构造做法上的灵活性。（e）型是荆紫关商业街一商店的密檩式穿斗与抬梁结合的构架。中间抬梁五架梁柱距 2.6 米，两边柱距各 1.3 米，中间加一檩用穿斗式支撑。最长的一根穿枋不是一根枋木贯通，而是分为几节，且中间一节上提，错开榫卯位置，便于构造操作。

图 4-13　抬梁式构架、穿斗式节点做法实例

上述穿斗式及穿斗与抬梁结合式的构架主要分布于处于我国南北气候过渡带的河南境内部分地区。对房屋保温功能要求介于南北之间，屋面苫背比较薄，屋面轻。特殊的气候与地理环境对房屋的要求促进了穿斗式与抬梁式的有机结合，形成了更实用的建筑结构类型。

（三）柱与柱础

柱在中国传统建筑中的地位十分重要，墙倒屋不塌，全赖于柱的竖向支撑作用。河南民居建筑以抬梁式构架为主，通进深以五架、七架为主，柱也以檐柱、金柱为主。现存的民居大多是清代建筑，所见柱的形制也以清代大木小式为主。民居建筑的柱用材很讲究，梁可以随弯就势利用，柱绝无此现象。柱的断面以圆形为主，柱体平直见光（见光为河南民间俗语，即刨光），也有极少数建筑用方形或正八边形柱体。官式柱径与柱高的比率是一项重要指标，如檐柱通行标准为 1 ∶ 10 ~ 1 ∶ 11。民居用柱的标准概念淡化，少数民居的柱径较大，可以达到标准规定，多数民居柱径达不到上述标准。檐柱径一般为厢房 22 ~ 25 厘米，正房 25 ~ 30 厘米。河南南部很多民居因屋顶轻薄，柱径更小，檐柱多在 18 ~ 22 厘米之间。

在中国传统建筑的早期发展阶段，柱下端埋于土中，不用柱础。后往柱穴内充填卵石为柱础。经不断发展，柱础由地下移至地上，成为建筑不可或缺的重要构件。早在北宋时间，关于柱础形制就有了明文规定，如“方倍柱之径”等。明清之际，民间建筑广用雕刻的形式，柱础便成为民居建筑的重点雕饰构件。河南民居中的柱础多种多样（图 4-14），高者将近 1 米，低者仅 10 厘米；有整体的，也有上下两节叠加的；形状简单的为鼓形、覆盆形，复杂的则各式各样，其中很多可称为石雕精品。

(a)　(b)　(c)　(d)

图 4-14　各式柱础

二、防水

（一）木构件的防水

木质材料在民居建筑中使用广泛，即使后来砖的使用量增加，人们也依旧采用砖仿木的方式进行装饰，反映出人们对木材这一材料的钟爱。相对于墙体承重体系，木构架承重体系更耗费木材，但富户商贾仍然会在门楼处、一进院的建筑中大量使用木材，选择木构架承重体系或砖木混合承重体系。但木材也有自身的缺点，最突出的一点就是需要防腐、防水。

豫东地区传统民居的营造就考虑到了这一点，且多与石雕、砖雕等装饰相结合，具有一定的艺术性。其木构件的防水措施主要有以下几点。

1.做封檐处理，将木构件挡于建筑内部

在豫东地区传统民居的墙体承重体系中，木椽一般不外露，主要通过砖封檐的方式将木椽和木檩条挡在建筑内部。硬山式屋顶山墙处的檩条不出挑，多通过封檐的方式将檩条封在墙体内。木屋架的构件就是通过这种方式与外界的雨水等隔开，保持干燥。砖封檐多与砖雕结合，形成了丰富多彩的装饰效果。

2.采用石质柱础

柱子下部离地面较近，尤其是檐下的柱子常会接触到雨水、地面积水等，因此民居中多采用石质柱础。石质柱础防水、耐磨，可以将木柱与地面隔开一定的距离，延长柱子的使用寿命。石质柱础也往往与石雕结合在一起，形式多样。

3.对木构件进行油饰或彩绘

油饰或彩绘能够将木构件与空气中的水等物质隔离，增强柱子的防水效果。在豫东地区，富裕大户的一进厅堂院的木柱、梁枋、雀替、门窗、栏杆等构件均有油饰，常用颜色为红色，并与蓝色、黄色搭配；也有些民居用色较为素雅，柱子、过梁采用黑色，其他构架则用暗红色。

（二）屋面防水

屋面是民居建筑中直接与雨水接触的部位，所以屋面必须具有一定的排水功能和缓冲雨水的作用。

坡屋顶采用弧形的沟瓦层层叠压并结合屋面凹曲线的特点将雨水排出，能在一定程度上减少雨水对檐下构件的侵蚀。豫东地区的平屋顶可以上人，所以有墁砖铺地，减少雨水对屋面的侵蚀，同时屋面有一定的坡度，能够将雨水等从檐口处的排水口排出。

苫背层由土、灰、麦秸组成，有一定的蓄水能力，可以吸收部分水分，使其不下渗，缓解雨水的渗透作用。天气好的时候，还可以再将雨水蒸发出去，不影响使用。

第三节 地面与台基构造做法

一、院落地面形态及墁地

河南民居以合院式为主，沿中轴线纵深排列二进、三进、四进院不等。河南民居多以坐北面南为主，因地段条件的限制，向东、向西及向北的院落各地都有大量的存在。这些民居分布在各地，有山区和丘陵地区的，更多的是在平原地区。

平原地区的民居院落地面形态有一个共同特点，即“后高前低”。“后高前下，多足牛马”的风水吉言成为河南民居院落地面标高的基本原则，一般是两进院落的前院地面要高出大门外路面二阶踏步（30 厘米）以上，后院又高于前院一到二阶踏步；三进院落的前两进院与二进院相同，第三进院有的较前高一阶，有的甚至高出三阶，少数与前平。豫北官宅马丕瑶府第为大型院落，纵深四进依次抬高二阶地面，横向并列的三个院落，中院最高，左右较低。城市中的老民居可能原来受诸多方面的限制，不便把院内地面提高太多。随着城市的不断发展，民居周围的地面不断抬高，老宅院到现在就变成了地坑，导致排水不畅，如开封的刘家宅院、洛阳的史家大院等。

山区与丘陵地区的民居院内（有极少数例外）也尽量利用地形地貌争取后高前低，随坡就势，高差很大，如程相府宅院。有的甚至不惜血本，人力改造地形地貌，如康百万庄园。

民居院内的地面可分为甬道路面、甬道之外的庭院地面、室内地面及廊下地面等几部分。

地面常用条砖、方砖及正方形毛石块铺墁。连接各房屋的甬道多采用条砖铺墁，山区则多用方石块墁道。传统的砖石经不同的排布方式可组成不同的纹饰花样。河南民居中常见的条砖墁地纹饰主要有 4 种，如图 4-15（a）、（b）、（c）、（d），方石墁地常用图 4-15（f）型纹饰。甬道面为鱼腹形状，还要稍高出庭院地面。有的庭院地面用条砖或方砖铺，像马丕瑶府第中区的四个院全部条砖海墁。有的庭院地面保持土地面裸露，如豫东地区的民居庭院以墁甬道为主，袁世凯故居的庭院地面就是这样的。可见，庭院地面是满铺或是保持土地面外露这一现象与主人喜好和地方习惯有关，与宅主的经济实力无直接关联。室内和廊下地面都要用方砖或条砖铺墁，图 4-15 中所示的 7 种纹饰都是室内墁地常用的。

调整庭院地面后高前低的标高，全院的雨水就自然地汇集到前院。河南民居中的排水口一般设在前院的东南角（院内左前方），大门或倒座台基的阶条石下，经由地下暗道直接排出院外。图 4-16 是一宅院的排水系统，其构造方法很成熟：排水暗道或砖砌或石砌，因材而用，槽基用灰土夯实处理，方法简便。

（a）顺砖错缝墁道

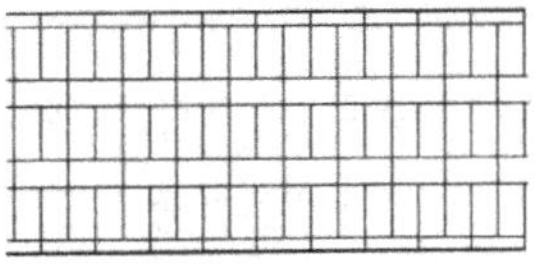

（b）顺丁对缝墁道

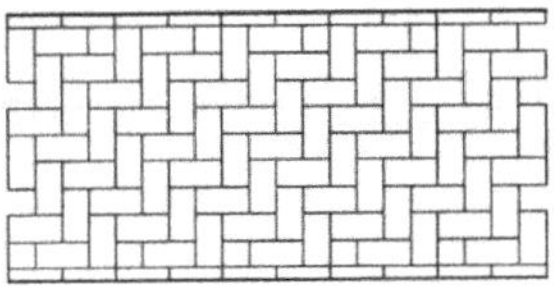

（c）顺丁正铺斜人字纹

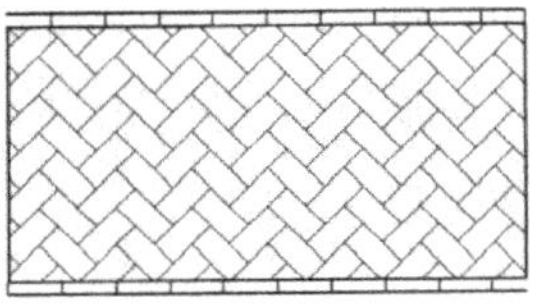

（d）顺丁斜铺正人字纹

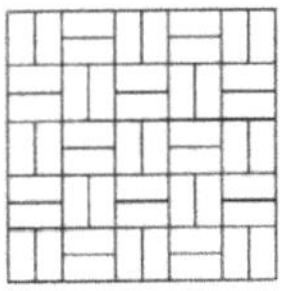

（e）席纹

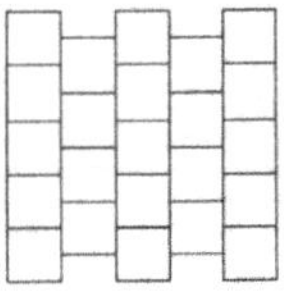

（f）方砖正铺错缝

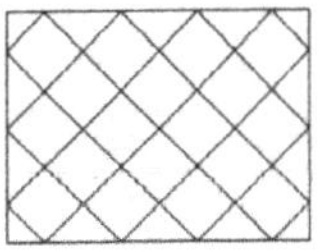

（g）方砖斜铺对缝

图 4-15　常用的条砖、方砖墁地纹饰

图 4-16　庭院排水系统

二、台基及其构造

北宋著名匠师喻皓把中国传统建筑单体划分为三部分，“凡屋有三分，自梁以上为上分，地以上为中分，阶为下分”。我们现在普遍的理解是台基为下分，屋身为中分，屋顶为上分。台基是中国传统建筑的三大组成部分之一，是全部建筑物的基础，作用非同小可。侯幼彬论述台基时总结了几项相关功能，如防水避潮、稳固屋基、调适构图、扩大体量、调度空间、标志等级等。

如图 4-17 所示，河南民居建筑中的台基以矩形平台式普通台基为主。普通台基主要由“台明”和“台阶”两部分构成，台明即地平面以上的平台，台阶即上下台基的踏道。

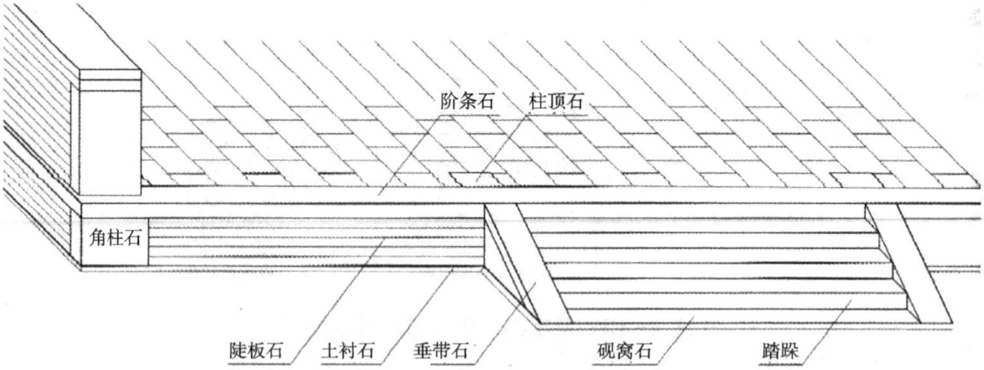

图 4-17　民居常用台基示意图

（一）台明

台明是台基的主体，台明的立面称为“台帮”，上平面称为“台面”。台帮通常要包砌，材料不外乎砖和石两种。根据民居所处的地点不同，两者的使用比例悬殊。取石方便的地方以石材为主。讲究的台基，土衬石、角柱石、陡板石、阶条石均为按尺寸定制的砌块。如寨卜昌民居，先后建设 200 余年，有自己的施工队伍和建材基地，形成了自己的建筑风格。还有马丕瑶府第，主人位高，讲究档次，台帮就整齐、规矩。不是很讲究的台帮则以方正石块砌筑，这是多石地区常见的包砌材料；还有虎皮石（民间称乱石）或卵石包砌的台帮（图 4-18），这种情况属于就地取材的代表。平原缺石的民居台基如豫东地区以砖包砌为主，台帮前脸上边沿大多用阶条石压面，有的连阶条石也不用，如开封的刘家宅院，其多数房屋的台基全部用砖砌筑。

也有较为随意的台基。就形式而言，有的台基向前延伸成宽大的月台，如朱紫峰的客厅台基；有的房屋台基呈凸字形，突出部分为月台；有的下檐出很小，如豫南地区民居建筑中的台基下檐出普遍较小，有的柱础石搁置于台面边沿（图 4-19）。就用材而言，山区民居有用石砌满堂基础的。豫东的叶氏民居，据当地人对其台基与下部基础的传说是“丈把高的混砖平台，糯米灰浆灌缝”。意思是，叶家的房基为砖砌满堂基础，高约 3.33 米，砖缝满铺灰浆砌筑，然后灌缝。上述实例均为台基中的特例，体现了民居台基的多样性和随意性。

图 4-18　豫西某宅卵石包砌的台帮

图 4-19　台面下檐出很小的实例

院内各种房屋的台基标高不等，一般是厢房和厢耳房台基最低，比院内地坪高 1 ~ 3 阶，正房台基高出院内地坪 3 ~ 5 阶；倒座、大门的台基连体处于同一平面，高度有的与厢房台基平，有的介于厢房与正房之间。在台基的高度权衡方面，河南民居不是以整个院落为单位通盘权衡定高的，而是前、中、后院分别按上述各种房屋的台基来定高。因院内地坪由前至后依次递增 1 ~ 2 阶，后院房屋台基随之增高，这保证了房屋高度前不压后。

（二）台阶

河南民居建筑中的台阶有三种形式，垂带踏跺、如意踏跺和礓礤。垂带踏跺广泛用于各种房屋的门前，且多用砚窝石、踏跺石、垂带石构造。有的台阶垂带变为栏墙，用于院内房屋门前。还有踏跺结合上马石一并构成台阶的做法（图 4-20）。如意踏跺多用在过厅后门，全由砖砌，较少用石料。礓礤的应用很少，豫东地区只有任家大院的大门台阶采用了礓礤。

图 4-20　张翰林宅上马石与踏跺构成的台阶

第四节　墙体类型及构造技术

墙是人们生活中最常见的构筑物，也是建筑物的重要组成部分。墙在古代典籍中有墉、垣、壁等三个主要称谓。古人对墙的认识很深刻，对墙的解释也各有不同，如“墙，障也，所以自障蔽也；垣，援也，人所依止以为援卫也；墉，容也，所以隐蔽形容也；壁，辟也，所以辟御风寒也”。由此可以看出，古代墙的作用比现在更加宽泛。其实，墙在中国传统文化中早已超越它的基本功能，“砖墙石墙，没有不透风的墙”“隔墙有耳”“红杏出墙”“家徒四壁”“蓬荜生辉”“红墙”“高墙”等，都是由墙的基本功能延伸形成的墙文化。

按墙在房屋中所处的位置不同，有外墙和内墙之分，山墙、檐墙为外墙，隔墙为内墙。墙还有承重墙与非承重墙之分。在中国传统建筑中，墙长期处于非承重地位，但清代中后期，有很多墙变成了承重墙。

一、墙体的基本构成

河南民居建筑墙体所用材料以砖、土坯、石料为主，有单一材料墙体，也有混合材料墙体。

（一）单一材料墙体

单一材料墙体是指只用一种材料砌筑的墙体，如砖墙、土坯墙和石墙。砖墙，河南俗话称“混砖墙”，亦即实砌砖墙。在河南民居中，砖墙主要用于三个部位：一是板门两侧墙壁，可以提高门框与墙体构造的牢固性；二是廊心墙；三是墙体下碱。还有少数人家的承重山墙也是砖墙。为节约资金，其他部位则很少使用实砌砖墙。

砖的砌筑比较讲究，要求砖面平整光洁，看面墙、影壁、檐部等处要“磨砖对缝”。民居墙体砌筑以顺砖为主，每隔 5 ~ 6 层砌一层丁砖。这样的墙壁以十字缝为主，整齐美观，节省砖料。还可砌出空斗墙，这在豫南、豫西民居中有着广泛的应用。民居墙体砌法详见相关书籍，本书不赘述。

土墙是指以黄土为主的墙。成墙方法有三种：一是版筑夯土墙，民居建筑中已无遗存，只有古村落寨墙还有遗存；二是和泥垛墙，主要用于农舍院墙；三是土坯砌墙，即土坯墙。在习用土墙的中国多数地区，土坯墙应用最多，被广泛用于农舍的所有墙壁，是土墙的代表。土墙虽然古老，但至今仍有留存。如图 4-21（a）所示的房屋，台基之上的墙体全为土坯。这种土坯墙采用的是本章建筑材料一节中述及的三合土土坯，与图 4-2 所示的墙体一样很耐雨水冲刷。现存的全部用土坯墙体的房屋也是极少数。

根据砌墙所用的石块形状不同，石墙可以分为方正石墙、乱石墙（又名虎皮石墙）和卵石墙。石墙一般用于墙体下碱或墙心。经济实力强的人家也用条石作墙基，图 4-21（b）就用了四层条石墙基。这种墙基在多石的山区应用很多，如林州市太行山深山区某地民居就以石房子为主，所用的墙基便是四层条石墙基。图 4-21（c）为神垕镇某民居厢房用的乱石山墙和削檐墙。

（a）　　　　（b）　　　　（c）

图 4-21　各种材料墙体实例

（二）混合材料墙体

由砖、土坯、石料混合搭配砌墙是河南民居墙体的主流，可砌出不同的混合墙。如砖与土坯的混合墙，石与土坯的混合墙、砖与石的混合墙。尤其是砖与土坯的混合墙在北方民居建筑墙体中占据主导地位。砖与土坯混合砌墙有下列三种情况。

第一种是下砖上坯，即墙体下碱用砖砌，上身用土坯砌，这种墙体常用于一般农家居屋，也有豪门大户采用这种墙体，如洛宁程总兵府的倒座檐墙即为下砖上坯墙。与此构造方法相同，还有墙体下碱用石块砌筑，上身用土坯砌的墙体，土墙之上用砖封檐，此墙即为石与坯的混合墙。

第二种是下碱及墙角等重要部位用砖砌，土坯填墙心。这种墙体是殷实人家常用的，当地人称这种墙为“砖包边，坯填心”。土坯表面经素泥粉刷找平，再经白灰浆罩白，整体墙面色彩蓝白相间，效果甚佳。

第三种是混合，即下碱之上的墙身部分外皮用砖，里皮用坯砌的墙。这种墙体在河南俗称“里生外熟墙”。能够保留至今的民居都是质量优等的建筑，这些建筑外墙采用“里生外熟墙”占绝大多数。土坯、顺砖、丁砖、扒墙石一应俱全，清晰地反映出了它们在混合墙体中各自的作用。其中，扒墙石使用数量的多寡因地、因人而异，多石地区的富裕家庭用得多，贫困家庭用得少。少石地区民居建筑则很少用扒墙石。清代中后期，外墙逐步转化为承重墙。豫东地区墙体的局部做法有所变化，因土坯的承载力弱，梁头下多改用实砌砖柱，上加 5 厘米厚的木块做梁枕。豫西及豫西北、豫西南等地区的黄土承载力强，梁头下砌三皮砖、四皮砖或五皮砖再加梁枕便可。砖与土坯的混合墙为无眠空斗墙中间夹土坯，这种墙是两座房屋之间的连接院墙，故为两面砖。与其相连的房屋山墙及与之相交的檐墙，其外皮只用顺斗砖和丁斗砖砌筑，相当于无眠空斗墙的外皮，也属于“里生外熟墙”。这样的里生外熟墙多出现在洛阳、三门峡一带。上述里生外熟的墙体，下部有实砌砖墙下碱，可保护土坯，避免因地气返潮使土坯失效；外皮用砖，既美观又可避免雨水对土坯的冲刷。采用这种墙体从经济角度看，材料易得，施工方便；以使用功能论之，外表整洁美观。

砖与石的混合墙在多数山区及丘陵地区中较为常见，多为下碱部分以石料砌筑，上身为“里生外熟墙”。还有很多砖砌墙角、石填墙心的做法。

二、房屋中的主要墙体

现存河南民居大多是硬山顶房屋，其中有檐墙、山墙、植墙、廊等主要墙体。

（一）山墙

硬山式建筑两侧面的墙体即为山墙。山墙立面分为三段，即下碱、上身和山尖（图 4-22）。下碱高度因房主的经济实力不同，差异较大。普通人家以七皮砖、九皮砖为限，富裕人家多为十一皮砖或十三皮砖，接近或等于“占墙身高度 1/3”的官式建筑标准。民间似乎有约定俗成的规矩，即下碱无论高低，一律为单数层。其厚度有两种情况：一种是与上身等厚，下碱与上身结合处墙外皮无分界线，此为多数墙体的做法；另一种接近官式做法，明显的表现特征就是下碱厚度加厚 2 ～ 5 厘米不等，这样，下碱与上身结合处墙外皮就形成了明显的小台阶。

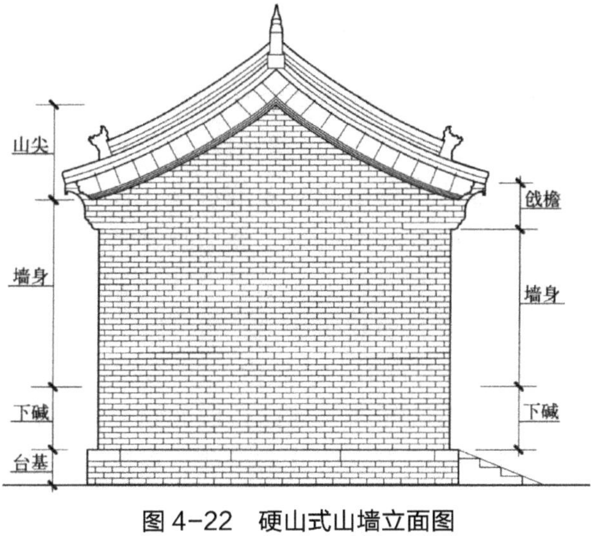

图 4-22　硬山式山墙立面图

山墙上身部分是指从下碱上皮至封檐下皮，是富于变化的部位，多根据材料资源情况和房主的经济能力而变化。山墙两端靠近台明的部分为墀头。河南民居建筑有檐廊的，绝大多数仅设前檐廊，因此只有前面的墀头。还有很多房屋四面封檐，则无墀头。墀头上部的盘头部分是山墙的重点装饰部位（图 4-23），精细砖雕、石雕主要集中于此。没有墀头的房子也大多继承了盘头做法，尽量装饰，成为人们的视觉焦点。图 4-23 中的 4 种盘头均为前后封檐、两边硬山无墀头的山墙的盘头，形式多样。河南民居建筑中的墀头戗檐与官式做法有较大区别，即侧立面呈抛物线形，正中多饰以单朵花卉或单个文字，具有鲜明的地方特征。通常情况下，房屋前面的戗檐盘头要优于后面的戗檐盘头，若后檐为封护檐者，多数要把这些简化掉。

图 4-23　不同形式的墀头盘头举例

山尖大面墙体与墙身同。因山尖呈三角形，故每层两端均要随坡度适当收进，直到尖顶。山尖墙体之上，即山尖与屋面的相交处就是山墙封檐。硬山封檐比较讲究，它因继承了悬山博缝板的形式，需用方砖仿制博缝，由若干层方砖和条砖经加工修磨或局部雕刻，逐层拔檐精砌而成，具有较强的装饰性。山墙封檐可简可繁，可大可小，形无定式，主要根据房屋档次的高低灵活配置。图 4-24 为河南民居建筑山墙封檐的几个实例。在河南方言中，习惯把封檐的层数作为封檐的称谓，八层檐就叫“八封”，七层就叫“七封”，以此类推。这里还要特别强调的是，河南传统建筑中的硬山封檐，无论博缝是方砖还是条砖，博缝头一律不覆盖戗檐弧线，并隔开一小段距离。这是河南的地方手法。

图 4-24　不同形式的山墙封檐与博缝实例

河南民居中的山墙多数是承重墙且直接承托檩条，檩条头被封檐封死，不留气口，构造简化。

（二）檐墙

河南现存民居中的多数房屋如本章第二节所述，其结构已简化为砖木结构。图 4-25 为常见的砖木结构房屋平面形式，其中（a）型平面只有后檐墙，（b）型为（a）型的进一步简化，后檐墙与前同。金檩下的木格扇简化为墙体，此墙直通到顶，开设门窗洞。该墙类似于梁思成先生在《清式营造则例》中定名的“扇面墙”，在此也称其为扇面墙，它实际上充当了前檐墙的作用。（c）型四面墙体承重。这类房屋有前、后檐墙之分，且均为封护檐墙。民间的檐墙与山墙一样，下碱与墙身等厚，“里生外熟墙”的外表面清水墙直到檐下，墙体与下碱无界线。

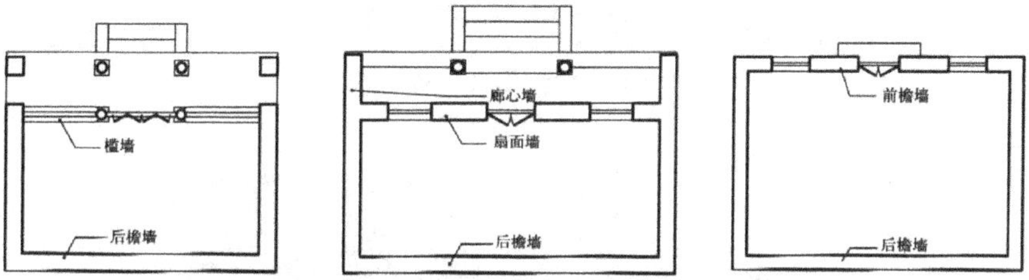

（a）　　（b）　　（c）

图 4-25　常见的砖木结构房屋平面形式

图 4-25 中，（a）型和（b）型的后檐墙根据是否封檐有两种做法。若不封檐，飞椽、檐椽外露，做法如图 4-26 所示，墙高至檐椽下皮，梁端留洞口。若封檐，檐椽只搭在檐檩上，不向外出挑，更无飞椽。这种情况下，檐墙往上砌至与屋面望砖上皮平，把屋面结构层封于墙内，成为封护檐墙。凡封护檐墙，不论前后，做法相同。封护檐檐口的做法可简可繁，形式多种多样，主要根据房屋等级、各地流行的做法及房主的经济能力等情况来选择。图 4-27 是封护檐做法实例，均具有较强的装饰性。通常情况下，厢房和最后位置的正房后檐口处于非重点位置，做法简单，如图 4-27（a）所示。封檐做法常按叠砌层数划分档次，2 ~ 8 层不等。2 ~ 3 层檐常用于院墙墙帽下的砖挑檐，所用砖不经加工修磨，直接逐层外挑叠砌；3 ~ 5 层多用于后墙封檐，用砖讲究，如图 4-27（a）所示的四层抽屉做法；5 ~ 8 层多用于前檐和主要位置房屋的后檐，砖经加工修磨并有一部分雕刻，图 4-27（b）是袁世凯出生楼的前檐口；

图 4-27(c)为豫南某民居厢房檐口，仿木斗拱的砖雕出翘及其散斗制作精良；图 4-27(d)为开封田家院客厅后檐，仿制木结构屋檐，形象逼真，尤其是砖雕正心瓜拱及其两端的槽升子，其形态与尺度如同木制真品。

图 4-26　不封檐的后檐墙做法

(a)

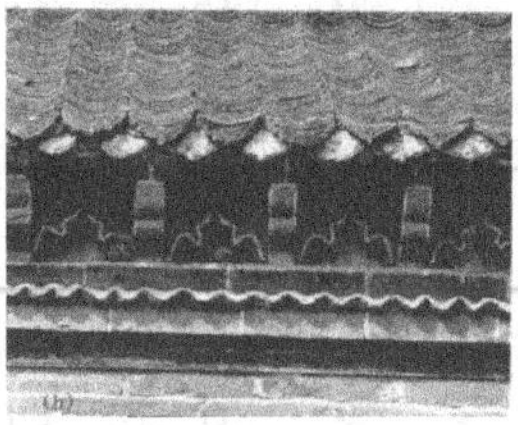

(b)

(c)

(d)

图 4-27　河南民居建筑中封护檐做法实例

(三)廊心墙与槛墙

河南民居建筑中的廊心墙与槛墙的做法普遍不似北京四合院建筑的同类墙体那样讲究。廊心墙的墙心多开设门洞，即使不开设门洞的墙心做法也比较简单，多为与外墙相同的清水墙，少数为磨砖对缝槛墙。还有个别很豪华的，墙心满做砖雕饰面。

槛墙，即木隔扇之下的低矮墙壁。有的房屋隔扇直通到底，这种情况下则无槛墙。槛墙高度一般不超过 1 米。讲究的房屋多在槛墙顶面覆盖条石板材或木板，其下的墙面则采用磨砖对缝的干摆墙面，刻意装饰的现象不多。多数房屋的槛墙与檐墙表面相同，不甚讲究。

（四）看面墙与院墙

北京四合院内垂花门两侧常做成装饰性的墙壁，叫作看面墙。河南民居庭院中二门的位置自有特点，一般在一进院厅堂的侧面或后面，不在主要位置，因此有看面墙的庭院不多。仅见少数几例有看面墙，其中的代表为安阳马丕瑶府第二门两侧的看面墙。此墙下碱为干摆十字缝做法。墙身留出大面积的墙心，内贴斜纹方砖心。墙顶二层直檐砖出檐，其上筒板瓦覆顶，并施清水正脊，与整齐严肃的二门配合，视觉效果甚佳。

院墙是构成中国传统建筑院落的元素之一，其作用主要是防护与空间界定。民间中小型合院的围合主体主要是房屋的后檐墙，四周空档必用院墙填补，因此院墙面积并不大，墙体高度以不越房屋后檐口为限，厚度一般与房屋檐墙相等或略薄。大型院落的院墙都在周边房屋的后檐墙之外，是独立的，这样的院墙既高又厚。现存院落的院墙，多为壁体直立、无收分的双面清水墙，砌墙难度比房墙大。墙顶施砖檐，上覆瓦顶，并砌正脊。

（五）影壁

影壁是一堵经过装饰的墙壁，因经过大门的人必与其打照面，又称为照壁。影壁在中国传统建筑中占有重要地位。它可阻挡人们的视野，使人们不能对院内的空间布局及他人的活动一览无余，有“借门外之地，界定建筑空间，突出门庭气势的作用”。影壁的设置可以使大宅门楼下穿堂风的速度减慢，在风水中起到驱避煞气的作用。它做工考究，可以美化宅门出入口的环境。综上所述，影壁是民居出入口设计必不可少的组成部分。

影壁可以建成一座单独的构筑物，称为独立式影壁。独立式影壁常用于大型院落的大门内外（图 4-28）。中小型宅院常借助大门内厢房山墙建影壁，与山墙一体，此为坐山式影壁（图 4-29）。河南民居中的影壁所处的位置仅见两种情况，即大门内和大门外。

图 4-28　独立式影壁实例

图 4-29　坐山式影壁

河南民居中现存的独立式影壁只有一字形（图 4-30）。其正立面如同一间硬山顶房屋，有下碱、墙身和屋顶。屋顶上覆筒板瓦，檐口施仿木檐椽和飞檐椽，檐下施砖雕花饰。墙心面积较大，四边如同镜框，仿木线条装饰，四角雕花，内贴斜纹方砖心，精致考究。下碱较低，基座不甚明显。有的制作更加精致（图 4-28），影壁基座分明，墙身表面通体磨砖对缝，墙心光洁，缝隙极细，檐下斗拱逼真，精致异常。

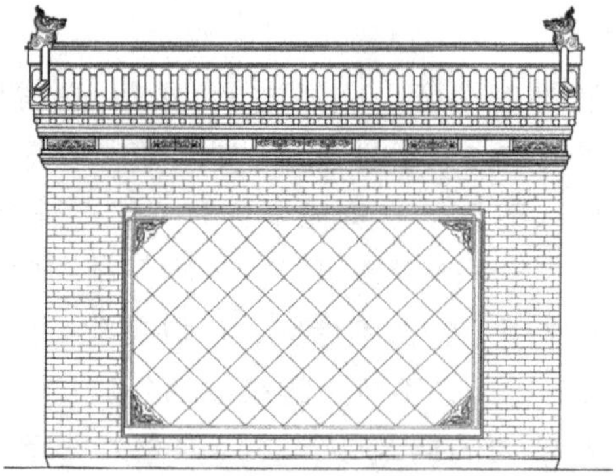

图 4-30　河南民居中典型的一字型独立式影壁正立面

坐山式影壁是河南民居中广泛应用的影壁形式。可谓形无定式，法不统一。影壁的形式与宅主的经济实力及鉴赏水平密切相关，也与地方传统紧密相连。豫西地区的影壁普遍精美，豫北的影壁简练大方，豫东及豫南地区的影壁则不甚考究。

第五节　门窗形式及采光、通风

一、门窗

“冬则居营窟，夏则居橧巢”，这反映出原始先民已经有了门可避害的意识。在社会的不断发展中，居住空间的出入口增加了避害的功能。在之后的漫长岁月里，这个出入口又派生出远远重于自身功能的丰富多彩的门文化，如朱门、寒门、高门、龙门、鸿门、门第、门派、门户等。门的名称、形制与建筑物紧密相连，如城墙的城门，乡村寨墙的寨门、长城关隘的关门，以及院落的院门居住院落的宅门房屋的“房门”或“屋门”。本节所述门仅指民居院落的宅门及内院的院门和房门。

民居中的门主要以木材制作，有板门与隔扇门之分。河南民居中，隔扇门主要用于客厅及与客厅配套的厢房，大门、内院门和其他房屋多用板门。

窗，古代有“牖”之称谓。窗的主要功能是采光、通风和供人眺望室外的景观，是中国传统建筑立面造型的重要手段。中国园林中的窗，其形式更加丰富多彩。

窗在中国古代社会里虽不像门那样等级制度分明，也不似“朱门酒肉臭”那样反映社会的贫富差距，但也“是一种重要的建筑文化现象，其文化意义丰富而强烈”。

窗与门同处于建筑物的立面，同为建筑的脸面。既有使用价值，又有美学价值、文化价值。中国传统建筑文化深受儒家思想的影响，所谓圣贤、君子，“面子”重于一切。中国传统建筑的门窗亦即建筑物的“门面”。无论贫富，人们总是尽其所能装点门面。从这一层面来理解，人们把中国古代建筑的门窗归类于外檐装修也是有道理的。

二、宅门

阳宅三要“门、主、灶”中门居首位，可见门的重要性。《阳宅正宗》认为

“门为一宅之主宰”，这里的主宰指主宰居住者的祸福。《阳宅十书》进一步指出：“大门吉，则全宅皆吉矣；房门吉，则满房皆吉矣。”宅门是门第的标志，标志着主人的身份、地位、财富，是全宅院空间序列的开端。进出之口，为气口，门户通气之处，和气则致祥，乖气则致戾。因此，中国传统建筑历来重视门堂的位置，择吉位而设之。河南民居的大门位置比较固定，坐北朝南的设于东南角；反之，则在西北角。东南角为八卦“巽”位，按易理，巽为人，设在此位能助人家代昌吉；且与巽相邻的卦位也很好，东为“震”卦，南为“离”卦。震为“雷”，为“木”，为“春”。雷代表轰轰烈烈，木代表生长，蒸蒸日上；，离为“火”，为“夏”。因此，古人认为在巽位安设大门，这家的日子就红红火火，蒸蒸日上。故而我国尤其是长江以北的广大地区，坐北朝南的院落宅门多在巽位，坐南朝北的院落宅门多在乾位。

河南民居的大门，其形制多为屋宇式金柱大门，另有门楼式大门。

屋宇式金柱大门一般与倒座房屋连建，但结构完全独立。少者一间，多者三间。门前空间可供躲风避雨，门后空间可供仆役值班。凡三间的，大门座中，两次间屋门面向大门通道，供更夫夜间居住、值勤。为显示大门的气魄，山墙墀头外伸出倒座后檐墙，屋顶也要高出倒座，十分醒目。图 4-31 为是金柱大门实例，在河南民居的大门中较为典型：面阔一间，五檩进深；两山墙承重，故而无柱；前金檩下的扶门柱由墙体取代，这堵墙为门前后的门屋空间分配提供了便利。民间建筑每步架一般在 1.2 米左右，门前空间小。为扩大屋宇式金柱大门前部空间，墙体可后移至适当位置，如图 4-31（b）所示。

这堵墙改变了木制门扉的传统做法，门框两边的余塞及抱框和其上的走马板一律简化掉，成为一般的实木板门。门楣之上厚厚的过木，一方面做过梁使用，另一方面起到便于和木质门框结合，提高门与墙体的牢固程度的作用。图 4-31（d）中抱鼓石后面的石块，图 4-31（c）中的门后部设圆孔，还有在石块上开出卡槽，卡住门框的做法（图 4-32），都很有代表性。清朝后期至民国时期社会动荡，人们为防兵荒匪患，想尽各种办法进行防卫，宅主为了安全，不惜加大资金投入，在同一个门洞内安设两道板门（图 4-33）。

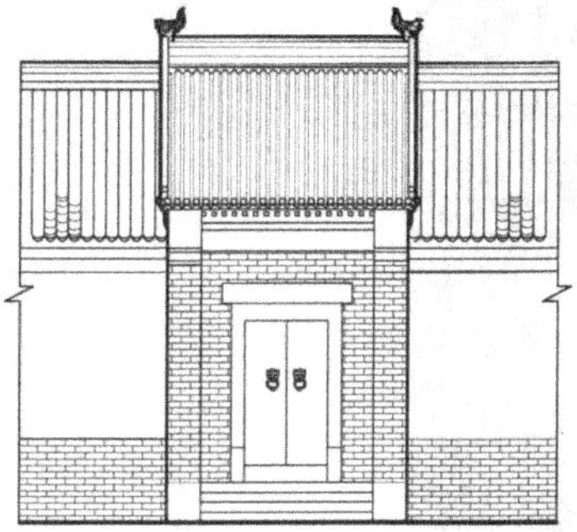

（a）立面图

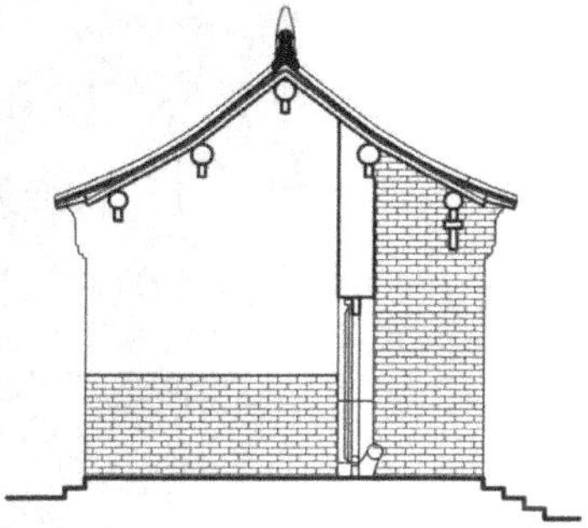

（b）剖面图

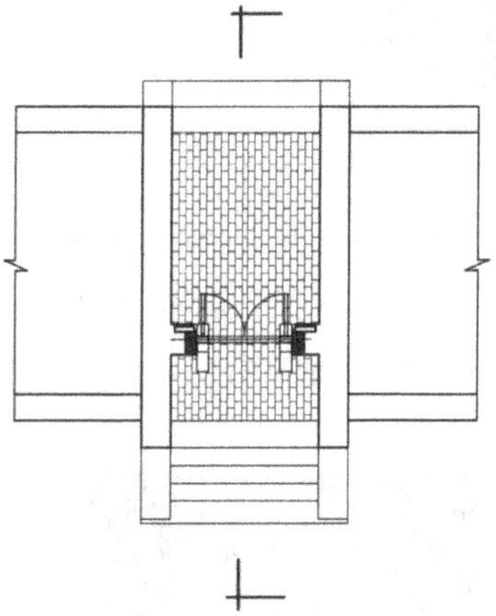

（c）平面图

（d）实例图

图 4–31　金柱大门实例与平、立、剖面图

（a）门框外立面

（b）内立面

图 4–32　门框石卡槽实例

图 4-33　大门设两道门的实例

豫南信阳、南阳一带民居宅门的门洞采用的材料与构造手法更为得力，用定制成型的石材构筑门洞，使其更加牢靠坚固，所构筑的门洞称石库门洞（图 4-34）。可见，民间对大门的安全防卫这一实用功能倍加重视。

（a）信阳中共中央鄂豫皖分局大门　　（b）南阳某民居大门

图 4-34　石库门洞实例

河南民居中也有接近官式做法的大门，前面述及的张翰林宅院的大门、豫东民居中的任家大院之大门，保存最完好的当属豫西灵宝贠家大院的大门。如图 4-35 所示，灵宝贠家大院大门门扉位于金檩和脊檩之间，门前空间较大。

额枋与两檐柱间施以龙门雀替，门外廊心墙面磨砖对缝，墙心斜方砖网纹，顶部设置木方格天花。门框外余塞板、抱框，门楣上门簪及其上的走马板一应俱全。板门正面铁叶包边，两只门钹各带铁环，起门铃作用。抱鼓石上的两只石狮与一般的石狮造型不同，它们大头阔嘴，扭头顾盼。虽然石狮的形体不大，但它威风凛凛，气派十足。细看该门的构造，自有其高明之处。门楣似一横梁，两端插于墙内，门框和抱框与门楣榫卯连接。如此构造，虽无扶门柱，但其坚固性、美观性并不逊色。

（a）正立面　　（b）背立面　　（c）精雕细刻的门簪

图 4-35　灵宝贠家大院大门

如图 4-36 所示的金柱大门为八路军洛阳办事处旧址的正门。其扶门墙很窄，两扇门宽度超过门高，门形比例失调，是民居大门少见的特例。

图 4-36　洛阳八路军办事处大院大门

还有一些屋宇式大门的构造比较随意。图 4-37 为信阳大别山毛铺村彭氏民居的大门之一。因风水禁忌，构筑时按风水需要将门壁严重斜置。门洞采用石库门做法，门前檐下空间很小，应归类于屋宇式金柱大门的变异形式。河南大别山区，湖北、江西等地均有这种按风水需要斜置门壁的做法。

图 4-37　按风水要求门壁斜置的大门实例

图 4-38 为豫北安阳某宅大门，也是屋宇式大门。其房屋后檐墙上直接开门洞，采用的是门楼式门洞的做法。这样的大门形式在豫北地区有不少实例。

图 4-38　豫北某屋宇式大门

以上所述的均为大户人家的大宅门，他们的宅院因建筑质量好，得以留存至今。也使我们清楚地看到，同为屋宇式大门，用同样的材料（砖、石、瓦、木材），在河南地方做法中也多有变化，甚至建筑风格截然不同，充分反映了民居建筑的地方性和多样性。

在封建社会大门是门第的象征，反映了一个家庭的经济能力。门楼式宅门比屋宇式宅门的级别低、档次低，建筑质量也差些。河南民居中保留下来的接近普通民众的民居很少，门楼式民居的大门几乎不见，所剩的门楼都是豪门大宅院内的门。

三、内门

内门是指大宅院内部，各小庭院之间的门，如宅院纵深方向的二门、三门，并列院落之间的墙门等。河南民居中的内门不在少数，位置不固定，形式多样，除高级别的广亮门以外，其余的应有尽有。例如，袁世凯行宫中的二门和三门均为面阔三间的屋宇式大门。多数的二门、三门是门楼，也有月亮门或简易墙门；并列院落之间的多数是简易墙门，也有门楼、屋宇门，如康百万庄园主宅区和叶氏宅院都有过道门屋。以下主要介绍门楼和简易墙门。

（a）实例

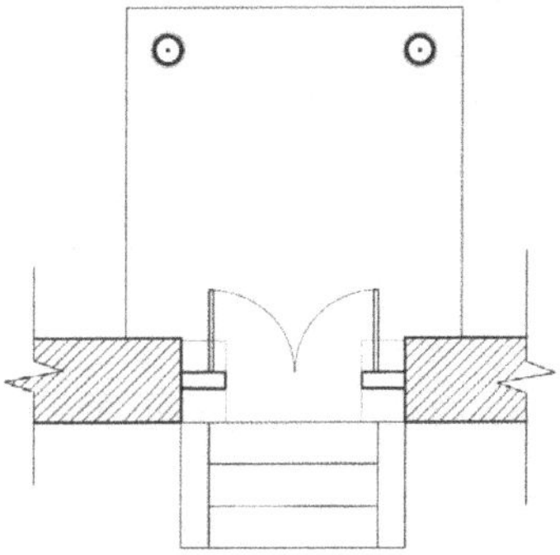

（b）平面图

图 4-39　普通门楼

（一）门楼

普通门楼的形制一般为单开间房屋，进深较浅，一般前后轴线间距在 3 米以内，三架的居多，四架（用于卷棚顶）、五架的也很常见。门楼单独设立，两侧与墙体相连。河南民居中的多数门楼不设山墙。图 4-40 为马丕瑶府第二门的平、立和剖面图。门内对应部位只施木质屏门，两侧接抄手游廊。该门楼外立面严整规矩，很有气势。

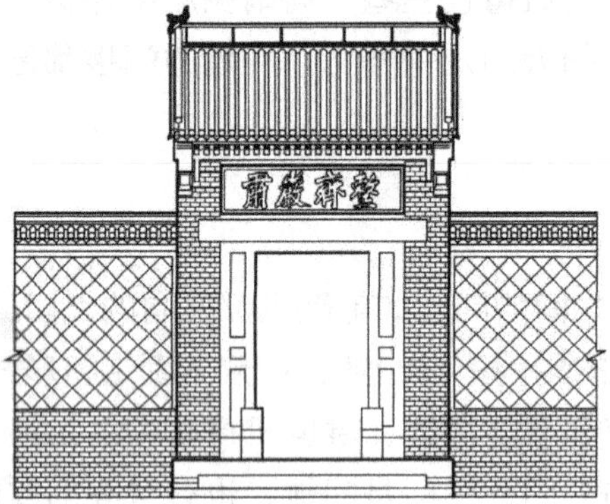

（a）立面图

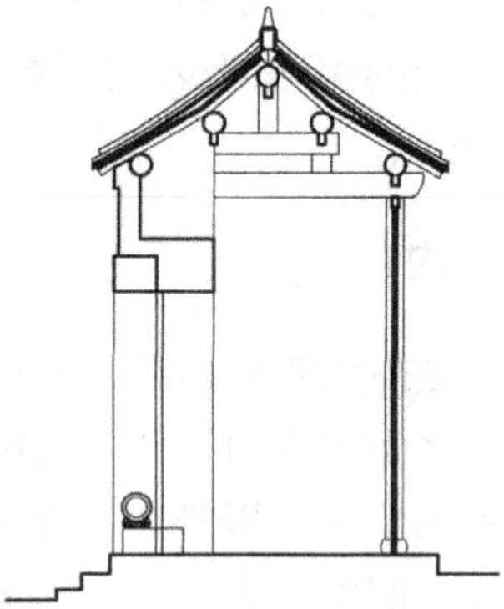

（b）剖面图

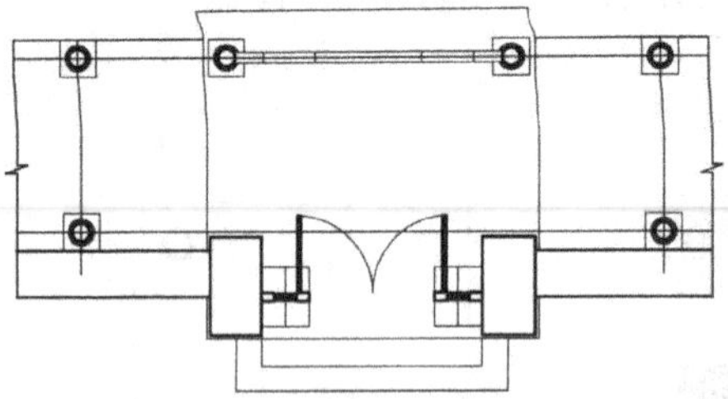

（c）平面图

图 4-40　马丕瑶府第二门平、立、剖面图

如图 4-41 所示的门楼是洛宁程家大院多座门楼之一，程总兵乃北宋理学家程颢、程颐之后，其宅院巨大，内院若干。此门楼正立面砖雕精致，门两侧砖雕对联书有“勋著汉淮名臣世第，派分伊洛理学家风”，上有砖雕篆书“福禄寿”。此门楼的屋顶采用正脊单坡顶式，平面与图 4-39（b）所示相同，两柱间另设屏门（已毁）。此门楼立面为河南民居门楼中的精品。

如图 4-42 所示的门楼与上述门楼风格不同，其为四架卷棚顶，前檐未封。门洞宽而檐墙低，作为二门，显出了几分亲切。

图 4-41　洛宁程家大院门楼之一

图 4-42　康百万庄园主宅区二门之一

（二）简易墙门

简易墙门多用在并列院之间的隔墙上，是为方便两院之间的联系而设立的门，故而在河南大部分地方又称此为“便门”。讲究的墙门把墙帽加宽形成小硬山屋顶，立面与门楼做法相近，檐下略加装饰，如图 4-43（a）所示，有的另加门楣题字。一般的简单墙门就是在墙面上开门洞，如图 4-43（b）所示。

（a）讲究的墙门　　（b）简单墙门

图 4-43　简易墙门

（三）板门构造

以上所述诸种门类（包括屋门）形式，大部分以实木板门为主。河南民间传统板门的做法大同小异，以开封板门为例，构造如图 4-44 所示。板门的左右两根框木与门楣和门槛榫卯连接，形成板门的骨干框架。门楣、门槛比门洞长出适当尺寸，埋于墙中，下槛并坐于门枕石凹槽内，固定槛框。门楣里侧设置连楣，两者用门簪尾部的榫头穿接。连楣外端与门枕石海窝位置对应挖出圆孔（图 4-44（b）），与门枕石海窝一起固定门轴。门扇由几块木板拼成，厚度 2 寸左右（约 6.67 厘米），门背通常用 5 根穿带以燕尾槽穿接扣合，再用门钉或木固定。竖直帮带下压门闩，槽口略大于门闩截面，便于门闩左右抽拉。河南盛产椿树，椿树木质软硬适中，易加工、耐腐蚀、变形量小，是造门的优选木料。门板较薄者另有做法，此不赘述。

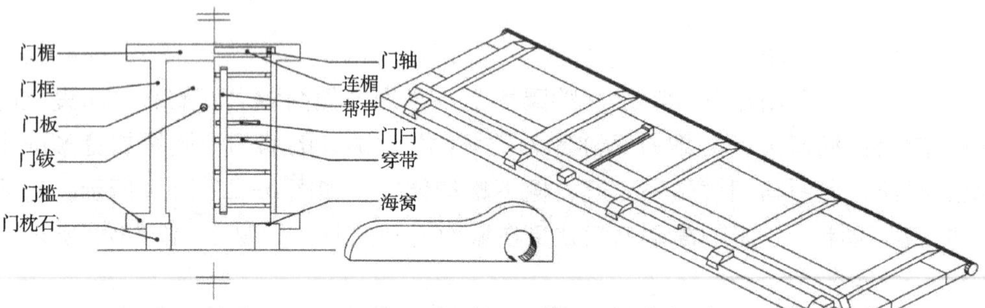

（a）板门立面图　（b）连楣示意图　（c）门扇示意图

图 4-44　普通板门构造图

这种板门非常实用，可大可小，结实牢固，被广泛用于除隔扇门以外的各种门，是民居门中的主流。

四、门枕石与抱鼓石

凡板门，门槛必用石构件支垫，一般称此为门枕石，河南民间则称此为"门墩"。民宅中较小的门枕石以长方柱体为主，中等体量的常配雕刻吉祥动物狮子，较大的门枕石配石鼓雕刻，又叫抱鼓石（图 4-45、图 4-46）。门枕石有它的实用功能，无论大小，都设有海窝以承载门的重量和固定门的位置，约束门下端枢轴，保证门扇可以开启。门枕石还开有门槛槽，上面的槽卡托门框，侧面的槽卡槛下挡板（图 4-46）。门枕石作为功能构件，在中国传统建筑中不可或缺；作为石雕艺术的一部分，承载着人们精神文化方面的内涵。

图 4-45　普通房门门枕石

图 4-46　宅门门枕石

五、房屋门、窗

中国传统房屋建筑的门窗富于变化，门有隔扇门和普通板门。普通板门多用于一般房屋及厅堂的后门，用量较大，其样式与构造和上述板门构造相同（图 4-43、图 4-44），不再重复。窗有格扇窗、槛窗和普通窗。格扇门窗将在第五章外檐装修中介绍，这里主要讲述普通牖窗。

窗的产生源于实际生活，因此大量民宅的窗户均以实用为主。窗洞以矩形为主，另有圆形、六边形和八边形。牖窗即房屋檐墙和山墙上的普通窗户，普通窗多数是直棂窗，讲究的用花格窗。有的住宅强调安全，另有石质窗、铁棂窗等。图 4-47 所示为河南民居中实用窗的一些实例。从这些实例中可以看出，有的看似简单，只因它是整块石板雕镂而成，故房主的经济投入并不少。

图 4-47　牖窗

牖窗的价值在于实用，它的可贵在于灵活多变。它的构建凝聚着创造者的技艺和智慧，包含着用窗者的想法。

六、门窗的通风与采光

门的首要功能是作为空间的出入口，其次与窗一样具有采光和通风的作用。豫东地区门窗的通风、采光措施可以总结为以下几点：

（一）门窗洞口尺寸控制

一般出檐的建筑，其门窗洞口的尺寸比较大，多采用开牖窗或隔扇门窗；不出檐的建筑尤其是墙体承重的建筑门窗尺寸相对小一些。前者与后者相比，一方面可以增加采光和通风量；另一方面，夏季有屋檐遮挡，可以避免阳光从门窗洞口直射。后者出于结构或者保温效果的角度考虑，门窗洞口会小一些，对应的采光效果和通风效果会差一些。

通常民居建筑正面的门窗洞口会大一些，山墙面和背面的洞口尺寸小一些。这是出于安全防御的角度采取的措施。

（二）增设窗户

一些层高、进深较大的民居会在板门上增设窗户以增加采光量和通风效果。一些普通民居，会在门上方或山墙处利用砖块砌筑的灵活性留出一些小的气口，作为通风之用。

（三）门框、窗框下移

在普通民居中，为改善室内通风效果，会将门框或窗框下移，使过梁与门窗框之间留出约四指（约6厘米）或一砖高的空隙，俗称“亮子”（图4-48）。这是一种比较简单、有效、实际的做法。

门上方设置窗户

门上方设置气口

门框下移留出亮子

图4-48　门窗的通风采光措施

第六节　楼层、屋顶构造技术

一、楼层构造

河南民居中的楼房数量很多，豫北寨卜昌民居、原阳夏家大院和豫西康百万庄园的砖木建筑等都是以楼房为主。豫东叶氏宅院西院、刘青霞故居师古堂全是楼房。一般民居大院内的后院正房也几乎都是楼房。在上述楼房中，二层楼房量大面广，遍布各地；三层楼房主要分布在豫西南和豫西地带；还有四层楼房，如豫南民居神屋古镇的温家楼。这些楼房的楼层结构主要有两种类型，即拱券结构和主次梁结构。

拱券全部用砖石发券砌成，房屋中多用半圆券顶，其上的平台即楼面。拱券主要用于三层楼房的二层楼面，个别的二层楼房楼面也有使用。

主次梁结构楼层是传统建筑楼层的常规做法，主梁为房屋进深方向，次梁与主梁垂直并搭置其上，地面层铺设 4 厘米厚的木板。河南民居的木楼层也多按此法制作，但是也有在此基础上的其他做法。例如，原阳夏家大院在木楼板上又铺墁一层条砖作为楼面层。又如，安阳马丕瑶府第的四座楼房中三座楼层的构造做法如图 4-49 所示，这种做法可以节约木楼板所需的优质木材，值得借鉴。

图 4-49　马丕瑶府第楼层构造做法

二、屋顶构造

屋顶是中国传统建筑的重要组成部分，对建筑立面起着很大的作用，是中国传统建筑外形的主要特征之一。

（一）屋顶类型

民居中的屋顶因受以皇权为中心的封建等级制度的约束，形制不高。现存民居的屋顶以硬山屋顶为主，另有少量悬山屋顶，还有大量的单坡顶房屋及少量的传统平顶房屋。中国民居建筑中的屋顶类型各式各样，其中河南拥有的类型比较多。

1. 硬山屋顶

硬山屋顶即两山墙封檐的屋顶类型，是明朝民间大量用砖以后产生的屋顶类型，也是现存民居数量最多的屋顶类型。

2. 悬山屋顶

悬山屋顶是最古老的屋顶形式，远远早于歇山屋顶和硬山屋顶。梁思成在《清式营造则例》中称悬山屋顶和庑殿顶为清式建筑屋顶的两种基本形式。硬山屋顶出现后，很快取代了这种古老的屋顶类型。图 4-50 的悬山屋顶原为渑池县境内的黄河小浪底水库淹没区内一处完整的老宅院。河南省文物局采用整体购买、易地搬迁保护的办法将其迁至仰韶文化遗址保护区，除土坯非原物外，其余全部为原构件重建。这种很典型的悬山屋顶、山面梁架外露、土坯五花山墙的民居已成为罕见的实物。

图 4-50　悬山屋顶典型实例

悬山的形成是檩条伸出山墙面的结果。檩条外伸，椽子随之向外铺钉，最外端迎面钉上博缝板。重要建筑的博缝板另加悬鱼、惹草之类的装饰物。博缝板是悬山屋顶的外观构件，它和檐椽、飞檐椽给人们留下的记忆一样深刻。当硬山屋顶出现后，这些构件仍被砖檐继承了下来。

3. 单坡屋顶

单坡顶，顾名思义只有一面坡。在人们印象中陕西单坡顶房屋多，其实河南境内也有很多，分布范围主要在豫西和豫西南的豫秦毗邻区域。豫秦古道（今陇海线）上的分布范围相当大，三门峡到洛阳一带的厢房多是单坡顶。

单坡顶有两种基本形式：一种是后墙借助其他墙体，屋顶贴于墙体上；另一种是完全独立的（图 4-51），正脊后有一小段坡，正脊与后檐的做法与双坡顶相同。

图 4-51　单坡屋顶实例

单坡顶房屋有其自身的长处：一是适应狭窄院落的平面布局；二是后墙高有利于院内的安全；三是可满足人们的心理需要，如豫西灵宝人认为水为财，单坡顶可尽量多地聚拢财富。

4. 平屋顶

平屋顶房即平顶房分布于安阳地区与河北省接壤之地。较好的房子设有女儿墙，有组织排水结构。这里的平顶屋面非当今的平顶，其构造做法如图 4-52 所示。木椽上面铺设望砖，其上的麦秸泥为找平层和保温层，相当

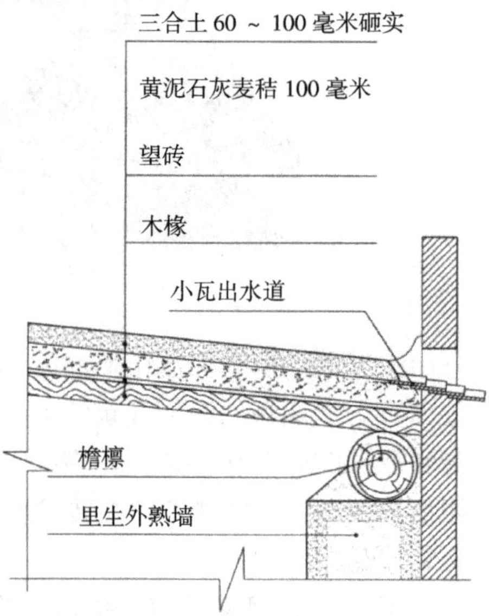

图 4-52　传统平屋顶构造

于瓦屋面的苫背泥层。屋顶表面的三合土层须经砸实才可为防水层。当地人说，只要三合土配比适当，防水层就不开裂，三五十年都没事。这样简单的构造非常可靠，耐久性也很好。这种传统的方法与材料在如今也值得借鉴。

（二）屋面类型与构造

现存民居全部为传统的瓦屋面，其构造层次自下而上为苫背垫层、苫背层、黏合泥层、瓦面层。

苫背垫层即多数古建书籍中常说的望板，通常把望板归属于木结构。这一构造层次的作用主要是承托其上的苫泥。望板是明清以来官式重要建筑的通用构件，而更早期的官式建筑包括重要的殿堂，并不是这样的。例如，《营造法式》卷十三“用瓦”制度中有明确规定，“凡瓦下补衬，柴栈为上，版栈次之。如用竹芭苇箔：若殿阁七间以上，用竹笆一重，苇箔五重；五间以下，用竹笆一重，苇箔四重；厅堂等五间以上，用竹笆一重，苇箔三重。”可见用望板的少，用竹笆、苇箔等物的多。明清以来，官宦人家、财主等的民居较讲究，屋面垫层以望（方）砖为主，望瓦次之，次要的民居屋面也有用苇箔的实例（图4-53），望板仅用于檐廊部位。普通百姓的房子以苇箔、条芭，甚至高粱秆等廉价物做苫背垫层。苫背泥的传统材料以麦秸泥为主，其保温隔热性能好，不易开裂；黏合泥以黄土、石灰为主，另加少量煤灰调成近似砖瓦色。施工时，抹一层泥铺一层瓦，瓦面层为屋面的表层，所用瓦有筒瓦、板瓦之分，可构成筒板瓦屋面、合瓦屋面、仰瓦屋面和冷摊瓦屋面等（图4-54）。河南民居的屋面类型主要有以上四种，且以仰瓦屋面为主。

（a）望砖

（b）南阳杨知府院厢房所用的苇箔

图4-53　民居中苫背垫层

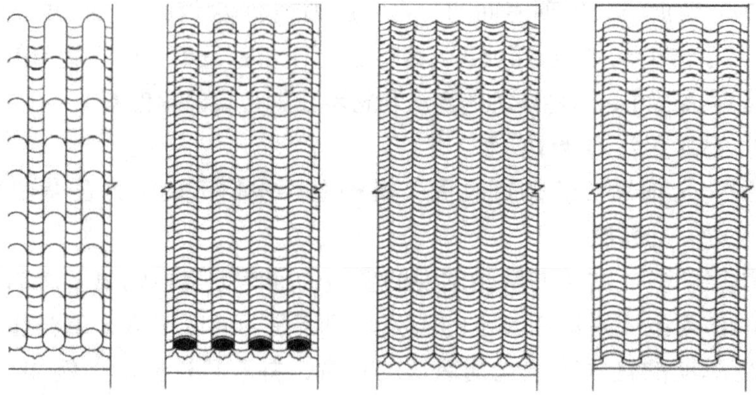

图 4-54　河南民居屋面类型

仰瓦屋面在北方又有干槎瓦屋面之称，这种屋面用瓦较省，但对瓦的质量要求较高，稍有变形的瓦则剔除。结瓦时对匠人的技能要求也较高，必须互相错接，扣合严密，以上下瓦压四留六至压七留三为准则，不能有松动的瓦。檐口第一片瓦叫滴水，下垫勾头。通过调研民居我们发现，匠人的技能和工作质量与仰瓦屋面的质量有着密切的关系。例如，安阳浚县裴庄村常进士宅第的二进院正房建于清朝，仰瓦屋面至今未变形，不漏雨（图 4-55）。常进士后人给我们讲了当年建房的动人故事：建房时，常进士家人遍寻百里终于寻得一位良匠。施工期间，常进士家人待匠师如同上宾，家里的农活另由常家雇人耕作，匠师工钱照付。这些行为感动了匠师，瓦屋面至今没有动过，仍滴雨不漏。一般质量的瓦屋面 30 ~ 50 年进行维修是正常的。

图 4-55　安阳浚县裴庄村常进士宅第二进院正房仰瓦屋面

筒板瓦屋面各地都有使用，主要用于正房；合瓦屋面在河南民居中使用较少，有使用的也不讲究是用于下房还是厢房；冷摊瓦屋面仅用于信阳、南阳地区的部分房屋，做法与南方屋面完全相同。

（三）屋脊类型与构造

河南民居建筑的屋面擅长用屋脊进行装饰，并且多用正脊与垂脊。随着地方、房屋的不同，屋脊的简繁程度也会有很大差异，如图 4-56 所示。图 4-56（a）是屋脊的主要定型构件——陡板，用于正脊和垂脊，有大小不同的规格可供选择，以调整屋脊的高度。陡板两看面有着各种花饰或文字花饰，用这种构件叠出的屋脊在河南被称为“实脊”。图（b）为看面带有花饰的实脊。以仰瓦屋面为例，其构造层次自下而上为盖瓦—瓦条—方砖—陡板—方砖—筒瓦。这类实脊是现存民居屋脊的主要形式。正脊为实脊的则必配垂脊。有的还按大式做法，配有排山勾滴。图（c）为花瓦屋脊，其特点是在陡板位置用筒瓦、板瓦，或单用或两者配合使用，摆成各式漏空的花纹图案，因此民间又称其为“花脊”或“透风脊”。花脊不仅形象活泼多变，还有效减轻了屋脊的重量，对屋脊结构有利，降低造价，因此深受大众喜爱，被广泛用于中小型宅院和一些大型宅院的非主要房屋。直到现在，农家自建房屋凡是坡屋顶，仍用花脊。凡正脊为花脊的，一般不配垂脊，只用两层合瓦或一层筒瓦配之。图 4-56（d）是冷摊瓦区域的脊饰，属简单轻巧型，多用于普通民房。

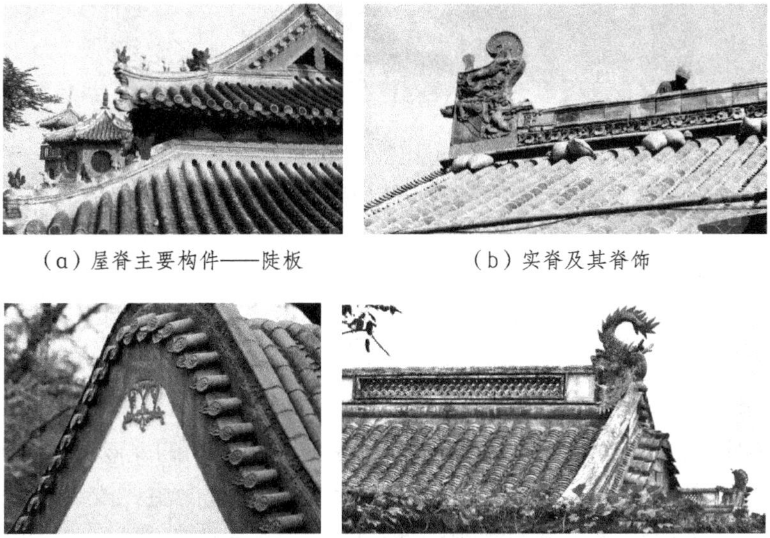

（a）屋脊主要构件——陡板　（b）实脊及其脊饰

（d）花脊　（c）简单的屋脊

图 4-56　屋脊构件及其屋脊实例

中国传统建筑的屋脊曲线逐渐被简化成直线。但是，河南中部、南部地区的部分民居直到今天还保持着正脊曲线（图 4-57），已成为河南民居外形的特征之一。

图 4-57　现代传统民居上的屋脊曲线

正脊还有界定房屋开间数量的作用，当单体建筑因地面限制建成偶数间的这一情况不符合传统建筑的习惯，民居更是忌讳。河南民居常采用“破解”手法把正脊断开，分三间和一间各一条正脊，以此表示这座房子是三间另加一间，如图 4-58 所示。

图 4-58　正脊断开以界定房屋开间数量

（四）脊饰构件

河南民居的屋脊装饰构件种类繁多，形象不一，具有浓郁的地方特点，略举几例如下：

1. 正脊装饰构件

官式建筑的正吻由唐宋时期的鸱尾演变到明清时期的龙吻身插剑柄。河南民间建筑的正吻如图 4-59 所示，以龙头鱼身的造型为主，安装于正脊两端，嘴一律向外，不像官式建筑的龙吻剑柄或鸱尾，嘴向内吞脊。

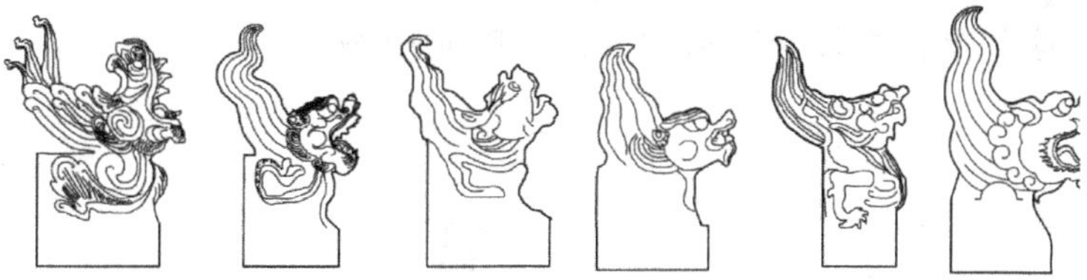

图 4-59 正脊兽形象

2. 垂脊兽

河南民居中的垂脊兽与正脊兽通用，只是同一座房屋的正脊兽与垂脊兽选用不同形象和不同大小的陶兽（图 4-60、图 4-61）。

图 4-60 康百万庄园垂脊兽

图 4-61 垂脊兽

3. 走兽

走兽在《营造法式》里有 9 个，《清式营造则例》中列出了 11 个。官式建筑中的走兽用于垂脊兽前和歇山顶的戗脊之上。河南民间建筑中走兽的使用则比较随意，垂脊兽前、兽后都有使用，甚至正脊上也有使用。图 4-62 所示为走兽 6 例，这些是较为复杂的形象，简单的则更多。

图 4-62　走兽

4. 扭头

官式建筑中垂脊最下端为仙人走兽，河南民居则用其他饰物在此部位进行装饰。以开封为中心的河南中东部地区，民居建筑垂脊的最下端，即房屋的四角几乎全部使用扭头（图 4-63）。它由砖瓦雕刻叠砌而成，形象比仙人突出。扭头这一名称在各地的叫法不尽相同，本书采用的“扭头”是开封对这一组件的形象称谓。扭头在流行区域内的形状也略有差异，但总体形象接近。扭头是河南民居檐角的重要特征之一。

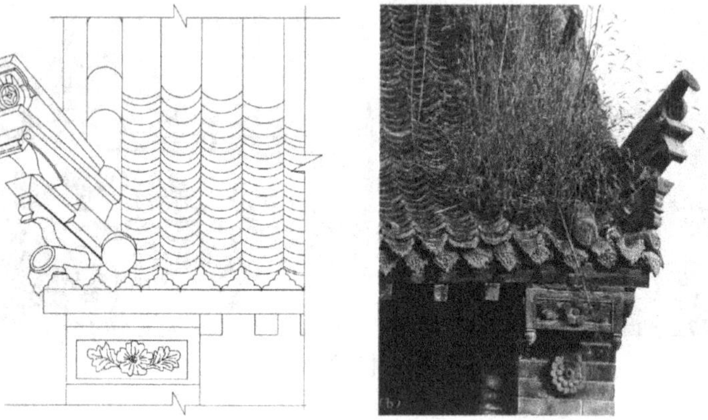

（a）扭头图例　　（b）扭头实例

图 4-63　屋角装饰

以上脊饰构件为地方民居常用之物，独具地方特色。近年来，有很多民居已被列为各级文物保护单位。这对民居来说是好事，但对民居的修复存在随意的现象，很多脊饰构件全部被换为官式的剑柄、仙人等，致使地方性很强的民居变味走调，这是很不应该的。

第五章　中原民居的装饰与家具陈设

第一节　内、外檐装修设计

一、外檐装修

外檐装修的部位如图5-1所示。该房屋同一立面装修简繁不一，自下而上有台基、柱础、门枕石、格扇门窗、额枋、挂落、檐口、墀头、山花、脊饰等。未经仔细雕琢的装饰部位均在第六章结构与构造相关内容里讲述，外檐以雕刻（木、石、砖）为主的部位与构件在本章第三节中讲述，外檐的楹联、匾额等装饰在本章第五节中专门介绍。本节主要介绍格扇门窗、檐下挂落、栏杆和廊柱间坐凳等小木作内容。

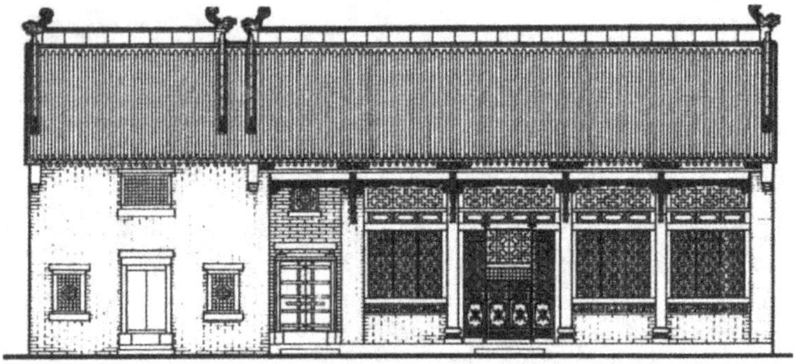

图5-1　寨卜昌民居4号院倒座立面图

（一）隔扇门、隔扇窗

隔扇门又名格扇门，与之配套的窗叫格扇窗，常用于四合院一进院的正房和厢房，更讲究的民居倒座也有使用的现象。隔扇门安装于正房或厢房的明间，一樘四扇，四周由槛框与柱、枋等大木构件连接固定。隔扇门窗坐落的位置根据房屋的出檐情况而定：若为挑檐廊，坐于檐柱之间，位置略靠前。若为前柱廊，则坐于金柱之间，位置稍靠后。若位置的一前一后导致隔扇高度悬殊，如前者隔扇高度可抵檐枋，后者隔扇高度不抵檐枋，为了不使隔扇更高，在它的上方增加横披窗，隔扇槛框加高，直抵金枋下皮。横披窗固定于槛框之中，不开启。横披窗的花格一般比隔扇门窗简单，棂条也略稀疏（图 5-2）。

图 5-2　康百万庄园厢房隔扇门窗

隔扇门窗可通体满做，这样的门窗在河南被称为“落地门窗”。落地门和窗没有区别，做法相同，各间均为一樘四扇，两边隔扇固定，中间两扇平开，但也有四扇都可开启的情况。

建筑的明间安装隔扇门，与两边的槛窗配合的情况在河南民居中比较多见。槛窗是指槛墙之上的格扇窗。槛窗有开启和固定两种形式。开启的槛窗又分平开式及上支下摘式亦称支摘窗。河南现存民居中用支摘窗的不多，而用四扇平开式的居多，固定窗数量次之。图 5-3 为隔扇门与槛窗实例图，此例的槛窗即为固定式，门的外层还设有风门。

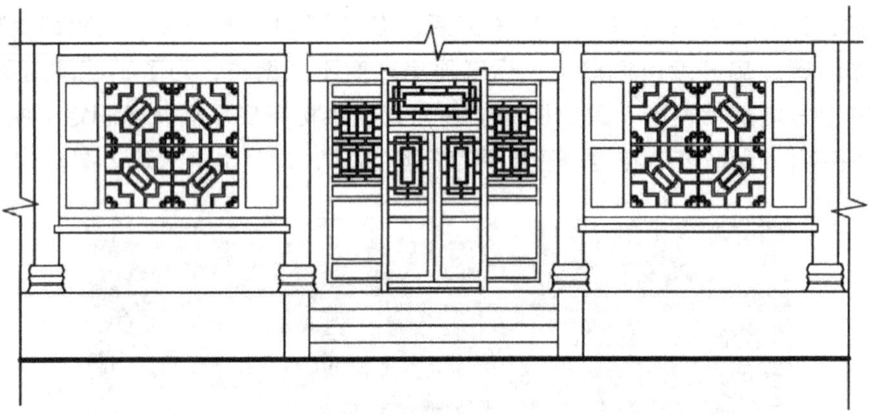

图 5-3　隔扇门与槛窗立面图

槛窗与隔扇门的高度关系密切，槛墙加槛窗高度等于隔扇门高度。开封的一位老匠人说“墙窗四六分”，即槛墙高占隔扇总高的四分，槛窗占六分。这是匠人长期的经验积累，是符合人们视觉观赏的优选结果。河南多数地方的民居中通行此比例关系，而寨卜昌民居的正房揽墙略低一些。

隔扇的构成由两根长边框和若干根横向抹头榫卯扣合成为骨干框，小空当部位加绦环板，中空当部位加裙板。隔扇上的裙板和绦环板更是木雕表现的重点部位，植物花卉和飞禽走兽等吉祥图案、福禄寿喜等文字都可在此表现（图 5-4）。

房屋有高有低，隔扇可通过调整抹头数量调整高度。河南民居中常见的隔扇有四抹头、五抹头、六抹头，如图 5-4 所示。其中，康百万民居、寨卜昌民居经营时间长，自成体系，门窗各部比例关系相对稳定，图 5-4 中的四抹头、五抹头、六抹头隔扇一为寨卜昌隔扇的比例形象，六抹头隔扇二是康百万庄园的隔扇比例形象，两者的差异在于裙板的高度不同。

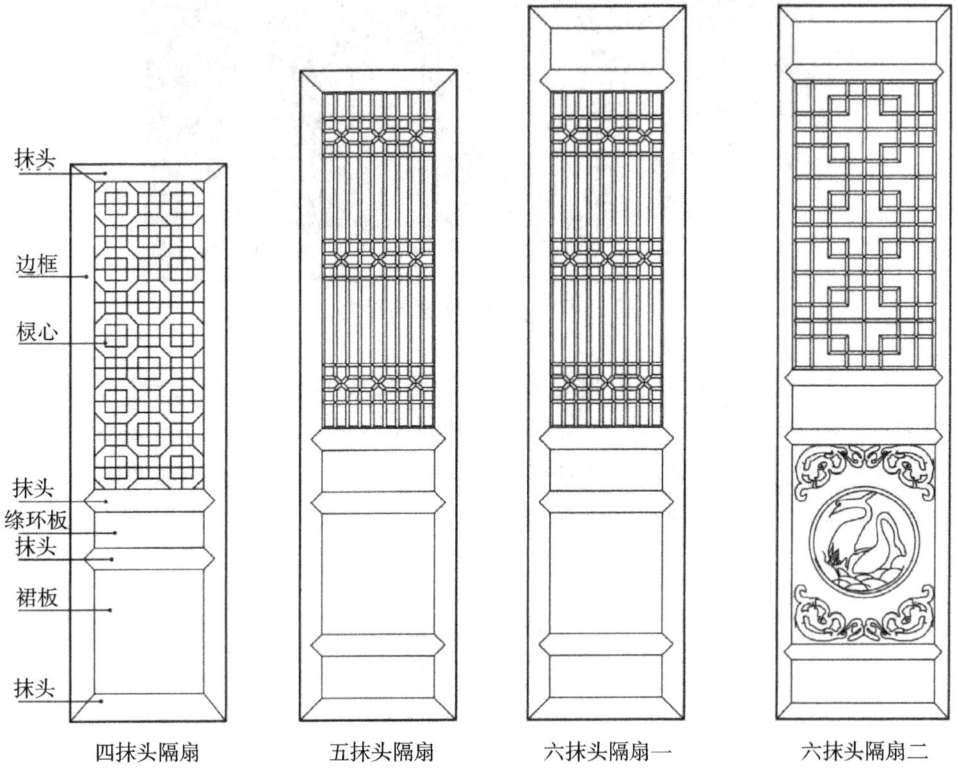

图 5-4　河南民居中常见隔扇形式

隔扇做工十分考究，为追求最佳的艺术形象，骨干框与棂格看面都要进行仔细的美学加工，做成指甲圆面。棂条指甲圆面的木工制作工艺复杂，工时成倍增加，技艺低者不能胜任，为横竖向棂条组合成有缝而无间隙的看面增添了很多麻烦。许多古建筑在修复时因棂条的指甲圆面被简化成为平面，因此失去了应有的精细韵味和艺术效果。棂条组合分主棂、次棂，主棂通长不断开，次棂按需长短分节，与主棂榫卯搭扣（图 5-5）。这样组合可使工艺简便，扣合精确，便于做到接口处有缝而无隙，并且再短的棂条也能派上用场，不会造成浪费。

图 5-5　隔扇花格棂条组合

小小的棂条通过匠人的丰富想象可以组合成数种不同的花格式样，图 5-6 中的前 4 种花格（a）~（d）都是龟背锦的基本形式，虽然近似但又各不相同，通过简单变化可成为另一种不同花饰；后 4 种（e）~（h）的基本图案为套方，匠师们可以使其变化多端，形象各异。

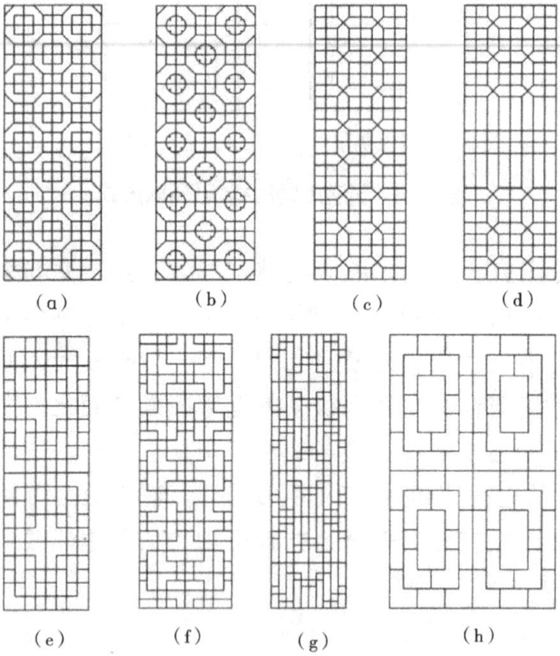

图 5-6　河南民居中常见隔扇花格

河南民居中隔扇的艺术形象与整个房屋一样，有南北风格之别。信阳、南阳两地南部的隔扇框料及棂条断面偏小，图案更为复杂，兼用更多曲线形棂条，具有轻柔的艺术风格（图 5-7）。以棂条为例，此处的棂条断面（看面）厚 12 ~ 15 毫米，进深 20 ~ 25 毫米。其他地区的棂条断面略大，看面一般厚度为 15 ~ 20 毫米，进深 25 毫米左右。净间距是棂条厚的三倍，根据门窗框内皮纵横向净尺寸再行调整。

图 5-7　某民居隔扇花格

门窗棂格对提高民居美学价值的作用很大，具体来说有以下三个方面：一是图案的灵活多变性使民居房屋立面构图在统一中有变化。众所周知，民居的外形比之官衙、寺庙、会馆等单一得多，且以三间为多，体量偏小。简单的为一门两窗，复杂的也不过每间四扇隔扇门窗，各幢如此，各宅类同，立面构图规整一致，规律性强。如果窗格都是一样的，大片房屋面貌就必然呆板，没有特色可言。加入各种图案构成的棂格，观感将立即大为改观，门窗顿显生动活泼之感。二是窗棂花格易形成虚幻的光影变化，早、中、晚各有不同的光影效果，使人赏心悦目。尤其是由室内向外望，更觉得妙趣有加（图 5-8）。三是充分展示了“材有美，工有巧”的效果。棂条断面小，须选用较硬的木料，通达顺畅的纹理本身就有材料的质地美感。工匠精工细作的“工巧”也是一种美，榫卯扣合的构造方法则显出了结构美。三个方面的组合，使得门窗美上加美，美不胜收。

图 5-8　由里而外看窗格景象

民居建筑自有其灵活性，有隔扇与牖窗结合使用的情况。这里的牖窗一般是花格窗心，也有板门结合槛窗应用的例子（图 5-9）。总之，隔扇门窗的形式活泼自由、法无定式，在民居建筑中处处都有体现。

图 5-9　板门与槛窗结合实例

（二）坐凳、栏杆与挂落

这里所说的坐凳不是指家具中的凳子，而是指安装于房屋外廊檐柱之间的坐凳，可供人们闲时坐下休息，是讲究的家庭的外檐木装修内容之一，抄手游廊也多安装柱间坐凳。图5-10中一层为柱间坐凳形象，二层是栏杆。图5-10中的柱间坐凳为河南民居中保存完好的孤例，坐凳面宽28厘米，高51厘米，样式较为简洁朴实。

凡楼层有外廊的必用栏杆。栏杆由扶手、栏杆柱组成框架，长随间广，两端望柱与檐柱相连，中间立柱与楼板也有连接关系。空当部分以棂条花格充填，并与房屋立面其他木装修相协调（图5-10、图5-11）。图5-12的栏杆为康百万庄园内某倒座房屋栏杆，中间无立柱，空当全用棂条步步锦花格，下设花牙子，为河南民居中少见的做法，也兼有挂落的效果，别具一格。

图5-10　柱间坐凳与栏杆实例

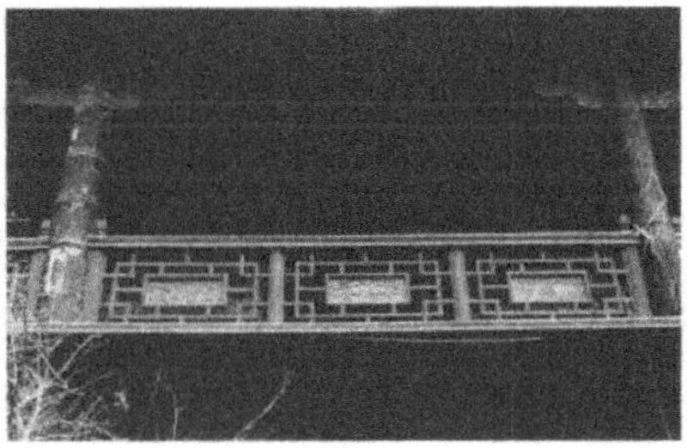

图5-11　商丘穆家大院后堂楼栏

图5-12　康百万庄园某倒座房屋栏杆

挂落是安装在房屋外廊檐枋之下的木装修，取代了雀替，纯粹为装饰而设。挂落分为两种，一种是棂条挂落，一种是雕花挂落。棂条挂落易损坏，在河南传统民居中已很难看到完整的形象，垂柱的倒是不少。图 5-13 为开封刘家宅院的雕花挂落挂落两端由垂柱与檐柱连接，雕花板心镶嵌其间，并于檐枋下皮由卯槽联系固定。由于雕花的板材比较厚且材质好，耐蚀性强，因此使用寿命长。同院的棂条挂落无一完整，而重点部位的雕花挂落则大部分比较完整，可见根据材质的不同，其使用寿命有较大差别。

图 5-13　开封刘家宅院雕花挂落

坐凳、栏杆与挂落这三种木装修均位于两檐柱间，处于人们的视觉集中处。因此，户主在财力许可的条件下，尽自己最大能力提高建筑物的观赏价值。

二、内檐装修

河南民居中的室内装修大多数未能保留下来，现有的遗留原物为厅堂室内屏门和其他室内隔断类；局部天花，形式比较简单；也有很复杂的落地花罩，但为近年来的复制品，为尊重河南民居原貌，故不在本书中进行介绍。现就原有装修分述如下：

（一）厅堂屏门

河南民居中厅堂凡七架进深的，其内必设屏门，屏门的位置就在厅堂明间后檐的金柱之间，以避免前后门视线直通使得前后院一览无余。屏门在风水上还有避免气流直通，使气流从侧面绕过，减慢风速以有利于人体健康的作用。屏门的抱框、下槛、中槛与上槛的构造做法与前檐下隔扇槛框相同，槛框下部装有四扇隔扇或隔板。若装有隔扇，则中间为两扇隔扇门（图 5-14）；若装有隔板，中间则为两扇较薄的板门（图 5-15），且与隔板等厚，近似于简化的太师壁。前者较少使用，后者是常见的形式。如果槛框上部直顶金檩，空当很大，则用走马板封堵。

图 5-14　太师壁

图 5-15　屏门

虽然屏门设有门，但是实际上不经常开，只有在婚丧嫁娶等家庭大典时才开启使用。人若要走动，则从侧面金柱后经后檐墙门通过。虽然这一樘门长年累月不用，但是在河南民居中也是中轴线上不可或缺的一樘门，民间常说的“一堂三门”，即厅堂三道门，其中就包括了这一樘门。民间还用“五门相照”作为二进四合院的代名词，即堂屋门、客厅三道门以及倒座门共五道门位于院落轴线上，故曰“五门相照”。由此可以推想，厅堂屏门是清代河南民居厅堂的定制。

屏门的主要功能是装饰性，起太师壁的作用，可悬挂字画，在门上悬挂匾额，或题字雕刻，两金柱迎面往往配以中堂楹联（民间简称中堂对）。屏门前通常摆放条几、八仙桌及太师椅。这种布置能营造出厅堂高雅尊贵的气氛，是厅堂的主要装饰。还有的厅堂是二层楼房，也装有这类装饰物，其后设楼梯间。图 5-16 为楼上空间的分隔木装修，既非屏门，又非太师壁，为河南民居中的孤例。

图 5-16　商水叶氏民居厅堂二层太师壁

（二）室内隔断

其他室内隔断类装修主要有木板壁、隔扇、博古架、落地罩、屏风等。这些都是用于分隔室内空间的，但呈现出的艺术效果差异很大。

1. 板壁与隔扇

木板壁与隔扇大多用于民居室内的永久性隔断，主要用于五间面阔厅堂的次间与梢间，内院正房和部分私密性要求较高的厢房内。木板壁与隔扇安装于梁下并直顶梁下皮，长随室内进深净尺寸，房间设有内门，供各间连通。门绝大多数为单扇，个别设置双扇门。

板壁在《营造法式》里被称为截间板帐。图 5-17 中的板壁为厅堂的一面大型板壁，其构造做法是在柱间立槛框，靠前檐隔扇位置设门板扇，另一端应与之对称。两板扇内的面积很大，框内又分上下两部分。上段满装木板，下段另行分格，如同隔扇下段装裙板和绦环板。上段大面积平板壁面上或题诗或作画，内容由主人选择。壁板形式简单，但若有书、诗、画烘托，则会十分高雅别致。其他住房内的板壁做法一般比较简单，多为隔扇框内置实木板芯。

图 5-17　原阳夏家院厅堂内板壁

室内隔扇与外檐隔扇的形式与构造无大差别，只是随着房屋进深往往大于面宽，隔扇数量相应增加，且多取偶数；另外，若门洞较宽，则该隔扇尺寸不与其他相等。设计时，先定门扇宽度，一般隔扇按剩余尺寸均衡即可（图 5-18）。

图 5-18　室内隔扇

2. 落地罩

罩、架等是比较讲究的人家用于室内空间隔断所使用的装饰物，有界定空间之意，但其具有通透性，无阻挡空间之实，隔而不断。

落地罩（图 5-19）多用于厅堂，与厅堂屏门平行，以调整厅堂空间的空旷氛围。它还用于其他主要住室，位置设在进深方向的大梁之下。其构造做法如下：两根贴墙（或贴柱）抱框上架两根横槛（上槛和中槛），两根横槛之间设置成横披窗，形成龙门架式的几腿罩。再靠两腿各施一扇隔扇，隔扇上抵中槛下皮，并于两者的交会直角处安设过渡性花牙子。所形成的门洞虽比几腿罩小了两扇隔扇的宽度，但仍然很宽。若房屋进深较大，则需要改换其他隔断形式，以便把门洞调整到合适的宽度，不使门洞显得过于空旷。

图 5-19　落地罩

3. 屏风

虽然屏风与上述隔断物都有分隔室内空间的作用，但是也有很大区别：一是前者为永久性或半永久性的，而屏风则是临时性的；二是屏风可以折合，便于随时挪动；三是屏风较低，仅 1.5 米左右。图 5-20 为康百万庄园内的屏风。该屏风共有六扇，每扇分为上、中、下三段，中、上段芯板周边采用透雕技法，中间绘白色漆画，上加花牙子，因年久褪色，显得色彩轻重不一。该屏风材质优良，至今无裂缝、未变形，且做工精巧，雕镂细腻，因此具有很高的艺术欣赏价值。

图 5-20　康百万庄园内的屏风

4. 壁帐

这是宗教建筑中常见的室内装修。宋代就有佛道帐、壁帐、九脊小帐等物。佛道帐即供奉佛、道、神的专用帐。郭黛姮先生把这些归类为龛、厨类装修。一般民居中很难见到，河南民居中仅康百万家所独有。壁帐即沿墙壁设置的一种房屋形式的佛帐。图 5-21 中的壁帐高约 3 米，宽约 2.5 米。壁帐自下而上为帐座、帐身和帐顶，帐顶为重檐歇山形制，近似于《营造法式》中的九脊小帐，但尺寸小于九脊小帐。

图 5-21　康百万家的壁帐

第二节　雕刻艺术的运用

雕刻在河南这块沃土上的起步很早，雕刻技艺何时用于建筑难以考证，但间接用于建筑的雕刻可追溯到我国最早的瓦当纹饰。现存河南民居装饰艺术中，雕刻艺术占有重要地位。木雕、砖雕、石雕为民居建筑局部增加了艺术价值，提高了整个建筑的美学价值。

一、木雕

传统的木雕技法早在北宋时期已经基本完备，《营造法式》卷十二记载了混作（圆雕）、雕插写生华（浮雕）、起突卷叶华（落地雕）、剔地洼叶华（落地平雕）四种技法。明清时期的建筑装饰更加华丽，雕刻技法也随之发展，出现了透雕和多层透雕的玲珑雕。清代后期，为节约材料，提高工效，改革工艺，出现了贴雕和嵌雕的新技法。木雕在河南民居中应用广泛，主要用于结构构件的美化加工及由其演化的纯雕饰部件、门窗局部以及器物家具等。

（一）结构构件的美化雕刻

结构构件的美化雕刻不影响构件的使用功能，但可使其成为具有装饰性的构件。这是中国传统建筑艺术的主要特征之一，即建筑功能、结构和艺术的统一。图 5-22、图 5-23 中的梁柱都是重要的受力构件，头部都有进行简单的雕刻处理。河南民居中厅堂前檐廊的抱头梁在豫西、豫南地区还普遍保持着月梁形制。图 5-24 中的月梁均为南阳民居实例，共棱角增加了凸圆角线条，且加工精细。豫西地区讲究的民居中多处还保留着梁上的挖徵，雕镂相当精细（图 5-25）。这些构件的雕刻工艺精粗不等，图案繁简不一，不同程度地提高了构件的美学价值。

图 5-22　梁头雕刻

图 5-23　柱头雕刻

图 5-24　月梁

图 5-25　民居雕刻柁墩

（二）额枋、雀替、花罩、垂柱

河南民居中，有些讲究的人家会对重要部位的额枋进行雕刻，使作为结构件的额枋成为具有很高艺术价值的装饰构件。图 5-26 为河南民居中额枋复杂雕刻代表。工匠以梅花、喜鹊、鹿为题材，梅花枝条的藤蔓形态来适应额枋长条形看面的构图所需。三间厅堂的前檐额枋和隔扇的裙板与绦环板均为贴雕技法，雕法精细，题材各异，构图疏密有度，立体感强。寨卜昌民居中也有额枋的复杂雕刻，但完整性不及此例。

图 5-26　南阳万兴东客厅前檐额枋木雕局部

雀替在明清官式建筑中有一定的结构作用，而在民居建筑中的结构作用基本消失，转而成为装饰构件的重点展示部位。河南民居中雀替的形状、大小、雕刻的精粗差别都很大，雕刻题材相对丰富。图 5-27 为龙门式雀替，此种多应用于会馆建筑上，民居建筑上比较少见。此为豫北商人家宅正房雀替，雕刻很精致。楹柱左侧雀替雕有牡丹，下端是花瓶，构成“平安富贵”的图案，另加孔雀，与牡丹一起寓意“富贵无极”。楹柱右侧雀替题材更为丰富，以莲荷为基础，莲梗夸张，藤蔓构成整幅图案的框架，另加仙鹤，更有反映商业文化的人物手提钱串，猴子攀绳而上，画面生动。图 5-28 中的雀替属于常见形式，大多数采用透雕技法雕饰，题材有花卉、龙，以及鹤、鹿、松为主体的“鹤鹿同春”。这种三角形的雀替不便构图，题材多以蕃草、花卉为主。洛阳的牡丹、开封的菊花、许昌鄢陵县的梅花都久负盛名，莲荷遍地都有，故为多用题材。鸟兽动物除全国通用的以外，奔马、神牛也可以组合到雀替的图案中，甚至还有把戏曲人物故事用于雀替图案的。

图 5-27　林州石老九宅院正房的木雕雀替

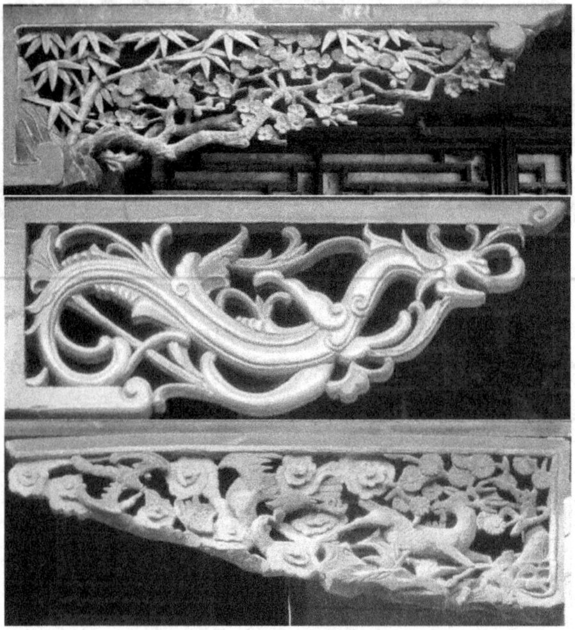

图 5-28　精美木雕 雀替三例

对于花罩类雕刻（图 5-29），河南民居建筑的外檐使用较多，一般集中在房屋的前檐下、门楼檐下、门楼与厢房间的短廊和正房檐廊两头等部位。雕法以透雕居多，落地雕和贴雕次之。图案题材多以植物花卉为主的吉祥物，如梅花构成的“满堂富贵”，松、竹、梅构成的“岁寒三友”等。

图 5-29 花罩

垂柱多见于垂花门，还有挑檐廊垂柱、花罩垂柱、顶子床垂柱。垂柱的下端头是雕饰的重点部位。垂柱头的基本形式有圆柱头和方柱头两种。圆柱头雕刻的图案主要为莲花头和莲蓬头，前者形似含苞待放的莲花，如图 5-30（a）所示。后者则为莲花开后的硕果，即莲蓬，如图 5-30（b）所示。莲蓬的雕刻重点在莲蓬头上，排列有序且饱满的莲籽活灵活现，更为精致的雕刻还可使莲籽活动，图 5-30（b）中的莲蓬就是这样的。推想其雕法应该是分件雕刻、组装、黏合，否则很难达到这样的效果。

（a）莲花头

（b）莲蓬头

图 5-30 垂柱雕刻

（三）梁头斗拱与拱眼雕饰

在古代，朝廷限制斗拱在民居建筑中的应用，但仍有少数民居使用斗拱，且以一只坐斗为最多，一斗三升的较少。虽然民居不具备官方建筑斗拱韵律美的条件，但是促进了雕刻艺术在这些部位的应用，美感并不比其他逊色。灵宝贠家大院的圣旨楼檐下雕刻由平板枋、坐斗、梁头及拱眼壁等组合，十分精细，如图 5-31 所示。檐枋与檐檩之间的空隙在完全不用斗拱的情况下，民居建筑也有很好的美学处理方法。例如，寨卜昌民居中的檐下木雕通过雕刻梁头及两翼花饰，封堵梁头，效果甚佳。其雕刻主题多以大象头和龙头为题材，以写实的雕法展现于檐下。大象头下有莲花座承托，侧翼有牡丹、孔雀，为另外雕刻后对接嵌合，属嵌雕技法，如图 5-32 所示。图 5-33 为寨卜昌民居梁头上的散落构件，笔者有幸能够详细观察，发现整块木料为立体雕刻，属圆雕技法。造型之生动，刀法之细腻，题材之吉祥，活生生的一幅“龙凤呈祥”图。

图 5-31　灵宝贠家大院的圣旨楼檐下木雕局部

图 5-32　寨卜昌民居梁头装饰一

图 5-33　寨卜昌民居梁头装饰二

河南民居中多有在拱眼壁的位置上另加木雕装饰的情况，且内、外檐均有使用。从房屋立面可以看到，平板枋与檐檩（或楼层边梁）之间的间隙设有木垫块，民居中有将这些木垫块加以美化的，由外檐的简单雕饰发展为纯粹的内檐拱眼壁木雕装饰品，如图 5-34 所示。此饰物在相关资料中较少出现，无法得知名称，笔者暂为其命名为“拱眼卡子花”。用于内檐的拱眼卡子花，雕刻以透雕为主，刀法相当精巧。还有很精细的狮绳木雕，绳纹如同实物，三只幼狮在绳网上攀爬，欲夺中间的钱币，神态幼稚顽皮，令人喜爱。图 5-34（a）以磬为主题，周围图案似云朵又似如意；图 5-34(b）中刻画的孔雀栩栩如生，与牡丹构成“丹凤朝阳”图案。康百万庄园中这样的卡子花数不胜数，图案无一重复，可见民间匠师想象力的丰富。

（a）清心如意

（b）丹凤朝阳

图 5-34　拱眼卡子花

（四）隔扇门窗

隔扇门窗的木雕大多集中在裙板和绦环板上，裙板以落地雕法居多，绦环板则以贴雕技法为主。裙板上的雕刻题材最为丰富，常规图案有梅、兰、竹、菊四君子，以及牡丹、花瓶组成的寓意“富贵平安”的图案，如图 5-35（a）所示；灵芝、仙鹤与蝙蝠组成的图案寓意“灵仙祝寿”；鹤、鹿与松树组成的图案寓意“鹤鹿同春”；五只蝙蝠环绕“寿”字组成的图案寓意“五福捧寿”等，如图 5-35（b）所示。关于五福，《书经·洪范篇》中有记载：“一曰寿，二曰贵，三曰康宁，四曰修好德，五曰考终命”。通俗的解释其含意就是长寿、富贵、康宁、品德优、命运佳，号称五福，其实质内容是以“寿”为核心，故有“五福寿为先”之说。河南民居中的雕刻图案内容不拘泥于成规，自创的内容也不少。图案繁简适度，雕刻精准细腻，画面丰富多彩，熠熠生辉，如图 5-36 所示。

（a）富贵平安

（b） 五福捧寿

图 5-35　外檐隔扇裙板木雕

图 5-36　内檐隔扇裙板和绦环板雕刻

图 5-37（a）图案由海浪、莲荷、鱼和鸟组成，莲和鱼的寓意是“连年有余”，以荷花、海浪、鸟组成的“河清海晏”寓意为太平盛世，人民衣食无忧；图 5-37（b）为腾云驾雾之神牛“回首望月”，颇具神话色彩；图 5-37（c）为民间喜用的天马行空图案。这些雕刻或贴雕或落地雕，都有很高的艺术价值。绦环板面积虽小，但在这有限的面积上，民间匠师也能创造出寓意深刻的图案，如琴棋书画等类，草龙图案等。

（a）河清海晏，连年有余

（b）回首望月

（c）天马行空

图 5-37　外檐隔扇绦环板雕刻

本章已提及了多处龙的形象。河南是龙的故乡，考古学界发现并公认的“中华第一龙”就在河南膜阳。它本为原始人类的一种图腾，后来成了皇帝专用的图案，因此民间限制使用龙的形象。但是，民间的寺庙、祠堂及住房都在变着法地使用龙的形象。“龙既然已经不是自然界的动物，而是人类在历史上逐渐创造出来的一种理想形象，所以它的体态、大小多变而无定形，这就给装饰创造了条件。”上述各例中的龙，它们体态不定，长相各异，或隐或显地装点着民居建筑，为民居增添了光彩。龙被广泛地运用于建筑及室内家具，也是木雕、石雕、砖雕的主要题材。龙为人们心目中的神灵，人们祈求它能为人间兴利除弊；龙有九似，形象不定，便于匠师们发挥相像力描绘龙的形象，也便于构图，也许是民居建筑大量用龙作为图案的原因之一。

隔扇中格心部分的花格、棂条也多用于木雕饰件进一步点缀门窗，如豫东民居中有的龟背锦花格内套有群仙祝寿木雕，大篆寿字与仙桃、佛手构成的“福寿双全”端坐中心，周围八格分别为八仙木雕嵌入其内，如图 5-38 所示。图 5-39 中的棂条曲直相接，使得方格圆润过渡、方中套圆，增加了格心的柔和美；似像非像、小巧玲珑的蝙蝠为格心增加了动感，既美化了窗格，又起到了加固相邻棂条的作用。

图 5-38　窗格心雕刻

图 5-39　外檐隔扇棂条雕刻

（五）家具雕刻

木雕在家具中的应用更为广泛。因家具处在室内供人们所使用，材质优良，促使雕刻更为精细，甚至成为一种艺术品，同时能体现出木雕的最高艺术水平。豪门大户的家具，如桌、条案、座椅、床榻、台架之类等，无不使用雕刻。最突出的当属顶子床的床架、太师椅靠背、桌案腿与面框的连接部位（图5-40）。河南传统家具资源丰富，有多处集中场所（见本章第三节家具陈设思想），从中可见河南的木雕艺术水平非同一般。

（a）条几　　（b）桌案

图 5-40　条几、桌案局部雕刻

图 5-41 为康百万家的顶子床局部，框架构件全部被雕成竹节形状，上沿罩和格心板采用透雕技法，图案题材多并且集中。一般的主题图案为“福禄寿”三星，康家另有创意——三个姿态各异的幼童分别靠在三星怀里。这类题材多为“观音送子”“麒麟送子”等，“三星送子”实属创新。上沿雕有文武官员形象，下沿花罩葡萄枝蔓缠绵不断，串串葡萄硕果累累，寓意“子孙万代”。另有隐士对弈和向阳的葵花横披。更有趣味的是云纹造型，似朵朵祥云，又似（万事）如意，更似元宝，意味着不尽财富滚滚来。无论是祥云、如意或钱财，都是人们的美好愿望，都可以使人从中获得心理满足。图案雕刻的精细程度令人惊叹，小如黄米粒的葵花籽粒粒可数，高大的奔马马鬃丝丝可见，幼童的五官、手指、脚趾清晰可辨。此床由工匠耗时 1700 多工日精心雕镂而成，没有雄厚的财力，即使审美情趣再高也难以享用。

图 5-42 的主体图案为一男童骑着麒麟，意为麒麟送子。麒麟与龙一样，也是人们通过想象创造出来的神兽，是河南民居中常用的装饰题材。另有以竹子、鹌鹑构成“竹报平安”的图案。古人认为以火烧竹后产生的噼啪声可以驱鬼辟邪保平安，因此民间有燃放爆竹的传统习俗。王安石笔下也曾有“爆竹声中一岁除，春风送暖入屠苏”的著名诗句。还有象征着夫妻恩爱的比翼鸟、鸳鸯，以及用燕子、柳枝和花草表达的“春燕剪柳”等。图 5-43 的顶子床格心

的龙的雕刻亦为上品。中间雕刻的福禄寿三星，象征“三星高照，福寿安康”。

图 5-41　顶子床局部雕刻之一

图 5-42　顶子床局部雕刻之二

图 5-43　顶子床格心雕刻

（六）其他木雕

除去以上五个部分的雕刻以外，还有一些局部也使用雕刻手法强调，如河南南部民居中采用轩廊形制的，其轩廊两柱间的枋板为重点雕饰部位。图5-44为闵家祠堂的枋板雕刻，题材有梅花、荷花、龙、麒麟等，其中一组是金榜题名后从迎接传旨官—接旨—戴官帽—庆贺及招待传旨官—座谈—送传旨官的场景。可能闵家有此经历，雕刻的内容如同真实故事再现。所有图案均用落地雕法，人物神态表现甚佳，值得称道。图5-45为三门峡民居大门前室天花木雕——河清海晏图，莲叶上的叶脉和莲花瓣上的纹脉清晰可辨，水纹如同指纹，写实程度几近工笔，相当绝妙。另有大门上的门簪、梁头盖板，檐椽头盖板等不再一一列举。

图5-44　闵家祠堂的枋板雕刻

图5-45　三门峡民居天花雕刻

河南民居中木雕的各地用量不太平衡，豫西地区为最多，木雕图案丰富，技法高出一筹。豫北地区次之，除寨卜昌民居木雕技法精细以外。豫东、豫南则较少，技法欠细腻。

木雕比砖石雕刻表现力更强，雕镂工艺技法也相对简便易行。高档家具用木多为紫檀、楠木、红木等优质木材，一般内外檐装修多为就地取材。河南的地方树种可用于雕刻的有楝木、黄杨、桐木等。木质纹理粗细皆有，适宜于表现各种不同雕刻题材，尤其是在表现人、动物等方面更为细腻传神。其色泽本身就有良好的效果，加油饰后效果更佳，因此在传统民居中得到广泛应用。

二、砖雕

河南民居中的砖雕含有塑（雕塑）的成分。砖雕指在青砖上进行雕镂的艺术；雕塑指在砖（或其他陶制品）未烧制之前对泥坯料直接塑成或接近于所需形状，烧制后再经一步简单雕镂为成品艺术构件。对于砖的雕塑，河南也有悠久的历史和高超的技术、艺术水平。南阳著名的画像砖就是以塑为主，河南出土众多汉代建筑明器也都是雕塑品，应为陶塑范畴。以下将分别介绍砖雕和陶塑。

（一）砖雕

河南民居中的砖雕在“文化大革命”期间受到过严重破坏，现保存完整的为少数。有些保留下来的是通过采取了一些措施，如泥巴覆盖法，如图 5-46（b）所示。砖为陶制材料，比石材软且易于雕凿，比木材坚硬耐侵蚀，适合在室外使用。砖雕主要用于影壁和大门侧面墙壁、门窗洞口、门楣、墀头、檐口及其他部位，也有个别纪念性建筑四壁布满砖雕的。

1. 影壁和大门侧面墙壁砖雕

河南民居的影壁，以三门峡、洛阳两地为代表，且多用砖雕，尤其是三门峡影壁及大门之砖雕比较精良。其影壁形制的显著特点是自下而上分为三段，分别为须弥座、影壁体和上檐，檐口以下全部砖雕。陕县亢家大院的砖雕影壁题材丰富，壁心是鹤鹿同春图，外围是牡丹富贵图，檐口雕有百鸟朝凤图。图 5-46（a）壁心为松鹤延年，可惜两只鹤均有不同程度的损坏。图 5-46（b）壁心带有神龛，壁心四角雕有蝙蝠，中心圆环为八卦图，边框为扯不断的纹饰。图 5-47 为亢家大院大门侧面墙壁的砖雕，壁心为龟背锦图案，边框为植物花饰，须弥座立体感很强。像这样的墙壁砖雕在三门峡传统民居中甚为流行，其形制、体量大同小异，雕工都十分精良。

（a）段岩民居影壁

（b）杨公寨影壁

图 5-46　三门峡民居中的砖雕影壁

图 5-47　三门峡民居天花雕刻

2. 门窗及门楣砖雕

二门门洞及其墙面多为砖雕集中之处。图 5-48 中的二门砖雕引人入胜。砖券门洞看面雕有丁字锦花边；门洞两边有石对联；门楣板嵌于框内，圆形艺术字“福、禄、寿”端坐其中。两侧对称地雕刻了松鹤延年图，檐下万字居中，左右分布花饰。额枋、垂柱、斗拱、拱眼壁及檐椽无不精雕细刻。这一门楼立面砖雕使用较多，但都以分散的个体图案为主，以纵轴线统领，有机搭配组合，整体疏密有致，简繁得宜，构图匀称，毫无堆砌繁缛之感。

图 5-48　洛宁程总兵府某二门砖雕

门楣横披上的“福禄寿”直接表现出了宅院主人的思想追求，这也是当时人们的思想追求。在中国古代，社会各阶层的人都有自己的理想，尽管每个阶层的标准不同，但归纳起来，“吉祥如意、福禄寿禧”是各个阶层人民的共同而永恒的追求。人们通过各种物质的或精神的手段表现这类题材，以满足对其审美情趣的需求，如诗歌、绘画、年画、雕刻等。建筑装修也不例外，从百姓民居到帝王宫殿、皇族官邸，甚至佛教寺院的殿堂皆有体现。禄指古代官吏的俸禄，禄有等级之别。“高官厚禄”吸引了多少人寒窗苦读，以求“鱼跃龙门”走上仕途。

图 5-49 中的横披构图较为简单，丁字锦为内框点缀三个篆字，上下边框设有砖雕琴棋书画图，左右各有宝瓶等吉祥图案。整个图案比较简单，具体了以少胜多的艺术特点。

图 5-49　灵宝杨公寨寨门门楣横披砖雕

3. 墀头砖雕

硬山墙的墀头砖雕遍及全国各地，墀头是砖雕的重点表现部位，也是外檐装饰最强的部位。砖雕主要在俄檐及其上侧面的博缝头部（图 5-50）。河南民居中的墀头戗檐形式多样，法无定法、式无定式。雕刻题材既有常见的福禄寿禧、吉祥如意等内容，又有地方流传的民间故事，具有深厚的文化内涵。就连博缝头部的砖雕，即使取自相同的题材，其形象差异也非常明显。例如，龙为虚构形象，出自不同匠人之手，就有不同的形象（图 5-51）。再如，阴阳鱼。二鱼互绕为常见，三条鱼互绕虽是破常规，但在民居中也有实例出现（图 5-52），充分体现了“花无正果，似像非像”的民间艺术创作原则。

（a）门楼张民居大门戗檐砖雕

（b）康百万某房屋戗檐砖雕

图 5-50　墀头戗檐砖雕

（a）许昌小官民居博缝头

（b）魏坡民居博缝头

图 5-51　博缝头砖雕龙头

（a）夏家院阴阳鱼

（b）西路井民居中的阴阳鱼

图 5-52　博缝头砖雕阴阳鱼

河南民居中还有用于其他部位的砖雕，如前后檐墙封檐处的砖雕斗拱与拱眼壁、个别房屋山花部位的砖雕花饰等。

（二）陶塑

陶塑构件在传统建筑中早有应用，如脊兽等大小构件均属此类。河南民居中所用陶塑主要有正脊、垂脊兽和走兽。民居中所用的这些脊饰构件远比官式建筑所用的种类多、形象差别大。图 5-53 中的正脊花饰亦为传统民居常见的装饰。这种装饰方法为在陡板砖坯上粘接泥塑花朵，然后烧制形成陶塑品。这类陶塑品立体感突出，装饰效果颇佳，正脊、垂脊均有应用。

图 5-53　正脊雕饰

民居中个别艺术品位高的纪念性建筑，如康百万家的祠堂、碑楼等建筑物的立面是以陶塑代替砖雕。图 5-54 中“源远流长”的两边和上方的六幅图案全是陶塑。左上方图案为儿童捉蟋蟀，右上方是懒汉在田间睡觉；中间两幅分别为文武官员，威风凛凛，形象逼真。

图 5-54　康百万祠堂二门楼陶塑

三、石雕

石材在以土木为主的中国传统建筑中一直充当配角的作用，但石料作为构件，因其质地坚硬、耐磨耐蚀，往往被用于房屋关键而又显眼的部位。显露的石质构件经美学加工处理，成为装饰性很强的石雕艺术品。民居中的石雕应用主要集中于门枕石和柱础，另有其他石雕，如窗台石、挑檐石及石库门、石花窗和上马石等。河南民居中的石雕用量及石雕艺术水平不太平衡，与石材资源的贫富直接关联。石材资源丰富地区的石雕匠多且艺术水平高，如豫西北、豫西、豫西南等地石雕构件多且艺术性强；石材资源匮乏的豫东黄淮海平原地区应用范围小且艺术性降低，如门枕石以门墩为主，柱础石形状多为简单的鼓形。因为这些地方无石也无石匠，使用石雕构件靠购买商人的大路货。因此，在民居建筑中反映出的石雕艺术水平远比木、砖雕差别大。

（一）门枕石雕刻

门枕石是承托木门和门框的石质构件，其功能与构造在第四章第五、第六节已经讲过。在此，门枕石的雕刻艺术将作为重点描述。民居中宅门洞口所用的门枕石多为抱鼓石，抱鼓石是门枕石向外的延伸部分加以艺术化处理，成为入口的显著标志。抱鼓石是大中型门枕石的统称，有三种截然不同的形式，分别是圆鼓形、立方形、狮子。

圆鼓形门枕石是名副其实的抱鼓石，一般分为上下两个部分。上部为圆鼓，由大圆鼓和两个小圆鼓组成。大鼓呈鼓形，两边有鼓钉、鼓面。小鼓是大鼓下面的荷叶向两侧翻卷而形成的腰鼓部分。大小鼓高度约占总高的2/3（个别的约为1/2）。下部为台座，高档的有莲花台式须弥座，如图5-55（a）所示；一般的是立方形台座，如图5-55（b）所示。雕刻的复杂程度与做工的精细程度不等，有的雕镌较少，但清亮光洁，仍有其独特气质。两侧鼓心雕刻题材如丹凤朝阳、河清海晏、转角莲花、犀牛望月、松鹤延年、牡丹花、荷花、狮子滚绣球等图案，随主人所好，任匠人所刻。圆鼓形抱鼓石有大型、中型的分别。大型的抱鼓石高约1米，厚约30厘米，用于追求气派的大门。中型的高为64～80厘米，厚约25厘米，用于大中型宅院的宅门（图5-56）。

（a）精雕抱鼓石

（b）素平抱鼓石

图5-55　大型抱鼓石举例

（a）鼓外倾式抱鼓石

（b）一般卧狮抱鼓石

图5-56　中型卧狮抱鼓石举例

立方形抱鼓石又称幞头抱鼓石，属中型门枕石，多用于体量较小的宅门或二门。它由幞头和台座两个部分组成，总高约65厘米，厚约30厘米。幞头上平面一般刻有卧狮或素平。幞头侧面及正面的雕刻由于不受圆形的限制，构图安排更为灵活方便，雕刻题材为吉祥类图案，如麒麟送子（图5-57）、松鹤延年、鹤鹿同春、松竹梅等。康百万庄园中某二门的一对幞头抱鼓石雕刻内容独有创意：左边幞头抱鼓石迎面上的画面是一位青年学生深夜叩老师家门求教，名为“深夜求师图”；右边幞头抱鼓石迎面上的画面是在罗圈椅上的老人欲起身，青年忙去搀扶，名为“敬老图”。此图把中国人刻苦求学、尊老爱幼的传统美德用石雕记录了下来，以启迪后人（图5-58）。

图5-57 幞头抱鼓石

（a）深夜求师图

（b）敬老图

图5-58 幞头局部雕刻

民间称狮子抱鼓石为“狮子门墩儿”，在河南民居中使用较多。龙、麒麟与狮子都是备受炎黄子孙崇敬和喜爱的吉祥物，被大量用于建筑装饰。狮子在其中作为自然界的动物，以它彪悍凶猛的形象，勇猛威武的态势，忠实地为人们守护着大门。上从皇帝的宫殿下到黎民百姓的家门，都可以见到狮子的身影。近年来用狮守门的现象有所增加，已完全取代抱鼓成为狮子门墩。一般的狮子门墩形式较小，相当于中型抱鼓石高度，但看面宽度较大，以接近狮子的体形。狮子本为凶猛之物，在建筑装饰中，它们的形象多了几分温顺和顽皮。图 5-59 中的狮子脖子上系着铃铛，侧头与另一只同伴对话，显得顽皮、活泼；背上驮一只幼狮，脚下还轻踩一只，母性十足。这类人性化了的狮子作为护门的神兽，在民居中十分多见。狮子的雕刻非常费工时，在建筑中成本高昂，普通人难以负担。狮子除它的形象以外，同时以“狮”与“事”谐音组成不少吉祥含义的内容，如两只狮子就表示“事事如意”。

图 5-59　子母狮抱鼓石

寨卜昌民居的小型门枕石雕刻另辟蹊径，用阴刻技法在门墩的看面上雕出各种不同内容的图案。图 5-60（a）为孔雀梅花图，将孔雀刻画得细致入微；图 5-60（b）展现的是生活情趣，沉甸甸的谷穗把谷秆压得弯下了腰，表明今年又是丰收年。两只肥鸡在觅食，突然发现谷秆上有一只蝈蝈，待机捕捉的神态跃然画面，反映出了浓厚的农耕生活气息，显得更加真实。这种阴刻技法具有水墨丹青的韵味，表现力也很强。

（a）孔雀梅花图

（b）丰收图

图 5-60　寨卜昌门墩看面阴刻

（二）柱础雕刻

柱础为结构构件，有它特有的功能作用，其基本形式与构造在第四章第二节中已有介绍。河南民居中的柱础也是石雕艺术的重点刻画对象，其中不乏柱础艺术珍品（图 5-61）。河南民居中的柱础造型别致多样，是其一大特色，限于本书篇幅，不能过多列举实物图片。

图 5-61　康百万庄园精品柱础举例

（三）其他石雕

1．窗台石、挑檐石

石材资源丰富地区的民居广用窗台石、挑檐石和门窗洞石作为过梁。对这些构件进行美学加工的也不少，唯有寨卜昌民居中的窗台石、墀头戗檐挑檐石的雕刻技艺高出一筹。寨卜昌民居的小型门枕石和窗台石的看面多用浅阴刻，深度为 0.5 毫米，地子平整，刀法细微，极见功力。图 5-60 中的门礅看面图案均为此类，不再赘述。

2. 栏板看面和花墙看面

民居中有不少台阶两边设有栏板，栏板看面多用石雕点缀。雕刻题材大多为福禄寿禧等，图 5-62 中的栏板看面石雕内容为狮子、绳穿金钱，意味着财事不断。这是商人的宅院，表明了主人的心愿。

花墙是庭院内界定空间的矮墙，由砖石砌筑，成对出现，多见于豫西窑房结合的院落里。花墙端头看面石雕以康百万庄园为代表，如图 5-63 所示，图 5-63（a）和图 5-63（b）分别是两座庭院的花墙端面石雕。图 5-63（a）雕刻内容为万福，与之对应的看面为万寿。丁字锦组成外框，边沿雕刻竹节。图 5-63（b）内容为老师正在为三个年龄较大的学生上课，一更小的顽童受到影响，便藏在老师的桌下听讲。构想之奇特、童趣之逼真，寓意之丰富，令人叫绝。这种读书气氛的营造无疑胜过大人的口头说教，更胜过鞭打屁股逼迫孩子读书。与之对应的另一面内容是学生手推独轮车，老师坐在车上，名为“师生出游图”。两图内容不同，雕刻技法有别，前者用阴刻，后者为浮雕，与民居建筑灵活多变的特性相一致。

图 5-62　台阶栏板看面石雕——财事不断

（a）万福

（b）学堂

图 5-63　花墙看面石雕

3. 上马石、马槽

在交通工具不发达的时代，马是富裕人家的主要代步牲畜，上马石和马槽是中大型民居中多见的器物。上马石有两种：一种是独立式的，可以挪动（图 5-64）；另一种是与宅院大门台阶栏板成为一体，不可挪动。独立式上马石四面雕刻，连体式则以看面雕刻为主。马槽的讲究程度是牛槽、猪槽远不可及的，图 5-65 中的马槽四面雕刻精美，喜鹊梅花图中的两只喜鹊有“双喜临门”之意，喜鹊登梅又表示“喜上眉梢”。这一图二语、语义连贯的构思耐人寻味。

图 5-64　上马石

图 5-65　马槽

第三节　家具陈设思想

家具器物是家庭生活的必需品，但每家的品种、数量、质量悬殊。河南现存数量可观的家具器物，相对集中分布在侯方域故居、袁世凯行宫、康百万庄园、内乡县衙、中共中央鄂豫皖分局旧址和马丕瑶府第。这些旧址的管理者不辞辛苦、不惜资金，从民间征集大量清代家具和农具，品类齐全，既有室内家具，也有应用器物，如（马拉）轿车、织机、斗、碾磨等，为保护传统家具器物，传承历史文化作出了贡献。下面以河南现存实物为主，按民间习用名称对主要家具加以介绍。

（a）

（b）

图 5-66　顶子床

一、传统家具

室内传统家具品种繁多，可分为以下几类：

（一）床榻类

顶子床（图 5-66）：床上有立柱，床顶有顶盖，可悬挂帷幔或蚊帐。顶子床有两种基本形制，一种是在床前加一步平台，约 60 厘米进深，与床连体，前伸垂莲花板。这个平台就像房屋的前檐廊，廊内两侧可置小型床几。此为床中最高档的床，木材上乘，有雕琢装饰。另一种是床前不加平台的普通顶子床，这种床装饰差别很大，富贵人家选用优质木材并多雕刻，河南南部地区一般人家为了方便挂蚊帐，则装饰从简。

罗汉床（图 5-67）：三面加围栏而不带床架，可坐卧两用。

图 5-67　罗汉床

普通床不带围栏，也不加任何装饰，多为普通百姓家所用。豫西及豫西北山区人民有睡火炕的习惯，有的炕还加有炕罩，可挂帷幔，具有顶子床的效果。

（二）桌案类

方桌：桌面为正方形的桌，有大小之别。大方桌四面可容纳八人就座，故称八仙桌（图 5-68）。八仙桌常与大条几摆放在一起，处在室内显眼的位置，因而材料和做工都很讲究。早期的八仙桌腿形弯曲，腿截面外圆内方，后来逐步简化变为直腿，截面形状有方有圆，省工省料。小方桌一般坐四人，比八仙桌低，至用于家庭吃饭，制作略简。

图 5-68　八仙桌

长方桌：桌面长宽比约 2 ：1 的桌子。用于卧室和书房，但两者之间有区别。用于卧室的长方桌面板下有两只抽屉，称为抽屉桌（图 5-69）。抽屉由四面裙板围合，下方安有底板，形成抽屉下的闷箱，抽屉拉开后可储物。抽屉桌是河南民间贫富家庭都有的家具，和小方桌一样，量大面广。用于书房的长方形书桌稍长些，制作讲究程度相当于八仙桌。

图 5-69　抽屉桌

琴桌（图 5-70）：抚琴时所用的，长方形桌子。宽随琴面，长度一般超过琴长的 1/3，雕饰较多。

图 5-70　琴桌

圆桌：桌面为圆形的桌，一般六腿，高同八仙桌。还有半圆桌，可靠墙摆放，也可将两个半圆桌合为一张整圆桌。半圆桌可分可合的特点，对制作精确度的要求很高。

条几（条案）：桌面为长条形，两端桌腿向内收缩一定距离，高度比方桌略高。案面整体为平面的称平头几，案面两端起翘的称翘头几（图 5-71）。条几的长短变化很大，短的为 1.66 米左右，长的可达 3.33 米，并且长的是多数。条几、八仙桌、太师椅为配套家具，一般置于客厅或堂屋明间。

图 5-71　翘头几

茶几、花几：茶几一般为 45 ~ 50 厘米见方，高度有两种形制，高的略低于椅子的靠背，分为两层，低的则与椅子座面持平。一般与椅子配套，设在客厅用来待客饮茶。花几（图 5-72）一般为 33.3 厘米见方的高几腿，比桌子略高，多放在客厅或书房墙角用来摆放盆花。

图 5-72　花几

（三）椅凳类

椅和凳都是坐具，有靠背的为椅，无靠背的为凳。椅、凳看似简单，但其形式选择很多。

传统的座椅有太师椅（图 5-73）、扶手椅、靠背椅和罗圈椅（图 5-74）四种。太师椅是雕饰华丽、椅背上部设计有托首的扶手椅，为民间档次最高的坐具。扶手椅的椅背两侧设有扶手，靠背椅只有靠背而无扶手。扶手椅和靠背椅形状简单，但制作有一定难度。罗圈椅则圆腿方枨，靠背立柱、背板和扶手均轻微 S 形弯曲，椅背与扶手连为一体，上部形状圆婉、美观大方。

凳子既有方凳、圆凳、鼓凳之别，又有方腿、圆腿、弯腿、直腿之分。板凳是民间使用最多的凳子，为低档家具。

图 5-73　太师椅

图 5-74　罗圈椅

（四）箱柜架类

箱柜架类家具的品种很多，式样与体量变化很大。就木箱而言，放棉衣被的大箱与放金银细软的首饰盒体量差不止一二十倍。就柜来说，高的为顶竖柜，中型的是立柜，矮的是柜橱，还有上架下柜的亮格柜。立柜高 1.5 ~ 1.7 米，为对开双门，柜内由横格分成若干层，有基本型和加宽型两种，如图 5-75（a）所示；顶竖柜为组合柜，即在立柜顶上再放置一节小柜，与立柜的长宽一致，如图 5-75（b）所示。

架类家具的品种也很多，大件有博古架、书架、衣架，小件有盆架，最小的是笔架。其中，常规的博古架外形多为长方形，但也有圆形博古架，如图 5-76 所示。另外，讲究的笔架样式如图 5-77 所示。

（a）立柜

（b）顶竖柜

图 5-75　柜子

图 5-76　圆形博古架

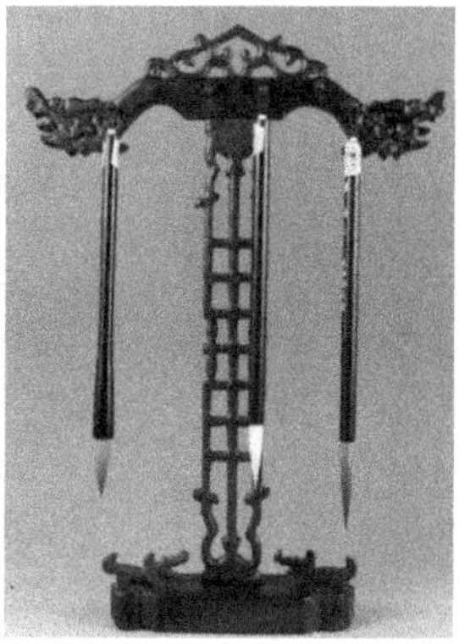
图 5-77　笔架

二、主要房间家具配置与陈设

传统家具讲究成组成套，与建筑配合。陈设指摆放或悬挂在室内供人品玩欣赏的艺术品（如古玩、字画、瓷器、盆花等）和具有实用价值的物品（如盘、架、纱灯等）。传统民居中的家具与陈设是建筑艺术不可缺少的组成部分，也是中国几千年文化、艺术成就的积淀，更是劳动人民聪明才智和艺术才华的结晶。不同功能的房间，其家具配置及陈设内容、特点各有不同。现以厅堂、居室、书房为例加以分析。

（一）厅堂

厅堂是住宅中最大的室内公共活动空间。一般设在第一和第二进院之间的过厅，以便于内外活动。厅堂建筑常用彻上露明造使空间开阔，展示建筑的造型美，并在结构构件上做彩画或油饰。大厅因面阔、进深较大，需要通过多挂彩灯来解决采光照明不足的问题。厅内布置以屏门、板壁为背景，上悬匾额，下挂中堂与两侧金柱挂有楹联，颜色沉稳，内容多为治家格言。靠壁前置长条几，几上摆两只花瓶，寓意平平安安。靠案摆八仙桌，并配一对太师椅。东西两次间山墙壁也同样摆设，南窗摆茶几和两把扶手椅，靠北檐墙设亮格柜或博古架。厅堂家具以深色为多，风格凝重浑厚、刚正醇和。厅内适当角落可置高几，上方可放盆花、盆景或瓷器，具体凭主人喜好。总之，厅堂内家具及地面陈设不宜过多繁杂，应保持室内宽敞、明亮，不妨碍行走，这样才能显示大家之气。（图 5-78）

图 5-78　马石瑶府第南院厅堂陈设

（二）居室

家庭居室一般设在正房或厢房的次间，明间、次间之间必设分隔物，或罩架，或墙体，根据主人经济条件而定。居室是供人休息及起居活动的地方，门窗隔扇和顶棚不做过多雕饰，以四白落地最为常见。居室活动有小范围的功能划分，因此可以设置几个装饰陈设的重心。居室以床为主，一般靠山墙或后檐墙摆放，床头放柜橱，上摞大木箱等。南窗下放抽屉桌，为固定位置。立柜、衣架根据床的位置适当摆放。河南个别地方有睡炕的习惯，火炕位置一般邻南窗，但炕上没有设炕桌的习惯，在山墙一端放置炕柜。室内家具及陈设则以北墙为主。明间对门位置放一张八仙桌，两旁配一对座椅（罗圈椅或扶手椅）。窑洞居室则是另一番天地，门内顺窑洞进深方向放床，其他一应器具靠里沿洞壁摆放。总之，要将居室陈设出安静、温馨、喜兴、和谐的生活气氛。

（三）书房

书房是读书兼琴、棋、书、画等活动的功能空间，同时也是会见挚友的空间。因需要安静，常设在较僻静的位置，如套间或跨院中另有单独的房间。书房一般需要营造安适、幽雅的文化气氛。书房家具数量较少，书桌靠窗，并配以罗圈椅或扶手椅，书架靠后墙或山墙，其他小件随机摆放。

书桌桌面一般不放纯装饰性陈设，以所需的笔洗、砚台、笔架或笔筒为主，以免分散精力。书房多挂条幅、书画，陈设依主人的情趣布置（图 5-79）。

图 5-79　康百万家书房

三、室内陈设

室内陈设是摆放或悬挂在室内供人品玩欣赏的艺术品的总称。它内容丰富，主要包括青铜器、瓷器、玉器、象牙雕刻（图 5-80）、竹木雕刻、漆器、刺绣、字画等。我国的青铜器在商代即已进入成熟阶段，早期的青铜器以实用为主，包括炊具、酒器、容器、农具、武器、乐器、车马器具等。后来随着铁器、木器和陶瓷（图 5-81）的发展，青铜器不再作为用具，而成为载有古代历史文化信息的文玩流传于世。

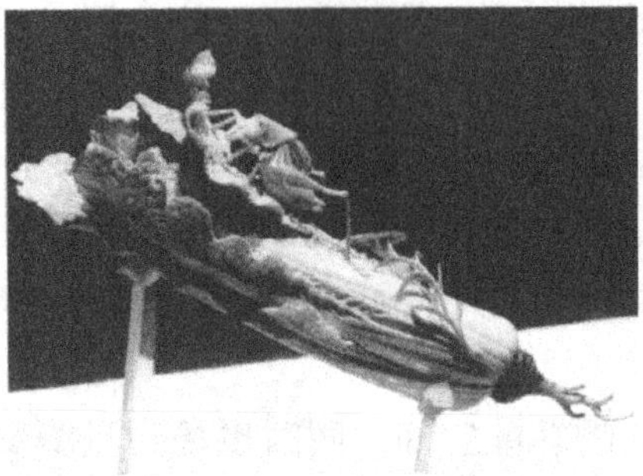

图 5-80　象牙雕——白菜与蝈蝈

图 5-81　木雕座屏和花瓶

陶瓷器具是一种实用品与艺术品的结合体，在室内陈设中占有重要地位。陶瓷产生于不同的朝代，无论造型、釉色、胎质还是装饰、款式，都带着不同时代的艺术特点和时代特征。如唐代的青花和唐三彩，宋代的钧瓷，明代的青花红彩，清代的康熙五彩、粉彩、珐琅彩等，都具有独特的艺术性和鲜明的时代特性，是供人使用和品味的艺术佳品。

其他（如玉器、雕刻、刺绣、漆器等物）或是纯粹的艺术品，或是具有艺术欣赏价值的器物，都是室内重要的装饰陈列品。

河南在工艺美术方面的优势突出。南阳玉雕历史悠久，享誉天下，早在秦汉时期就有“一街两行，琳琅满目”之说。当地所产的“独山玉”质地坚细，色彩绚丽，有白、蓝、绿、红、黄、紫、黑等色，并具有数十种调配色型。艺术产品分山水、人物、花鸟、走兽、首饰、瓶薰六大类，120 多个品种，或古朴典雅，或形神兼备，每件都晶莹剔透、斑驳陆离，充分展示出了玉雕工艺家独具的匠心和造诣。

河南的钧瓷、汝瓷久负盛名，早在北宋时期，就有“黄金有价，钧瓷无价”的说法，它那“入窑一色，出窑万彩”的神奇变化在当今仍备受青睐。

洛阳唐三彩因其盛行于唐代，釉彩主要由黄、绿、白三种颜色组成，所以被称为“唐三彩”。唐三彩是融雕塑、绘画、陶艺三种技术于一体的艺术结晶，有很高的审美价值。

开封汴绣是独具特色的工艺品，为中国名绣之一。汴绣源于宋代，历史悠久。它继承和发展了宋代“闺绣”的特色，以绣工精致、针法细密、色彩明快、格调高雅而著称。多以中国历代名画、名人肖像为题材，绣品形神兼备、细腻逼真，具有很高的观赏价值。

上述均为河南民居室内陈设佳品，它们不仅是中国的宝贵财富，也是全人类共同的宝贵财富，具有极高的艺术价值和收藏价值。

第四节　匾额与楹联构造

中国文学宝库中有大量讴歌风景、描述建筑的诗词歌赋、山水散文、游记等。从名山胜水的千姿百态到名园胜景的五光十色，再到对建筑形态的描述等应有尽有。久而久之，建筑与文学的关系密不可分，融为一体。匾额、楹联是中国传统建筑中独有的一种文化现象，是一种集书法艺术、雕刻艺术、工艺美术和建筑艺术于一体的特殊艺术形式。它不仅在官方建筑（如皇宫、官府衙门、园林等建筑）中得到了广泛应用，还在河南民居装饰艺术中占据着重要地位，有着极高的审美价值和深厚的文化内涵。

匾额由来已久，《营造法式》中的“牌”即匾额的前身。《营造法式》卷八小木作制度三规定牌有两种形式：一是花带牌；二是风字牌。从其风雅的称谓可得知，当时就很注重牌对建筑的装饰作用。随着社会变化牌演化为明清时代的匾。牌匾材质由单一的木质拓展到石和砖，应用范围进一步扩大，既用于房屋内檐，又应用于外檐。砖石牌匾镶嵌于砖石构造的墙面，而木质牌匾改变了屋檐下的墙面构造，使墙面形成了承托牌匾的倾斜凹槽，下托上挂，又有屋檐遮雨，可保百年无恙（图 5-82）。

图 5-82　屋檐下所挂的匾

匾额形式多样，它们突出的共同点即以文字书法为主体，楷、行、隶、草、篆各有千秋，名家流派异彩纷呈。在各种合宜的建筑部位上的匾额，对建筑具有画龙点睛之效，使建筑生机盎然，意境深远，引人深思。

图 5-83 所示的“涛平庶安”就有历史纪念意义。清道光二十一年至二十三年（1841—1843），中牟、开封两次黄河决口，清政府下令捐资修黄河大堤，康百万十四代传人康应魁捐巨资修堤，使黄河波涛平静、庶民安居乐业，因此获时任山东河南河道总督副都御史钟祥之赠匾，以示褒扬。

图 5-83　牌匾书法——涛平庶安

寨卜昌民居中的“克昌厥后”匾是大学士翁同龢亲书，为王家蓬荜增辉，现在作为名人书法艺术价值连城。

“花楼重辉”（图 5-84）是康百万家一门楣题字，表面字义是房屋漂亮，重放光彩，其实非然。“此典来自唐玄宗的故事，唐玄宗于开元二年在兴庆宫西、南置楼，其西题为‘花萼相辉之楼’，南曰‘勤政务本之楼，登楼可望见宪、薛、申、歧诸王弟之府，听见诸王奏乐，便召来同榻宴乐……”，具有家庭团结、重放光彩的含义。

图 5-84　门额题字——花楼重辉

“纳春融”为寨门题名，具有紫气东来、收纳于寨内的含义。

楹联（对联）的形式有别于匾额，匾额多是横放，楹联则竖放。对联是中国独特的文学艺术形式，它利用汉字一字一音一文的特点，组成上下联对称的形式。联语篇幅可长可短，十分灵活。民居中的对联短者四言、五言，长者不过二三十言。无论长短，对联均在流畅的语言中寄寓着深邃的理趣。对联在建筑上的展现有当门、抱柱、补壁三种基本方式。通过这三种方式，对联与门、柱、壁融为一体，与匾额一样，成为一种高雅的建筑装修品类。其中，抱柱式的对联称为楹联（图 5-85），是三种方式中运用最多的一种。木构架建筑的柱子很多，在外檐、内檐都有充足的柱子可供悬挂楹联。

图 5-85　楹联在建筑中的位置

康百万庄园楹联。图 5-86（a）：礼为教本书田菽粟皆真味，道以德宏心地芝兰有异香；图 5-86（b），每因金石谈清照，为乐琴心说文君。

河南民居中的匾额、楹联比比皆是。讲究的厅堂建筑常常集多幅匾额、楹联、对联于一堂，还会请著名的历史人物或文人、书法家留下吟诵、赏评，这是建筑文化积淀的一种体现。所以，在建筑装饰艺术中，我们不能只探究其历史年代和艺术特征，还必须重视这些文化的内涵。若缺乏文化内涵，建筑的装饰艺术就会暗淡失色。文化内涵不仅有助于提升建筑的艺术性，还有助于历史考证，具有教育意义。

油漆彩画也是传统建筑装饰的重要手段，河南民居大多年久失修，这方面的内容未能保留下来，因此不再论述。

第六章　中原窑洞民居

第一节　窑洞民居的形成

窑洞民居的形成与自然条件紧密相关。自然条件包含地质与地貌两个方面。

一、地质条件

我国有得天独厚的黄土资源，以在我国北方的分布最为典型。由于黄土地表层疏松多孔，质地均匀，易于耕作，可以形成肥田沃土。自古以来，我国的文化发展就与黄土有着密切的关联。在新石器时代，灿烂的仰韶文化发展于黄土区。六七千年前的人类利用黄土高原特有的自然环境，创造了旱作农业，使黄土高原成为中华民族的发祥地之一。

黄土高原地跨甘肃、陕西、山西、河南等省，面积极为广阔，为63万平方千米，是黄土层最发育的地区这里地质均匀，连续延展分布，构成了完整、统一的地表覆盖层，垂直结构良好。大部分土层厚度在50 ~ 300米之间，其中山西省境内、陕西关中地区、河南豫西地区的黄土厚度在50 ~ 100米左右。

黄土是以石英构成的粉状沙粒为主要成分，另有一定含量的石灰质等多种物质，地层构造质地均匀，黄土颗粒细小，黏度高，抗压强度与抗剪强度好，具有良好的整体性、稳定性和适度的可塑性。黄土生成历史越久远，堆积越深，土质就越加密实，强度也就越高。按黄土生成年代的久远程度，地质学家对黄土进行了划分和命名，分别为早更新世的午城黄土、中更新世晚期的离石黄土和晚更新世的马兰黄土。

午城黄土又名古黄土，土质紧密坚硬，无大孔，无湿陷性，呈柱状节理发育，其中古土壤层密集，界限不清，多呈钙质结核层分布，但由于土层坚硬而开挖困难。离石黄土也称老黄土，柱状节理，土层大孔基本退化，土质较紧密，有轻微或无湿陷性，是黄河中游黄土构造的主体。此层土质密实，力学性能好，是挖掘黄土窑洞的理想层位。马兰黄土又称新黄土，覆盖在老黄土的面层，为淡灰黄色，分布广泛而土层较薄。它土质疏松，颗粒较均匀，呈垂直节理，大孔发育，有一定的湿陷性。另有次生黄土，是由冲积、洪积、坡积、风积等形成的，分布于河漫滩、低级阶地、山间洼地的表层和黄土塬、黄土梁、黄土峁的坡脚或山前坡积地带，土质松软且不稳定，是不可开挖窑洞的土层。

河南窑洞分布区内主要为离石黄土和马兰黄土，既易开挖，又有良好的耐久性。

二、地貌条件

黄土具有多孔隙、垂直节理发育、透水性强、富含碳酸钙、易塌陷等特点，在流水作用、崩塌作用和风力吹蚀作用下，形成了沟深、陡坡、沟壑纵横、地面支离破碎的黄土地貌特征，如黄土塬、黄土梁、黄土峁。

黄土塬：是由厚层黄土组成的面积较大的平台。塬面较为平坦，侵蚀作用微弱，是良好的耕作地区。塬的边缘被流水及边坡重力侵蚀明显，使得沟谷环绕，塬边参差不齐。豫西地区这种黄土塬分布较多，面积大小不等，如三门峡市南部的陕塬就是面积很大的黄土塬地。

黄土梁：黄土地区呈条状分布的黄土丘陵。有的由黄土塬经侵蚀分割而成，有的在黄土堆积前已是条状延伸的岭岗，黄土堆积后，仍具有岭岗起伏形态。顶面比较平缓，两侧为沟谷和冲沟所切割。豫西黄河南岸的邙山岭就属于巨大的黄土岭。

黄土峁：是指黄土地区的单个黄土丘陵，整体呈穹状和馒头状。顶面多浑圆，斜坡较陡。平面呈圆形或椭圆形，多连续分布。它是黄土覆盖在穹状古地形上，经流水侵蚀而形成的；有的是塬或梁经长期侵蚀切割，被沟谷分离而形成的。若群峁相连则构成黄土丘陵。

河南豫西地区的窑洞民居就分布在这种复杂地貌的黄土地区。在开阔的沟壑阶地多有村镇散居，而狭窄处陡壁直立，沟壑纵横可伸延数千米，在沟崖两侧如串珠般密布着窑洞山村。由于人口的不断发展和种种自然、社会等因素的影响，窑洞山村逐步向沟顶及塬上扩展。在沿河谷阶地和冲沟两岸为靠崖式窑洞、靠崖下沉式窑院或半敞开式窑洞。在平坦的丘陵及塬地，因无沟崖可利用，则可转为开挖下沉式窑洞。

第二节　窑洞民居的分布与特点

一、窑洞民居分布

黄河中游的黄土高原在豫西沿黄河两岸向东伸展，在黄河南侧的黄土地层向东过陕西，在黄河与秦岭、伏牛山脉之间的东西走廊地带延伸至郑州，在市区西部形成一道明显的分界线。站在郑州北郊的邙山头下，西侧是拔地而起的黄土丘陵，东望则是坦荡无垠的千里平原，出现了高原与平原两种地质构造突变的奇异现象。黄土层厚度自西向东逐渐递减，从三门峡地区的百米以上到洛阳地区的 50 ~ 100 米之间，巩义市黄土堆积厚度也在 50 米左右；往东到郑州仅 20 米。河南窑洞民居就分布在郑州以西的黄土丘陵地带，具体为郑州市辖区的上街区（荥阳）、新密市、巩义市，洛阳市辖区的偃师市、洛阳郊区、伊川县、孟津县、新安县、洛宁县，三门峡市辖区的陕州区、渑池县、灵宝市等地。其中，以巩义市、洛阳郊区、孟津县、新安县、陕州区、灵宝市等地的窑洞数量最多。

二、窑洞民居的特点

窑洞民居土生土长，从古延续至今，一直与传统地上民居并存，并且与当今的“方盒子”建筑共存共融，表现出了极强的生命力。窑洞民居的特点具体表现在以下几个方面：

第一，取之方便，获之易得，经济效益最佳。中国窑洞是在黄土高原天然黄土层下孕育生长的。生长在这一区域的世世代代的人民在认识黄土、改造黄土、利用黄土的长期实践中学会了依山靠崖、随坡就势，选择适当的黄土地质层开挖洞穴，妙居沟壑。在无沟壑可利用的情况下，深潜土塬，凿土挖洞。在简单工具和人力的支持下，用最少的投入获得居住处所。挖出的土方既可铺垫场地，又能造坯垒墙，物尽其用，是节材的好典型，使经济效益最大化。三门峡市陕州区庙上村支书向笔者介绍说，他和夫人带领两个弟弟于 1975 年开挖一座 10 孔地坑窑院，仅花费 24 元卷扬机提土的电费钱。这说明黄土窑洞是投资最少、效益最高的建筑类型。

第二，经久耐用，有利于安全。在窑洞分布区内，祖辈相传、说不清窑龄的窑洞到处都有。三门峡南塬上的地坑院窑龄普遍很大，如庙上村的 80 座地坑院绝大多数都有百年以上，还有 400 年之久的地坑院。又如，巩义市康百万庄园的 70 多孔窑洞都有 150 年左右的历史。1901 年康家为慈禧太后挖的窑洞时间最晚，但也有一百多年的历史了。还有著名的诗圣杜甫诞生窑，据说是唐代窑洞，但缺少根据；而清乾隆三十一年（1766）的“唐工部杜甫故里碑”则能说明其年代久远。这些窑洞的经久耐用性是普通地面建筑所不能比的。

这里所说的有利于安全，是指窑洞抵御战乱时期战火的能力远远强于地面建筑。窑洞的这一特点在以往不被学者所注意，可在中国古代和近代的战乱时期，其作用是非常突出的。“得中原者得天下”是众所周知的一句话，洛阳古都的几经盛衰都与历史上的大战役有关，历经战乱与祸患的灾民发现向往地下不失为一个好办法。刘振华、刘茂恩两兄弟的庄园就有 20 余孔窑洞专门用于近代备战。

第三，冬暖夏凉，节能环保。黄土窑洞的材料是原状土，黄土具有良好的蓄热和隔热的双重功能，窑洞空间全包裹在厚厚的土层中，所以冬暖夏凉，是天然的节能建筑。这种直接的节能性质，使人们容易了解其节能的多少。与砖瓦房和钢筋混凝土房相比，其间接节能性不可估量。砖瓦、金属、水泥都需要消耗大量煤炭以制成建筑材料，并且将这些建筑材料运到建筑工地也需要大量的燃油驱动车辆。总而言之，直接与间接的节能对国家、人类社会的意义重大。

第四，节约土地。对于靠崖窑来说，利用山崖、沟坡横向开挖，开挖出的原土还可用来填坡造地，是非常节约土地的建筑类型。

第五，维持生态平衡。黄土窑洞建筑作为典型的生态建筑，可以反复再生而不留后遗症。现在自命的“绿色建筑”“生态建筑”都与黄土窑洞建筑的生态含量相差太远。这种建筑类型对人类社会的可持续发展的积极作用是其他任何建筑类型都不可与之并论的。正因如此，自 20 世纪 80 年代以来，中国窑洞已经引起了国内外建筑学界极为广泛的研究兴趣。在生态环境方面，中国窑洞对未来建筑学的发展具有启迪与借鉴作用。

对于窑洞居住者来说，上述特点中他们看重的是方便易得、经济性好、耐久耐用和冬暖夏凉，至于间接节能环保、节约土地、保持生态平衡等特点更应该受到国家的重视。

第三节　窑洞的空间组合

一、平面形式

单侧窑洞的数量一般为奇数的 3 ~ 5 孔，笔者根据在巩义市调研的情况，将窑洞的平面形式分为以下几种（图 6-1）。

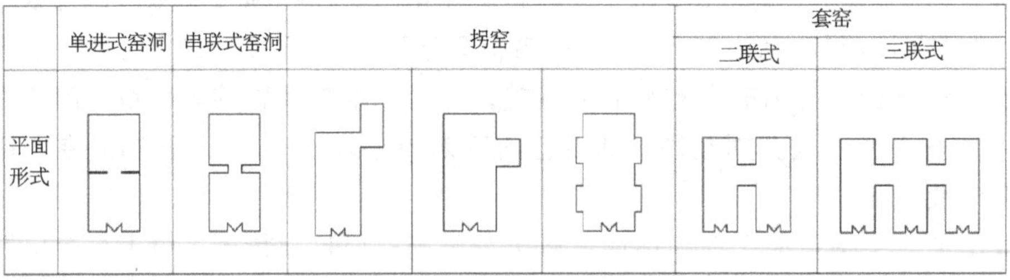

图 6-1　窑洞的平面形式

单进式窑洞（图 6-2）：单进式窑洞是最为简单的单孔窑洞，有的一进式窑洞由于进深很大，会用槅子隔开，前半窑用来做饭、会客，后半窑用于住宿、储藏物品。

图 6-2　单进式窑洞　图 6-3　串联式窑洞

串联式窑洞（图 6-3）：采用两个窑洞前后并联的关系，一般在前窑会客、做饭，后窑住宿、储藏，后窑的采光和通风相对较差。

图 6-2　单进式窑洞　　图 6-3　串联式窑洞

拐窑（图 6-4）：是指在主窑侧壁上开凿的形式较小的窑洞，一般用于储藏粮食或杂物，10 米左右的窑洞侧壁一般会挖 5 ~ 6 个拐窑形式的龛，用于摆放灶台和家具，既增强了墙壁的稳定性，又增加了室内的居住面积。同时，在巩义当地也有把通往套窑的通道叫作拐窑的。

（a）　（b）

图 6-4　拐窑

套窑：是指依崖开窑后，在主窑一侧或者两侧开凿陪窑，与主窑相通。陪窑临崖只开窗户，室内空间明亮而幽静。比如，鲁庄大中桥中学的“三套窑”三进三连，十分有名。套窑的类型一般有二套窑、三套窑或者多套窑，巩义的二套窑和三套窑相对较多。

二、空间尺寸

窑洞大小高低一般视挖窑时的土质来决定，巩义当地人将土质分为白土（新土层）、红土（立壁牢固）、烈礓土（形成较早，有部分石化，开挖困难）。巩义地区的人民偏好选择烈礓土下方的黄土来挖掘窑洞，烈礓土作为上部，抗压性较好，不易因雨水冲刷而坍塌，而且立壁性好，窑洞尺寸可加大，还可视情况挖掘拐窑，在扩大室内面积的同时加固窑壁。巩义一般窑洞的深度为 6 ~ 12 米，宽度一般为 2.5 ~ 3.5 米，最宽的有 4 米，高度为 2.5 ~ 3.6 米。巩义窑洞单体的高宽比相对较小，注重窑脸的高度和女儿墙的处理，覆土的高度则相对较大，一般做到 5 米左右。窑腿的宽度则在 1.5 ~ 3.3 米，宽度较大。（图 6-5）

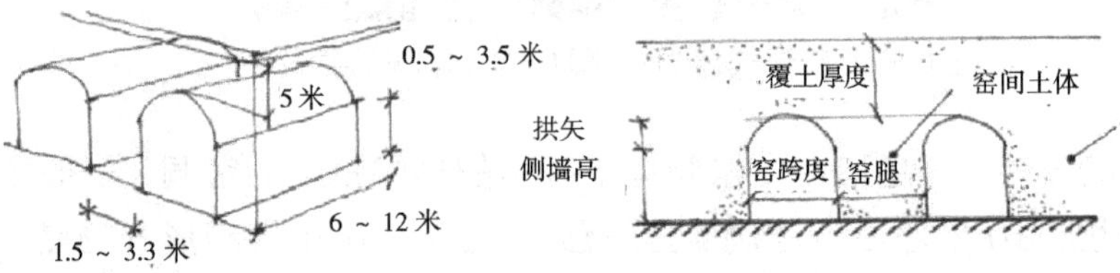

图 6-5　窑洞的尺寸及参数

窑洞的空间并非单一尺寸。从窑洞的平面及剖面形态（图 6-6）来看，窑洞的侧壁除了拐窑的形式外，也有斗型加大或者缩小的形式窑顶会采用同样的方法做成倾斜表面，或是后部局部高起，且最窄处满足最小尺寸要求。这样的处理方式可以满足不同居住者的室内要求。巩义窑洞的平面形状以外窄内宽为主，空间到内部逐渐加大，形成斗型，剖面则外部较低、内部较高，在剖面上同样形成斗型。总体来讲，巩义窑洞向内空间逐渐加大，且适度地加大内部空间适用于巩义窑洞深度较大的现状，使用起来较为舒适。

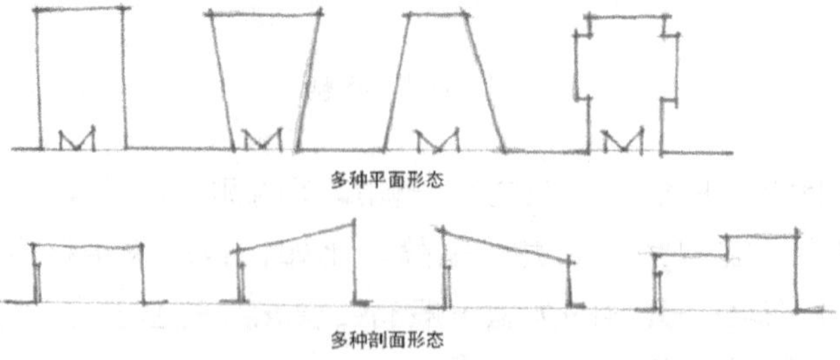

图 6-6　窑洞的平面及剖面多种形态

第四节　窑洞的装饰装修

一、外部装饰

（一）窑门

窑门的拱券形态分为半圆券、尖券、抛物线型券几种形式，由于半圆券比尖券的承重性能要好，基于对巩义黄土土质的考虑，窑门几乎都采用了半圆券的形式。窑门的形式主要分为传统式窑门和延安式窑门两种。巩义的传统式窑门相比陕北等地的窑门尺度小、形式内敛。挖窑时会先定出 1 ~ 2 米宽的门洞大小，向内深入 1 米之后，再拓宽到需要的窑洞室内尺寸。传统式窑门（图 6-7）上方的拱顶处为窗，下方为门，十分符合“天圆地方”的传统文化，门框两边会用石头砌筑门墩。门墩之间设置门栏，栏板上会凿半圆形的孔洞，称为“猫眼道”。据当地说法“猫眼道”是为了家猫进出所设，实际上相当于一个通风口，与上方的窗结合增加空气流通。

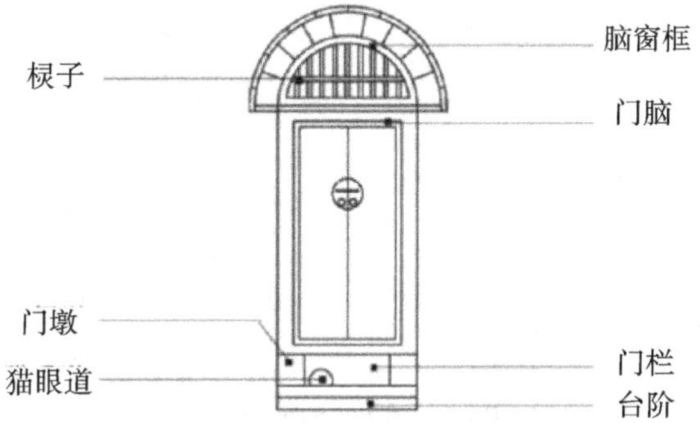

图 6-7　传统式窑门

在中华人民共和国成立之前，在巩义很少使用延安式窑门（图 6-8），中华人民共和国成立后才逐渐多了起来。这种窑门是受延安窑洞文化的影响，门窗尺度大，通风采光较好，大大降低了室内的潮湿度。挖掘时，直接挖出与室内空间等大的门洞，待窑内修整后，主立面砌砖及门窗。现在，巩义新建的或者重建的窑洞也会采取这种窑门形式。

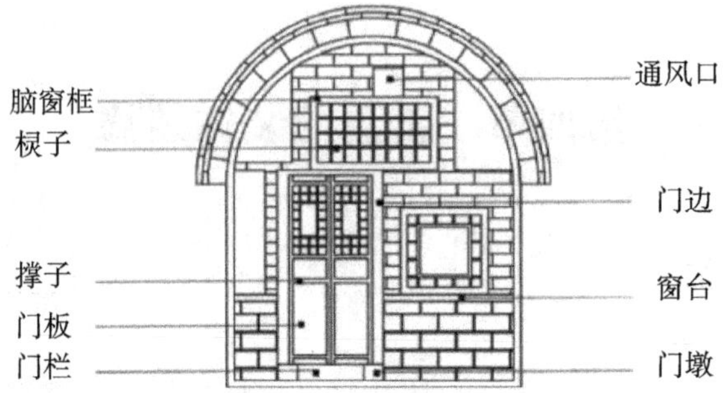

图 6-8　延安式窑门

（二）窑脸

巩义窑脸的制作虽不及其他窑洞地区的复杂，却也十分讲究，形式十分丰富（图 6-9）。较为穷困的家庭只安装门窗。大部分家庭会在窑门边用砖或石头砌筑一圈，另外会用青石砌筑窑洞基层，保护窑脸。巩义窑洞非常注重窑门上方的装饰，会采用砖横砌或者斜砌檐数层，有的两层檐之间会留有位置镶嵌匾额，匾额上雕刻着表示吉祥的词语，如“福禄祯祥”“耕读传家”“天官赐福”“福禄寿禧”等。在匾额边沿，往往雕刻“万”字花纹或者牡丹花纹。

图 6-9　巩义窑洞窑脸类型

巩义的许多庄园窑洞十分重视窑脸的装饰（图 6-10），有的在门墩上做鼓形石雕，象征“丰收连年”；有的受到山西及安徽地方移民的影响，窑门处会用青砖刻制花瓶等图案装饰，民国时期的庄园窑洞在窑门前会做浮雕的罗马柱头装饰，其中，巩义的十分精湛；有的窑门还卷成幔帐式，两边用砖雕刻成幔帐、流苏。这样一来，窑门就成为可供欣赏的艺术品。

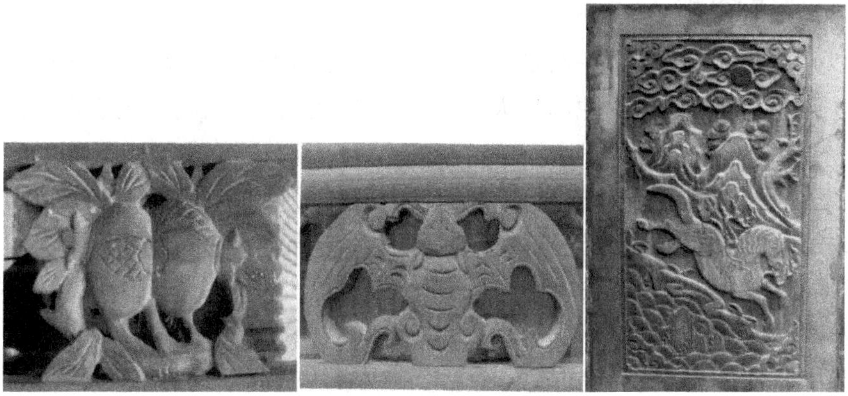

图 6-10　窑脸装饰

（三）女儿墙（护檐）

巩义窑洞对女儿墙的装饰十分重视，且独具特色。这里的巩义窑洞不同于其他地区的窑洞。窑洞的女儿墙主要是起保护窑脸和窑院的作用。一般巩义的靠崖窑的覆土较厚，上方大部分空间的种植植物以防止水土流失，或者清理平整，在窑旁设置楼梯可上人，作为院落。靠崖窑的女儿墙主要是起保护上面泥土滑落的作用，一般设置较高。天井院的女儿墙则是防止人、畜及其他杂物滑落院内，造成损失。巩义窑洞女儿墙一般采用几层出檐或者几层出檐中间 3 层十字雕花或其他图案（图 6-11）。女儿墙形态朴素美观，与窑门装饰相呼应，已成为巩义窑洞装饰的一大特色。

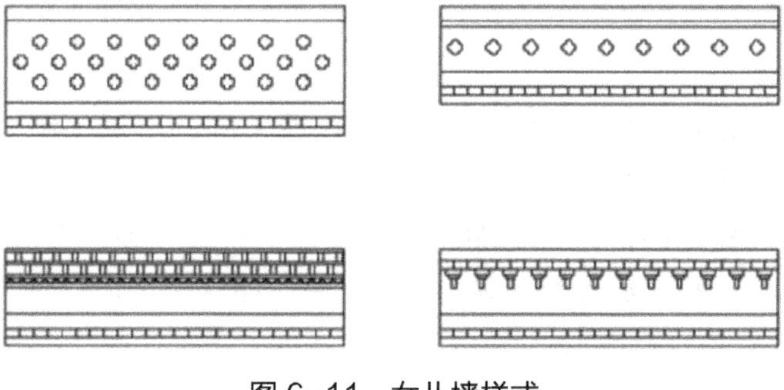

图 6-11　女儿墙样式

二、内部装饰

巩义窑洞的内部建筑十分简单清雅，窑洞建筑空间相对单一，但巩义人民利用空间的分隔及拐窑的挖凿扩大和丰富了室内空间，改善了生活环境。

（一）窑壁

处理窑壁表面最原始的方法就是在挖窑时用特制的小镢将窑壁平刮成错落有致的花纹，许多家境贫穷的农户都采用这样的方法。但年深日久了但这样的表面处理会使得土灰掉落，于是后辈们就采用石灰来涂抹表面。经石灰涂抹表面的窑洞内部显得光亮又卫生，但时间久了还是会掉皮。富裕人家就将窑洞用砖券起来，既牢固又美观。穷困人家则将长钉钉入土窑窑壁，然后涂抹石灰，这样可以加深涂抹石灰的厚度，便于涂抹石灰，也可以防止石灰滑落。（6-12）

（a）土窑壁　　（b）抹灰窑壁　　（c）砖窑壁

图6-12　窑壁样式

（二）窑顶

窑顶表面的处理方法同窑壁一样，存在着不同的形式（图6-13）。在巩义当地，多数采用石灰抹面或者砖石砌券。另外，为了增加窑洞的使用面积，常将窑洞挖得很高，再在窑壁上加装木顶棚，一般为一层，也有多层的。如康百万庄园里就有一孔窑洞加装了两层棚板，每层正对窑门上方开一方门，以便透风和采光。

（a）土窑顶　（b）砖窑顶　（c）抹灰顶　（d）木板加顶

图 6-13　窑顶样式

第五节　窑洞的营造技术

一、挖坑院

窑院在建筑之前必须经过选址、定坐向、下线桩等步骤。窑院在选址上特别强调依山傍水，并且强调水的环绕状态，在当地人的意识中道路即水路。道路越热闹，人车越多，就意味着越旺。同时，在选址、定坐向的环节还有很多关于风水方面的讲究，择日动工挖窑也是有说法的。早些年，定位窑院准备开挖要根据皇历及主人的生辰八字来选择一个宜于开挖的日子。近年来，人们对这方面的要求渐渐减少，通常取“三六九”为好日子来定位开挖窑院。

（一）定窑院

确定窑院的宅形后，开始定坐向、下线状（图 6-14）。下线状是根据宅基地的大小，主家和窑匠先估计出天井院的长和宽及各个崖面上窑洞的进深。主窑的进深要大于其他窑，并根据风水师的建议偏转一定角度，得出一个（平行于基地的并经过偏转的）四边形，如图 6-14（h）所示。最后调整四边形和主窑同方向的一边 EH，使它大于与之对应的另一边 FG，如图 6-14(i）所示，即使 EH、FG 的中点相对，EH 大出 FG 两边各 15 厘米左右。

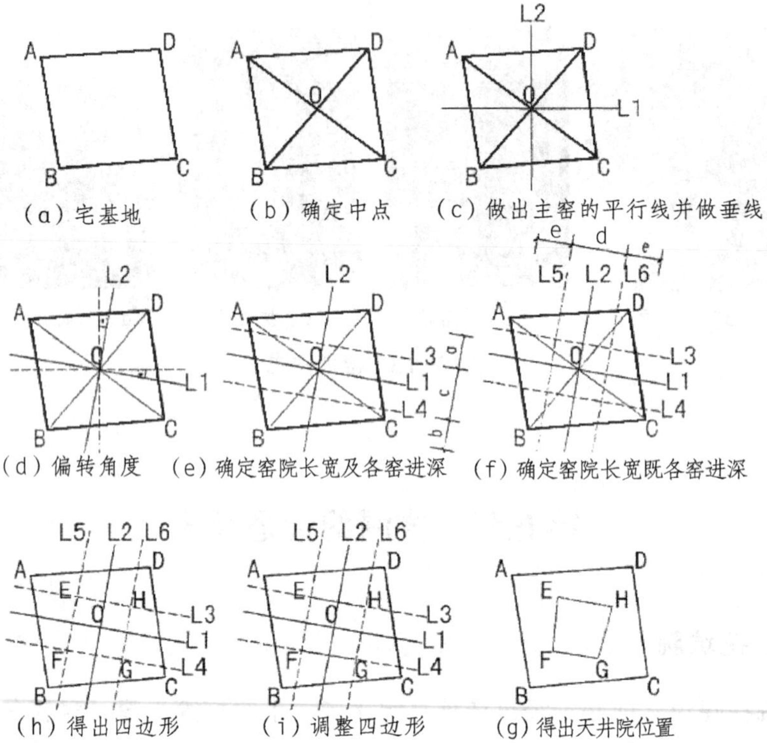

图 6-14　定坐向过程图

（二）开挖院坑

定好院子的院坑之后，即可开挖院坑。需要注意的是，在挖窑洞之前要把窑皮压实了。院坑在开挖的时候，一开始要比预先确定好的院坑的尺寸稍微小一些往下开挖，一般小 30 厘米，这样就为后期的修整留下了余地。院坑在窑院的入口那边要留成斜坡，以便开挖的时候方便人员的进出和运土。并不是所有的过程都是由窑匠完成的，主人自家可以开挖，也可以找邻居和亲戚帮忙。使用铁锹铲土，用箩头盛土，把土运到外面。

院坑在挖到 4 米之前都是用人工挑土从坡道上往外运土，在挖到 4 米以下时，由于运土工作量比较大，人们就会在院坑边支起一个绞车装置向上把土运出去。

（三）窑院修整

院坑大致挖好以后，开始进行表面的修理和平整，当地人称为“刮崖面”。这个时候，窑匠的眼力、技艺、手劲和力气是最明显的体现。所用的工具叫作磨地，即打窑之后整理屋内地面上的小石子和土块等的工具。

需要说明的是，窑院并不是方的，它是一头大一头小，上边稍大一点，下边稍小一点，大概错30多厘米，即一边错15厘米左右。这样是为了区分上下，但是人们大多用肉眼看不出来。主窑的面和台阶比两边的都高一点儿。

二、打窑

待院坑挖好，土体土壁晾干以后，就可以开始打窑了。所谓打窑，就是把窑洞的形状挖出来。窑匠先在坑壁上起券，券形一般为尖券形，尖券的弧度完全凭窑匠肉眼判断。起好券以后，可以沿着起好的券形继续往里挖，开挖的洞口比券形小。挖到 2 ~ 3 米后，须将洞晾一段时间，使窑壁新土风干坚硬。晾干之后再继续往深处挖 2 ~ 3 米，再晾。这种工序往往要重复两三次，直到窑洞尺寸接近预定深度。

开始打窑时，窑洞口打成 3 米高，进深 2.7 米左右，整体前高后低。这样做的目的：一是在窑内做饭时有利于排烟；二是有利于窑里的湿气排出。

三、剔窑及泥窑

窑洞粗挖完成后，由于内壁凹凸不平，窑匠要进行剔窑。剔窑工序从内壁窑顶开始，从上到下，先削剔出窑形，然后把窑壁剔光，使内壁平整。等到窑洞晾干之后，接着开始泥窑的工序。

泥窑类似现在的室内面层装修，一般要泥三层，每层的厚度在3厘米左右。泥窑的泥用干土，不能有大块土，最好用细箩筛一遍。泥成的窑洞内壁表面光滑平顺。泥过的窑一般可以保持 20 年，居住久了，内壁脱落，还可以再泥。当地村民会在窑内刷一层白灰，再糊上一层纸，有的还会在炕的四周或者窑壁上贴一些剪纸。

第六节　河南窑洞民居的现状与传承

一、河南窑洞民居现状

窑洞民居因其方便易得、建造与使用成本低廉、居住舒适等优点深得人们喜爱，如今仍有新窑洞不断开挖。

图 6-15 所示是豫西窑洞区洛宁余庄农民正在挖的靠崖窑，刚挖并排 3 孔，还未成型。窑主人 30 多岁，庭院内现有 3 间北屋和 1 间厨房，孩子渐大，需要分室居住。夫妻二人不辞劳苦，从 2004 年冬闲时开始挖窑，在不误农时的情况下，2005 年 6 月初，笔者到此地时窑洞已见雏形。与主人聊天时，笔者不禁问道："你的宅院这么大，还有盖房子的地方，为何不建房屋而出力挖窑呢？" 窑主人说："如今本地盖 3 间一般的（砖混结构平顶）房需要两万元，拿这些钱可以把 3 孔窑修得很漂亮，面积还大得多，居住还舒适。" 他以简单、朴实的语言道出了古老的窑洞民居在新时代社会下仍符合人们的需要。

图 6-15　洛宁县余庄村民正在挖的窑洞

在同一村庄，另一窑洞即将竣工（图 6-16）。该孔窑洞面宽 3.8 米，深 10 米，室内已经用红砖衬砌完毕，上有吊顶，红砖墁地。只等农闲时封砌窑脸和窑口。这位老乡也说出了挖窑洞的难处：现代小家庭劳动力少，闲暇时男主人挖窑，女主人帮助运土垫地，因此一处窑需要三五年时间才能完成。

图 6-16 洛宁县余庄村即将竣工的窑洞

在旁边的一座旧窑院，主人正在对其进行彻底改造，进行窑内衬砌，窑脸封砌，水泥地坪。图 6-17 中的窑洞是当地人心目中的现代化窑洞。

图 6-17 巩义市康点镇即将改建好的窑洞

然而，新的窑洞远不及废弃的数量多，窑洞分布区的人们在生活水平提高的情况下，弃窑建房的现象普遍存在，窑洞民居的数量锐减是客观事实。形成这种局面的原因是多方面的，其中来自弃窑者自身的主要原因是认为窑洞等于贫穷。在和孟津、新安一带的农民谈论这些话题时，他们就直言不讳地说："住窑洞的人家都是盖不起房子的，男孩子长大后，媳妇都不好找。"至于窑洞没有通风设施导致室内空气质量不良和洞内光线暗的弊端，他们不认为是很大的问题。因为窑居者长期在窑洞里生活，自有适应窑居的生活习惯。他们的床

（或炕）在门口，一切家具尽量靠前摆放，后半部分用于存放东西，主要活动多在窑洞的前半部分，白天一般不关门，因而没感到光线暗是严重的问题。

窑洞民居的锐减也有自身弊端的原因。比如，传统地坑院的占地面积大，有的地方公开提出“向地坑院要土地”的口号，用行政手段填平地坑院，另建住房。窑洞的空气质量欠佳与亮度不足也需要改进。

二、河南窑洞民居的传承与创新

窑洞民居的发展需要四个方面的工作，即转变观念、提高认识、政策引导和技术措施。上述提及的窑洞等于贫穷的思想观念受“寒窑”的影响甚重，有些偏颇。传统与现代化并不对立，而是相辅相成的。窑洞不等于贫穷，正如前述，康百万非常富有，康百万庄园的正房几乎全是窑洞，没有出现因家里窑洞多子孙打光棍的情况。也许是受康百万庄园营建理念的影响，巩义市黑石关、康店一带的人没有把窑洞和贫穷等同，而是改造窑洞，全面提高生活质量。人们应充分认识到窑洞民居的节能环保、节约土地、保持生态平衡等优点，窑洞应受到社会各方的重视，更应受到国家的重视。政府应采用适当的政策引导与扶植，对抑制窑洞民居锐减现象可能会起到关键作用。对于窑洞的弊端，人们应采取必要的技术措施加以改进，使窑洞居住起来更加舒适。关于技术措施，构想如下：

（一）关于地坑院节地的构想

下沉式窑洞的缺陷是占地面积过大，前面地坑院实例中所述一般地坑院就已占地 1.3 亩，是我国农村宅基地现行标准 0.25 亩的 5.2 倍，已成为三门峡南塬地坑院的致命缺陷。这一问题如果得不到技术上的改进，向地坑院要土地就有充分的理由。

要解决地坑院的弊端，节地是关键。笔者认为，可采取以下技术措施，达到节地目的。

（1）合理规划，增加地坑院的建筑密度，是节约土地的有效途径之一。

（2）隔水防塌，洞顶种植。地坑院窑洞顶上地面不种植，是怕雨水渗漏造成洞顶塌陷。侯继尧先生主张洞顶设置滤水层和隔水层，即可做到“洞顶为田，洞中为室”，使窑洞少占或不占耕地。这一思路虽增加了挖地坑院的劳动量，并增加了一点投资，但的确是节地的最有效办法，这样地坑院的占地面积仅略大于天井上口，以 10 孔窑的井口 10 米 ×10 米，每边再加 1 米的空地来计算，占地面积为 12 米 ×12 米，小于 0.25 亩（约 166.67 平方米），这是节约用地的最佳方法。

（3）适当减少窑洞数量和进深。传统的地坑院少为 8 孔窑，多至 12 孔，窑洞进深 6~9 米，是过去大家庭一起居住的习惯的产物。现在家庭人数变少，3~4 口人的家庭居住 200 多平方米的院子没有必要。按现代农村小家庭（当地约 4 ~ 5 人 / 户）居住的实际需要，每个地坑院设 6 孔窑，按每孔窑 3 米 ×6 米计算，面积为 18 平方米，除去 1 孔窑作为出入口，总面积还有 90 平方米。人均 18~22 平方米的居住面积还是很宽敞的，这样的地坑院 8 米见方足矣，再用（2）的改造方法，地坑深度 5 米即可满足保温和日照需要，这样的地坑院占地 0.15 亩（100 平方米）就够了，比国家规定的指标 0.25 亩地少了很多。

地坑院民居的优点是突出的，不足之处可以通过科学方法改进。如果人们把建造地上建筑的资金用于改造现有地坑院，用于科学种田，就能有利于提高现有土地的经济效益，提高生活质量。而向地坑院要土地，弃窑建房等是否可取，需要慎重考虑。

（二）窑洞通风、采光的技术改进

一般窑洞建筑有其自身的缺陷，如阴暗、潮湿、憋闷等，关键是通风和采光问题。通风问题解决了，潮湿、憋闷、阴冷等现象也会随之消失。窑居区人民对解决窑洞通风问题早有成功经验，如庙上村地坑院窑洞的换气孔措施效果良好。河南省建筑学会在 1981 年对巩义市南河渡石窟寺小学窑洞也有成功的改造方法。显然，这已经不是问题。之所以多数窑洞没有通风设施，主要是因为技术推广不够。

采光的关键是尽量提高窗地面积比。在豫西窑洞分布区内，传统窑洞的采光面积差异很大，洛阳周围的窑洞最为封闭，如图 6-14 所示的窑门与窑脸整砌，窑口被封在里面，门洞上只有很小的窗洞采光，窗地面积比严重不足。巩义的传统窑洞也是这样。而三门峡传统窑洞的采光面积就比较大，门上有亮窗，门侧也有炕窗。

要提高窗地面积比须从三个方面入手：一是封砌窑脸时不要封窑口，保留原窑口大小；二是门窗不要分体，窗间墙也要做到最窄，采用门连窗，尽量扩大采光面积；三是窑洞内分区恰当，把隔墙置于窗地面积比 1/6 处，保证前室自然光线充足，这样就可以消除窑洞阴暗之感。窑洞一般都很深，前面为生活活动区，里面为储物区。很多窑洞做了分区，只是没考虑窗地面积比的问题。

通过这些简单的技术措施，很容易消除窑洞的阴、暗、潮、闷等弊端。这些问题解决了，再加上内外砖砌，洞内墙面抹光罩白，尽力装修，窑洞就实现了现代化。

河南大学土木建筑学院青年教师张义忠很关注窑洞民居的发展与创新，在实地调研的基础上，设计出了一套窑房结合的新型窑洞民居，名为“窑洞春天”，并在2005年“河南省社会主义新农村住宅设计方案竞赛”中荣获一等奖。经设计者同意，将此设计的主要内容略加修改后收录于本书，供读者参考。

豫西窑院农宅方案设计说明

1. 概况

（1）设计背景：“三山六水一分田”形象地概括了我国的地形特点，作为中国六大窑洞分布区之一的河南省西部地区，现有很多人以窑居为主。人们在享受着窑洞冬暖夏凉的舒适时，却要经受着传统窑洞的某些缺陷所带来的不便。例如，山区交通不便；缺乏上下水的组织；窑洞内通风、采光较差，且较潮湿；等等。以至于人们把窑洞等同于贫穷，使越来越多的人放弃了窑居生活。

（2）现状调查：我们在对河南省洛阳市新安县五头镇等地的窑洞村落实地考察中发现，这些村落的窑洞多属于比较典型的传统土窑洞，即进深较大，开口小，室内采光差，较为潮湿，储物易霉变。随着当地农民生活水平的提高，越来越多的农民盖起了平房或砖石砌的锢窑。黄土窑洞这种绵延几千年的乡土住宅的典型代表，目前正在以每年几个百分点的速度消失。作为建筑师，我们急迫地呼唤农宅的多元化、乡土化。在分析窑洞建筑的优缺点之后，我们认为对土窑的物理环境进行建筑设计层面的更新是非常必要和迫切的。

2. 设计理念及方案创意

（1）设计理念：本设计顺应“可持续发展观”及构建和谐社会的主流，根据“节能、节地、节材、节水”的原则，以窑洞这种良好的住宅形式为主体，以院落作为服务生活的平台，延续了北方传统合院的布局模式；就地取材，以黄土、砖石材料为主，符合因材设计的要求；同时将大量的技术手段引入其中，改善窑洞内外的物理环境，力图创造出更舒适的新型窑洞院落，以期改善近400万豫西窑洞居民的生活条件，唤起社会各界对窑洞的关注。

（2）方案创意：本住宅基地位于豫西黄土丘陵地区，建筑沿冲沟走向布置。窑洞的主要形式是靠崖窑，且靠崖窑洞设为2层，一层为土窑，二层为砖、石券的锢窑，锢窑上部经过防水处理，覆土种植，尽可能地节省了耕地；将辅助用房放入院中，通过合理的功能分区减少了对窑洞的不利影响。

3. 功能分析

（1）院落布局：本方案采用北方传统的合院布局模式，综合利用地形特点，将庭院设计成复合式立体院落，多层次利用庭院空间。

（2）功能分区：本方案改善了窑居的空间组织，打破了传统的在同一空间集中饮食起居，无洁污分区等的弊端，做到了洁污、动静、寝食、内外分区，满足了当代人生活的行为模式要求。针对不同的用户需求，还可以灵活调整窑洞孔数、规模等。

4. 技术分析

（1）给排水方面：在给水上，通过水泵抽水，屋顶设置水箱给水；在排水上，将粪便等污物排入沼气池中；另在院中开挖水窖，收集雨水，综合利用水资源，节约用水。

（2）燃料方面：主要以沼气为主，沼气池约10立方米，可满足日常的炊事需要。其上可设置移动式太阳能透光板，以便在冬季气温较低时，储存热量，保持沼气造气量的稳定。

（3）采暖方面：在窑洞冬暖夏凉的基础上，在一层的外部设置阳光间，降低了采暖能耗，采用大玻璃窗，改善了室内采光条件。阳光间的功能体现在：首先，改善了窑洞的光环境；其次，在这种日温差大的地方，形成了一个缓冲区，在暖和的白天，这里是一个很好的工作间，晚上通过阳光间可以减少窑洞内的热损失。

（4）通风方面：在每孔窑的后部设置通风采光井，形成穿堂风。增设地沟，保持室内温度，使湿度维持在平衡状态。

（5）材料运用方面：使用当地材料，降低成本。上盖瓦屋檐保护崖壁，既节材省钱，又充满了乡土气息，且便于农民自行施工。

5. 总结

窑洞是生根于大地的生态住宅的典型代表，其自然风格与乡土气息充分体现了敦厚朴实的农民性格。本方案立足于节能省钱的建房基本要求，通过现代技术和设计手法发展这种传统建筑形式，使这种独特的民宅形式得以延续和发展，使窑洞重新焕发勃勃生机，迎接窑洞春天的到来。（图6-18、图6-19）

图 6-18　“窑洞春天”效果图

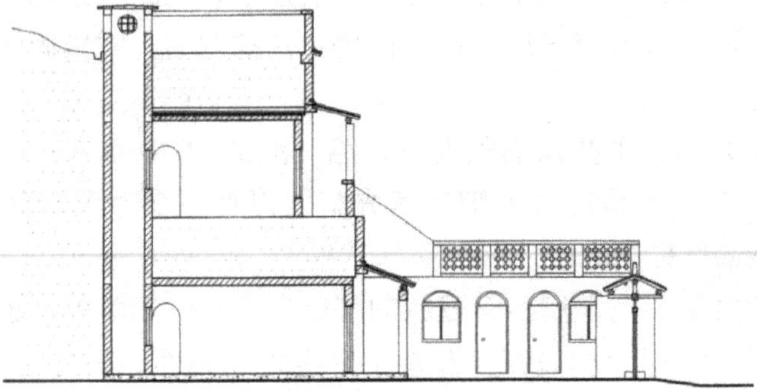

图 6-19　“窑洞春天”剖面图

第七节　中原窑洞民居典型实例分析

豫西窑洞（图 6-20）民居从古到今深受窑居区人民喜爱。例如，康百万庄园建有 73 孔窑洞，庄园主宅区就有 24 孔窑洞，绝大多数正房为窑洞建筑。还有刘镇华庄园一类。

社会在进步，窑洞也在变化，尤其是我国改革开放以来，人们居住的窑洞有了很大改观。现在的窑洞区人民建了新房后还保留着旧窑洞为普遍现象。有关书籍中记载了大量豫西窑洞，现介绍如下：

图 6-20　豫西石券窑洞

一、巩义市黑石关杨宅

巩义市为豫西窑洞主要分布区之一，沿邙山岭一带更是密集，其中黑石关到康店这一段最具代表性。

杨家宅院就位于黑石关南街村的一条沟里，两边断崖直立，高约 10 米，正好是开挖窑洞的理想位置。该宅院坐东面西，大门外有一块人工铺垫的狭长场地，图 6-21 为大门外景。杨宅大门是一孔窑洞隧道，洞深 6 米，内为平进平出式天井院。大门砖砌窑脸（图 6-22），此为当地传统窑脸做法。

图 6-21　巩义黑石关杨宅大门外景

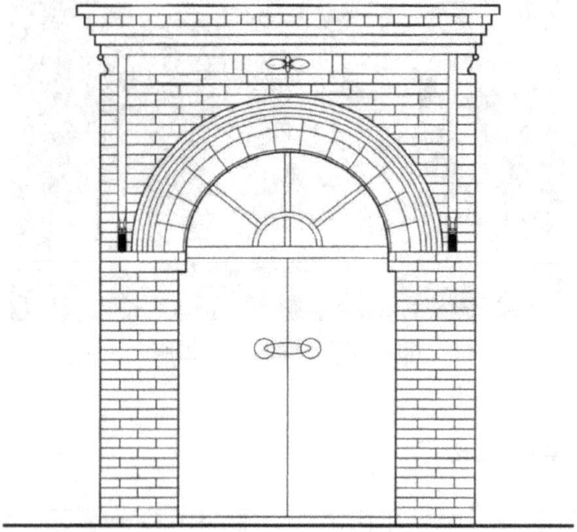

图 6-22　杨宅大门窑脸立面图

杨宅院内面积 10 米 ×12.5 米，四壁原来共有 9 孔窑洞，南北各 3 孔，东 2 孔，西壁较薄，仅开一孔隧道作为出入通道。北面主窑坐于中轴线上，南面主窑稍偏于轴线。主人说自家的窑洞原来很规矩，是按当地习惯的尺寸开挖的，主窑面宽约 3.3 米，配窑宽 3 米，深 6.6 ~ 10 米。

杨宅历史 60 年以上。现主人对其进行了彻底改造（图 6-23），北窑壁切去6米建平房三间，房屋后墙开门洞与原窑洞连接。因需要建通往屋顶的楼梯，东面左侧次窑的门改在楼梯之下，此窑仅用于存放杂物。全部窑洞用砖衬砌，天井壁面用砖砌 5.5 米高，并进行了内外粉刷，表面还刷了涂料。

主人还风趣地告诉我们，当时只讲究用好材料，结果留下了后遗症，洞内不该用水泥砂浆粉刷，伏天潮湿，窑洞内壁结露现象严重。窑洞内的潮湿现象，是笔者十分关注的问题，于是问他以前的潮湿情况如何。主人说以前是土窑，吸潮性好，没感到潮湿。追问如何改造窑洞内壁时，主人很有把握地说："像康百万家的窑那样，用石灰砂浆粉面就行了。"康百万为迎接慈禧太后建的行宫距杨家不足 200 米，不止杨家，当地人都很熟悉龙窑的构造方法。该院改造时，地面也略有提高，增设了两个排水井和地下管道，水经出入隧道排向院外。

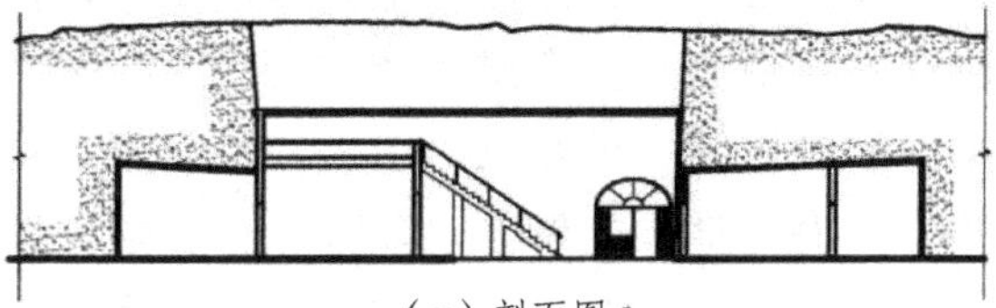

（a）剖面图

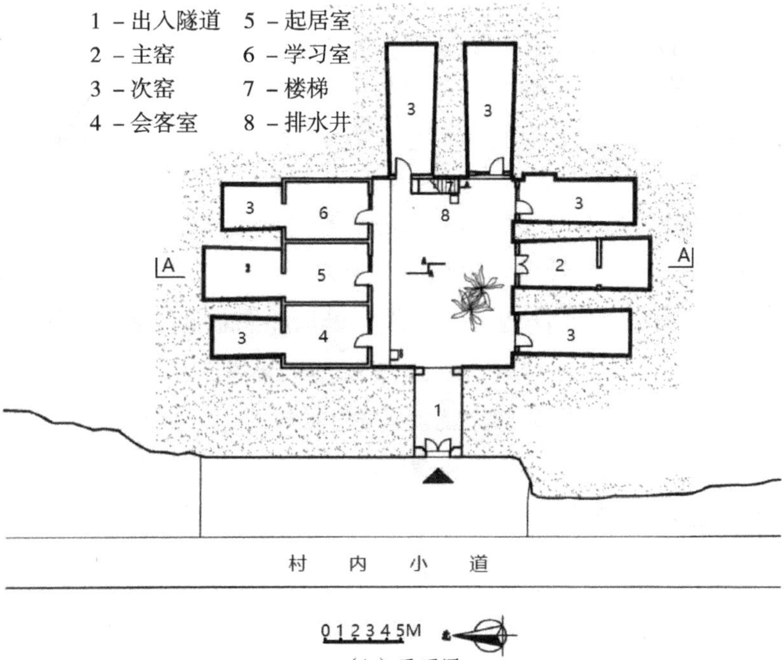

（b）平面图

图 6–23　巩义黑石关杨宅现状平面图、剖面图

二、巩义市黑石关孟宅

孟家宅院坐落于黑石关南村路南，村内大道系邙山岭横断冲沟。这里自古即为豫陕通道，陇海铁路在村南通过，伊洛河在村东的邙山岭下流过。经数年开发，路两侧全部是窑洞民居，上述龙窑就在这条路上，距孟宅百余米。

孟宅也是祖辈留下的老院，原为东边敞开，土墙围合，大门向东。院内三面崖壁共有窑洞 8 孔，崖壁高约 10 米。该院十分宽敞，东西长 15 米，南北宽 12 米，比一般窑院大出不少。

现主人心灵手巧，泥工、木工样样能干。富裕之后，他分两期工程对老宅院进行了彻底改造：先将南北 6 孔窑洞用砖衬砌，同时扩大西崖壁两孔窑洞的尺寸，用于家庭作坊的制作间；后对三面崖壁进行全部封砌，并建东面的两层楼房，底层北间辟为门庭过道，如图 6-22 所示。崖壁墙面未经粉刷，保持红砖十字缝清水墙面。窑洞内壁衬砌后，表层用石灰砂浆粉面，并涂仿瓷涂料，洁白明亮。

考察时，笔者发现了孟宅北面的3孔窑洞的分布规律，即主窑在中轴线上，两边神龛和次窑对称分布，南面 3 孔窑洞则不遵循此规律。主人说义窑洞有三个讲究：一是讲主次位置，与传统的四合院一样，主向位置的窑洞讲究对称。若为3孔窑，主窑必坐中。若主向只能开挖两孔窑，神龛必坐中，两窑仍对称。院内其他位置的窗洞则不讲究对称。二是主向窑洞之间的窑脸上必设神龛，神龛大小与高低可随意。三是讲究窑洞口小底大，意为“聚财”，传统做法是每深 3.3 米加宽 6.6 厘米。具体操作时，小尺寸不易掌握，因此大家以洞底大于洞口为基本原则。

如今，家庭小型化，上述杨宅和孟宅均为当今的大宅院。在人口稠密的地方，更多的是中小型院落。

三、中型窑洞民居实例

此例为黑石关南村东口，此处土崖高约 7 米，紧靠路边。临街房屋的现代气势难以和人们想象中的土窑洞联系在一起，这实际是窑房结合的现代民居。前面的二层楼房是新建的，院内的 5 孔窑洞也经衬砌，两边崖壁通顶封砌，水泥砂浆粉面。由平面图（图 6-24）可见，主向 3 孔窑按传统习惯布局，庭院整齐，很有小康之家的气息。

巩义市工业发达，经济实力强，黑石关又是巩义经济条件好的黄金地带。自来水早已通往各户。人们家境殷实，这也是他们并没有把窑洞与贫穷画上等号的原因。虽然家家户户都建有砖混结构的房屋，但这只是为了满足人们与时俱进的心理需求，并不是为了居住，人们仍然居住在窑洞里。这与有些地方纷纷弃窑建房的风气相比，更显出巩义人求真务实的高度理性，也使我们看到了窑洞民居的希望。

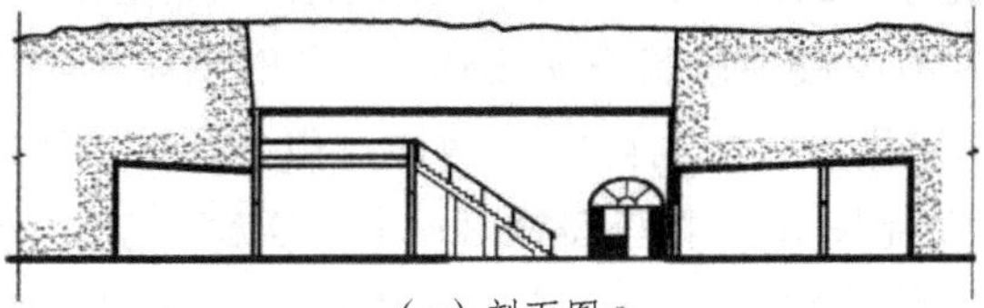

（a）剖面图

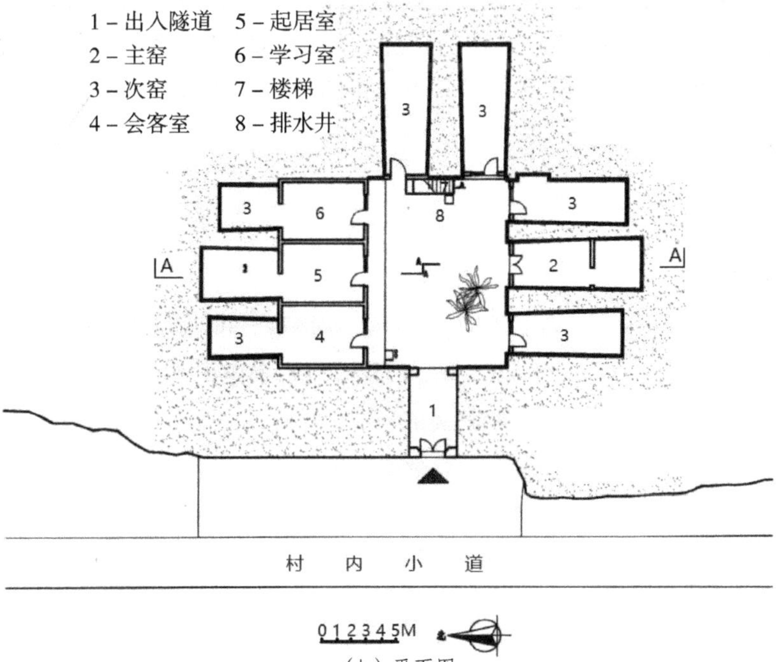

（b）平面图

图 6–24　巩义黑石关孟宅平面图、剖面图

四、新安石井乡刘宅

新安为洛阳市的一个山区县，与孟津、洛阳市郊同为豫西窑洞主要分布区。近年来，这些地方的窑洞民居数量锐减。新安北部小浪底水库西岸的山村石井乡还有较多窑洞民居存在，刘宅就是其中之一。当地地质、地貌条件复杂，基岩、土层交织分布。这里采石方便，石砌明锢窑多于土窑，土窑也用石块封砌窑脸。刘家所在村庄不大，沿着弯曲土崖可发现有近 20 户窑居人家。因地势高差较大，每户窑前庭院很小。该村的窑洞全部是靠崖窑，每户 3 孔，

特别规律。刘宅建于 1975 年，采石与石块加工、挖土窑、砌明锢窑等全部由自家人动手，几乎不花钱（仅买石灰用钱），费时两年半建成。

该院3孔窑一字排开，主窑坐中，两边对称分列神龛和次窑。窑间距较大，目的是为了扩宽庭院长度。主窑面宽 3.5 米、次窑面宽 3 米，进深 9 米以上。窑壁未衬砌，只用黄泥浆抹光。窑脸用石块封砌，窑门洞宽 1.1 米。门上设有一个很小的窗口采光，比较封闭。明锢窑三间，全部用青石材砌筑，墙厚 0.5 米。1.5 米起拱，半圆拱券。这种前窑房、后窑洞组成的宅院在边远山区农村属于上等居住条件，该宅院直到现在还是村内最好的宅院。

第七章　中原合院民居

第一节　合院的形态特征

一、院落格局

合院式传统民居院落空间特征主要体现在以下几个方面：第一，体现了中国传统的伦理观念。受儒学影响，院落空间构成体现了中国伦理的家族制度，形成了家庭内部严格的尊卑、主从、长幼等关系，在民居中呈现出一定的主从关系与规律性。第二，多采用中庭式布局。主要房屋坐北，辅助建筑沿院落其余三边布置，保持了院落空间的完整形态。第三，具有私密性和半私密性。院落内多设照壁，通过空间的曲折变化来隔绝视线。第四，院落是人与自然直接接触的场所，可以满足人们想要接近自然的心理。

庭院的形式主要是建筑物围合的结果，但为了形成更有特色的空间，也要靠墙、廊和附属门屋的围合与分隔。第一，有时用较矮的墙可将内院空间分隔成前后院。第二，廊子对庭院空间的分隔作用也很明显。当四合院较窄时，为联系前后厅堂，会将一面建厢房，一面建游廊，或两边都建游廊（图7-1）。第三，内院墙的门洞也是院落空间中重要的建筑，如垂花门（图7-2）、牌门楼等。

图 7-1　抄手游廊

图 7-2　垂花门

二、“三心”合一

“堂者，当也。谓当正向阳之屋，以取堂堂高显之义。”中国传统民居的中心位置总是要设置厅堂，这是一个家庭的中心空间，是家长权力的象征，也是迎接宾客的场所。室内空间组合以厅堂为中心，形成室内的“中心空间”。从建筑布局看，纵向有明显的轴线意味，横向则左右大体匀称。主要建筑物，如厅、堂、长辈住房等，排列于中心主轴线上，附属房则位居次轴。厅堂在平面位置上一般正对入口，北京、山西、陕西一带的厅堂常正对垂花门。在多进院落中，也有将厅堂放在第二进庭院的，但基本设于主轴线的中部。东北四合院民居的厅堂后面一般设倒闸，倒闸与前面厅堂的比例约为 2 ： 3。山西民居也有将正房的一个开间分成前后两个部分的做法。富人将后面的部分作为神龛、放置祖宗牌位等功能区域，而普通人家则将此处作为储藏间。

“正屋为主人，为本身；厢廊为手足，为仆从。”从整体上看，四合院内所有建筑都从属于堂屋，体现了中国传统的宗法礼制的思想。堂屋是供奉家堂的地方。有楼房的四合院内，家堂则供于正对堂屋的楼上。民居布局整体以庭院为主，室内以厅堂为中心，整个院落的中心轴线、堂屋与祖宗牌位是三心合一的。

第二节　合院的布局形制

李允鉌先生在《华夏意匠》中针对中国传统民居的群体布局问题指出：“在平面组织系统上，建筑群是以‘一院一组’为基本单元，多组的建筑群的院一般是首先向纵深方面发展，院与院间作行列式的排列，一直行一连串的院则称为‘路’。典型的巨人建筑群则以‘中路’为主，左右再发展为‘东路’与‘西路’，更大的‘群’可能构成更多的‘路’。在‘路’中，院与院间有纵的联系，也有横的联系，成为一个交叉的交通路线的网。”这种观点很好地概括了北方传统合院式民居采用“单元重复式”的群体布局方式。

河南北部民居的基本形式是三合院（又称抽屉院）、四合院（又称盒子院）住宅。正房（又称堂屋或上房）一般朝向较好，供老人居住，在正房中间的堂屋是室内陈设集中的地方。围绕院子布置厢房（又称陪房），厢房一般由晚辈居住或作为厨房。例如，河南巩义康百万窑洞庄园，始建于明末清初，布置五套多进的四合院，院内窑洞 70 余间，巧妙利用地势，分上下两层。各院落遵循北方四合院型制，有明显的中轴线，房屋对称布置，但不同的是每个院落的正房为靠崖式窑洞。其内部交通组织简单明确，具有很好的防御性能。

一、院落平面基本形式及其功能

（一）基本形式

河南民居院落的平面布置形式呈现多样化的特点，但大致可归纳为四种基本形式，即四合院、三合院、窑房院和大别山区的前后排房院。根据四周建筑物围合的情况，若 4 面都布置建筑，周边房屋之间的空隙再用围墙封堵，则形成四合院。同理，还可形成三合院、二合院，甚至一座房子加周边围墙，也可形成院子。四合院与三合院在河南各地广泛分布，这些院落还可以院为单元，进一步组合成中型或大型复合型院落。河南各地的四合院、三合院的形式大体相同，由4面或3面房屋围合而成，院落中轴线明显，正房坐中，倒座相对，两侧厢房对称分布。官员和有些豪门大户的宅院一般为正房5间、厢房5间，这种情况属于四合院基本形式的扩展。现存河南民居中组成四合院的2层房屋很多，如豫东的叶氏宅院、豫北的夏家院、寨卜昌民居、豫西的康百万庄园等。2层楼房居多、单层房屋较少的现象极大地丰富了河南民居的院落空间。窑院房是典型的窑洞与房屋的组合形制，其主要分布在豫西窑洞区。这种组合一般是3孔窑洞作为正房，庭院左右分列厢房，且两厢房间距较小，约为3～4米，沿纵深方向也可组合为二进院或更多。前后排房组成的二合院多见于大别山、伏牛山、太行山等山区。此外，河南的民居院落还有四水归堂的天井式院落，如豫南民居中的闵氏祠堂、豫北的石氏宅院等，但现在数量很少，故不作为河南民居的基本类型进行描述。

（二）功能

通过院落把单体建筑组合起来的方式是传统建筑千百年来发展的结果，具有突出的优势。第一，它具有良好的居住功能。庭院作为单体建筑的联系纽带，使同一院内的各单体建筑与庭院空间组合在一起，形成一种室内、室外共同使用的居住空间，适合大家庭居住。第二，满足传统伦理道德观念的需要。尊卑长幼，分则各有处所，聚则于庭院欢声笑语，其乐融融。第三，庭院具有良好的小气候调适作用。闭合而露天的庭院可以有效地抵御寒风的侵袭，有效减弱不良气候的危害。利用冬夏太阳入射角的差别和朝夕日照阴影的变化，庭院内的各单体建筑既可互相遮阴，又不互误纳阳。庭院内还可以种植花木，既可以使花香满院，又可以造就满院阴凉。第四，具有良好的自防、护卫功能。中国传统的单体建筑通透性强，自身的防护能力较弱。采用庭院式布局，各栋建筑都深藏院内或面向内院，整体院落的外界面由院墙或房屋的山墙、后檐墙环绕围合，组成一道坚实的防线，大大增强了建筑组群的整体防护性能。若有动静，庭院内的人们便于联合，群起而攻之。第五，适应性强。可由一面及两面建筑发展为三合院，进而形成四合院。根据不同需要，由三合院、四合院进一步发展到多进四合院，还可并列排布，组合可变性强。每个庭院均可安排较多的房间，除居住外的书房、客厅等专用房间。

二、院落布局特点

河南民居的院落布局不仅和当地的气候密切相关，还与当地的地形地貌、习俗有密切关系，中原文化和周边文化融合的明显迹象，使院落布局呈现多元化特点。

（一）院落组合的曲折转换

在河南民居的院落组合中，每个庭院都是一个独立的空间，具有私密性。无法从一个院落看到另一个院落，也不能直截了当地进入另一个院落。其典型的形制是，进大门左转进入前院，从前院的厅堂一侧或两侧绕过。这样的形制使院落多了一些宁静和内敛，从而创造了丰富的视觉和心理效果。

（二）院落的宽窄变化

河南民居以合院式为主，就合院而言，各地具有不同特点，差异主要体现在正房的露脸宽度上（图 7-3）。笔者把正房露脸宽度在 1 ~ 2 间的称为“窄型”院落，把 2 ~ 3 间的称为“宽型”院落，把小于 1 间的称为“超窄型”院落（图 7-4），把大于 3 间的称为“超宽型”院落。

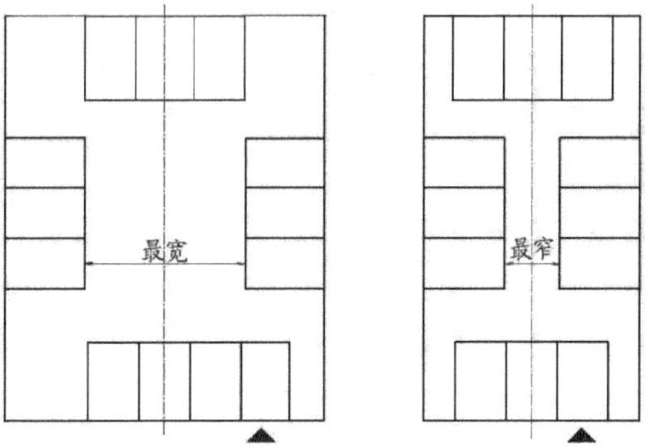

图 7-3　河南四合院宽窄变化范围示意图

图 7-4　超窄型院落实例

1. 宽型、超宽型院落

豫东地区的民居院落普遍较宽，以开封为代表，往南辐射到许昌、漯河，北到新乡、安阳及濮阳等大部分平原地带。豫东地区的民居院落按两厢房檐口之间的尺寸衡量为 6 ~ 7m 的范围内。形成宽型院落有多种原因：其一，在开封及其以东的广大地区有“山不压窗”的讲究，即正房的窗户为“眼睛”，遮挡了正房窗户对小孩子的眼睛不好，孩子易患眼疾。因此，豫东地区厢房的前檐墙一定要退出正房窗户之外，以避遮眼之讳，客观上起到了使院落宽敞、对正房采光有利的作用。其二，河南境内广大黄淮海平原地区，历史上自然与人为的水患频发，加上历朝历代战争不断，对该地区破坏严重，造成该地区地广人稀。明清时期再次开发，使其成为土地资源相对丰富的地区在此条件基础上人们自然把宅院建大，久而久之，形成一种约定俗成的建筑形制流传下来。而商丘、周口两地的传统民居院落明显增大，正房露脸宽度为 3 间，如侯方域故居，正房开间尺寸很大，庭院显得很宽敞。商丘、周口两地的庭院宽度一般为 9 ~ 11 米，大部分属于正常的宽型院落。笔者在民居调研期间发现一处超宽型院落，两边厢房前檐墙均在正房山墙之外。这样的院落布局在河南民居中罕见，其后院正房平面布置在河南民居中也仅此一例。

2. 窄型、超窄型院落

豫西和豫西北的焦作及安阳西部是以山区、丘陵为主的地带，自古就是重要的产粮区，土地极为珍贵，因此民居院落普遍较窄，一般宽度是两厢房檐口间距等于正房明间面阔。巩义至洛阳一带，民间普遍有“宽房窄院”之说，把有限的地面尽量用于扩大厢房进深是院落建设的基本理念。在这种思想指导下，正房露脸都比较窄，如寨卜昌宅院无论是二进主跨院平行式四合院，还是一进四合院或者三合院，正房露脸都只有明间一间房的面阔，约 3 米。也有正房露脸小于一间的特例，厢房前檐墙的间距小于正房明间的面阔，庭院呈狭窄的胡同，属于超窄型院落。

第三节 合院的造型风格

一、山墙头与屋脊

（一）山墙头

硬山式建筑侧面的墙体称为山墙，它是民居建筑中屋顶造型的重要部分。山花做法一般分硬山、悬山两种。其中，硬山做法中大多为人字形山花，其博缝板多用黏土烧制。悬山式的博风板均为木制，顶端饰有悬鱼，有着浓郁的地方特色。马头墙在陕南的店铺民居中应用较广，在两户间屋面交接处设置，具有防火墙的作用。当两户间屋面有高差时，经过巧妙处理，其优美的脊饰和檐口出挑与收分等处理能极大地丰富建筑的轮廓线。

豫北民居的山墙花饰多受传统文化的影响，而龙是豫北人心目中的吉祥物。古时黄河“十年九泛”，人们饱受水患之苦，甚至背井离乡。人们视龙为驾驭水势的神，把常年不干的大水坑称为龙潭（如黄龙潭、黑龙潭等），并在村头的高地上建龙王庙，以便对龙进行祭拜和供奉。民居山墙花饰也常以龙为题材，寄予征服水灾和在水灾中能够逃生的愿望。

（二）屋脊

屋脊又称脊饰，位于房屋的顶部。屋脊是房屋建筑的重要组成部件，有正脊、垂脊、博脊、戗脊等。屋脊具有各种形态、各种图案、各种色彩，有着深刻的寓意和观念。屋脊除具有防雨雪、防雷击及防日晒等功能外，还有装饰作用，使房屋金碧辉煌，彰显屋主人的地位。此外，它还反映各地区的风俗习惯，具有丰富且深刻的民俗文化内涵。

二、门制

（一）大门

在中国合院式传统民居中，大门是个性表现的重要部分。其规模、形式、装饰、色彩能具体反映出主人的社会地位与经济地位，是“门第”高低的标志。大门形制可分为三类：第一，屋宇式大门，是传统民居大门入口的主要形式。其本身就是一座建筑，可为单间、三间或五间，进深一般为五架。三间或五间的门屋多附设仆人值班的门房或账房。第二，门楼式大门，一般为单间房屋，独立设在庭院外围墙间，进深较浅。第三，贴墙式大门，为显示入口的重要性，在墙外贴墙建造一些装饰性的构造。这种形制内部可为屋宇或单面院墙，贴墙的装饰主题主要取材于牌坊或垂花两种形式。

（二）二门

汉族传统大家庭的合院式民居特别强调内外有别，十分注重私密要求，因此在内外院之间会设置第二道门户，俗称二门。

1. 垂花门

它的形象特征为前檐挑出两根垂莲柱，一般多为“一殿一卷式”，其屋顶由前部起脊顶与后部卷棚顶组合成勾连搭悬山顶。这是由于垂花门面阔仅一间，且进深大于面阔，为避免正立面上屋顶比例过高而采取勾连搭的做法。此外，垂花门有一套瓦饰、门饰、雕饰和彩绘，是整个宅院的装饰重点。其形制通行于河北、山东、山西等地。

2. 牌坊门

二门为牌坊式的居多。牌坊为四柱单间式，两柱与院墙相并，两柱设在内院，牌楼门为木构，斗拱梁枋，青瓦脊兽，彩绘艳丽。这种牌坊门可做成两柱独立牌坊式或两柱附墙牌坊式，甚至五柱垂莲出挑式等多种形式。

三、影壁

影壁是入口设计的组成部分。传统民居的空间布局为避免视线直通穿透，通过设置构筑物来隔绝，同时起到装饰作用。作为装饰墙，影壁正是具有这种功能的装饰物。

第一，设于大门对面，又称为照壁在入口与宅门间以胡同巷道相隔，一般用于大型民居，形式有一字、八字影壁等。北方照壁的砖刻较多。

第二，设于大门内部、迎门而立，单独建造的称独立影壁，依靠厢房或厢耳房的山墙而建的称坐山影壁。这种影壁在河南十分普遍，多用砖雕装饰墙壁。

第三，设在内院面对正房而设。这种影壁与两层楼房同高，比较高大，为一字式照壁，翼角飞翘，装饰以灰塑为主。并且影壁前多砌有花池，该形制在山西民居中有应用。

第四，设于宅门两侧，称八字壁或撇山影壁，其特点是呈 60° 或 45° 角设置，在大型民居中偶尔使用。

第五，设于二门的对面墙上。当大门开设在宅院侧面时，须经外院转入二门进入正房。这种方式在山西民居中应用较多。

第六，木影壁，大多单独设置，设在二门以内的内院中。因木制不耐久，须常油饰。

四、窗户

豫西窑洞门脸多为小型拱门。门上多设有半圆竖棂花窗，在主门外常设风门，下部为实心门肚板，上部为花饰棂格。陕西、山西地区的窑洞门脸多为半圆形门连窗，玲珑剔透，精美异常。在陕北、山西晋中地区，为使窑洞充分接纳阳光而设置大窗，门窗外形依拱形曲线的形状与大小而变化。门窗通常做成紧密且空隙小的木棂花格。清朝末期，在山西一些富商的住宅内，窑洞窗已采用雕花玻璃，而木棂花格已摆脱糊纸的约束成为装饰构件。

第四节　合院的装饰装修

一、雕刻

雕刻是郑州传统民居应用最普遍的装饰手法，按材料来分主要为砖雕、木雕及石雕。

（一）砖雕

砖雕即在青砖上进行雕刻加工的工艺技术，是郑州传统民居最主要的装饰手段。砖比木材耐侵蚀，比石材易雕琢，应用更广泛更具实用性。当地砖雕主要出现在门窗周边、墀头及照壁等部位。在郑州民居较为封闭的外立面上，主要的门窗上部常用砖雕仿造简化的垂花门形式。新郑地区拱形屋门与其上部方形门框之间的三角形区域有固定的砖雕图案：用绳捆扎两束类似缠枝纹的卷草枝叶，中部装饰多为团花，团花多为向日葵图案。绳纹谐音“生”，缠枝卷草循环往复，向日葵取其“多子”之意，整个图案代表着万代绵长、生生不息。巩义地区的门楣砖雕多文字题刻，如“福寿康宁”“万福攸同”等（图 7-5）。

墀头部位是砖雕装饰的重点，特别是作为主入口的门楼墀头。硬山墙的墀头分为三个部分：下碱、墙身和盘头。郑州东部传统民居檐墙封檐并无墀头，但为了装饰仍保留盘头向外出挑至屋檐的戗檐部分，其弧度很小，且多在正中有团花或文字装饰，俗称“烧心子”。戗檐上部悬挂的雕花片砖俗称“挂面”，多雕刻绳纹及花卉图案。巩义、登封地区房屋多不封檐且出檐较远，戗檐线条简明且浑厚硕大，下部常用砖砌几层收分（图 7-6）。戗檐下的“烧座子”是盘头砖雕最密集的部分，其形制较为固定，以须弥座式为主，但雕刻图案简繁不一，且题材丰富多样（图 7-7）。郑州市区、荥阳、新郑及中牟等地最常见的是花卉灵兽与福禄寿禧的文字图案，雕刻手法多为浅浮雕。新郑庙后安家门楼内侧还有以建房时间作为盘头雕刻内容的。巩义、登封两地除了上述题材，还有许多以人物故事为雕刻主题的，雕刻手法也有浅浮雕、高浮雕两种。新密的盘头相对来说更简洁，仅以基本的形体示人，并不雕刻纹饰，整体凸显叠涩线条的简单明快。

新郑市霹雳店秦刘宜宅　新郑市薛店南街张喜民宅　新密市樊寨民居群　荥阳市桃李村赵宅

巩义市七里铺王小六民居　巩义市七里铺张宅　巩义市北瑶湾养老院　登封市君召乡某宅

图 7-5　门窗部位的砖雕图案

新密市卢店镇某宅　巩义市海上桥王子辉宅　中牟县祥符村某宅　新郑市花庄某宅

图 7-6　戗檐样式

郑州市东史马村　中牟县袁家村　新郑市霹雳店村　新郑市庙后安村

巩义市清西村　巩义市益家窝村　巩义市羽林庄　登封市西白坪村　登封市石坡窑村

新密市樊寨　新密市南湾村　荥阳市王村　荥阳市崔庙镇

图 7-7　盘头样式

（二）木雕

中原地区的木材资源经过数千年的开发利用，至清代已日趋稀少。因此，郑州地区的木雕装饰相对较少，仅能在一些大户人家及庙宇中看到，主要用于门楼或正房的檐下构件、门窗隔扇及室内的家具隔断。郑州地区木雕最集中、最精致的宅院莫过于康百万庄园（图 7-8）。庄园内的木雕主要集中于檐下的斗拱、雀替及花罩等部位，坐斗前伸的斗耳常依形雕刻成龙头形状，两侧平伸的斗耳及柱头两侧的雀替多为透雕的花卉灵兽。位于檐枋中间的驼峰多呈团状，采用多层镂空雕刻方法，其装饰作用大于结构作用。“克慎厥猷”院屏门檐枋中央的三狮舞绳滚绣球驼峰，图案别致，木雕绳网几可乱真，足见工匠技法精湛。庄园中檐柱与金柱之间的穿插枋雕饰精美，室内的花罩隔断及家具更是细腻复杂。普通民居仅在门楼檐部或过厅隔扇门上做木雕饰，且手法简单，只做平雕或浅浮雕（图 7-9）。

图 7-8　康百万庄园中的木雕装饰

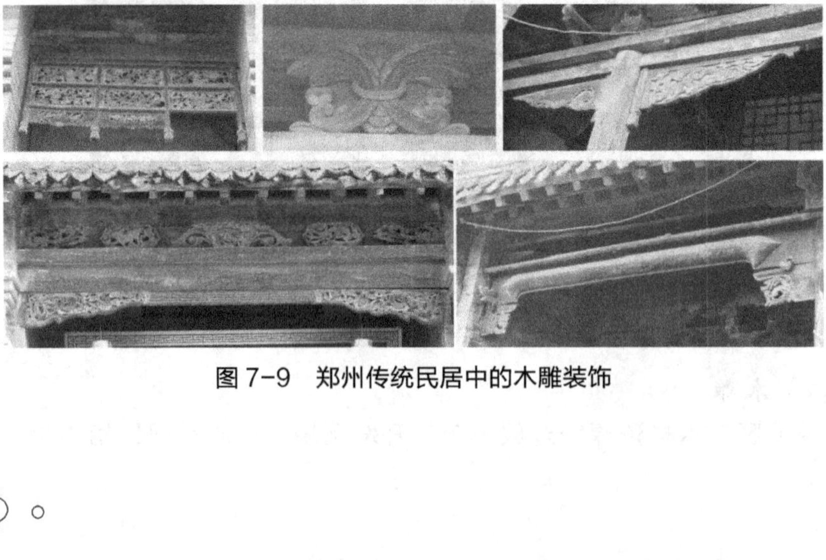

图 7-9　郑州传统民居中的木雕装饰

（三）石雕

石材质地坚硬，既耐磨，又耐蚀，常用于贴近地面易被磨损的部位，如柱础、台阶踏步、门枕石等。将其露明部分进行雕琢加工，可大大增加构件的装饰性，使其成为石雕艺术品。郑州西部低山丘陵区多石材，因此石雕用量及工艺水平都高于石材资源匮乏的东部平原地区。

门枕石是承托木门及其门框的石质构件，郑州传统民居中的门枕石有两种：一种是普通屋门使用的四四方方的小型门枕石；另一种是大门、二门使用的大型门枕石，其外侧基座上常坐抱鼓石或石狮子（图 7-10）。门枕石可简可繁，最简单的仅用一小块素面方石垫于门下，复杂的，如康百万主宅区中院二门前的三层门枕石。其底层须弥座包袱皮上浅浮雕凤凰牡丹图案；中层须弥座束腰拉长，上刻尊师敬老的人物故事图案，形如宫灯；顶层趴着一只卧狮，闲适慵懒。

图 7-10　康百万庄园中的门枕石

柱础也是石雕艺术重点刻画的对象。柱础有覆盆、覆斗、圆鼓与台座四种基本形式，几相叠加后可演变为上下叠涩中有束腰的须弥座式样。普通民居中的柱础形式多为简单的圆鼓形式，郑州自荥阳、新密往东民居中的柱础多为这种样式。郑州西部的巩义与登封民居中的柱础则常用须弥座式，如图 7-11（a）所示。富裕人家的柱础形式更是多样，且雕刻图案复杂。图 7-11（b）为康百万庄园主宅区中院倒座的一种柱础样式，为圆鼓形束腰，上枋接近方形，四角倒圆角，四面高浮雕花卉及瑞兽图案。下枋与圭角合为一体，顶部饰以如意纹，造型方正。中院一进院花厅檐柱下的柱础造型别具匠心，上枋与束腰均为六边形，上枋穿插刻高浮雕人物图案，下枋与圭角为方形。柱础慵懒可爱，侧面刻有童子连接上下。图 7-11（c）为张祜庄园较为典型的柱础形式，上枋为圆鼓形双层仰莲，上枭多层叠涩，最上层为大荷叶边；中间束腰为带支柱的八边形，每面都刻有文字；下枭与圭角表面隐隐地刻一层卷纹花卉。庄园中还有一种八边形束腰的柱础，刻有“舜耕历山”“燕山五子”等人物故事的图案及文字，如图 7-11（d）所示。

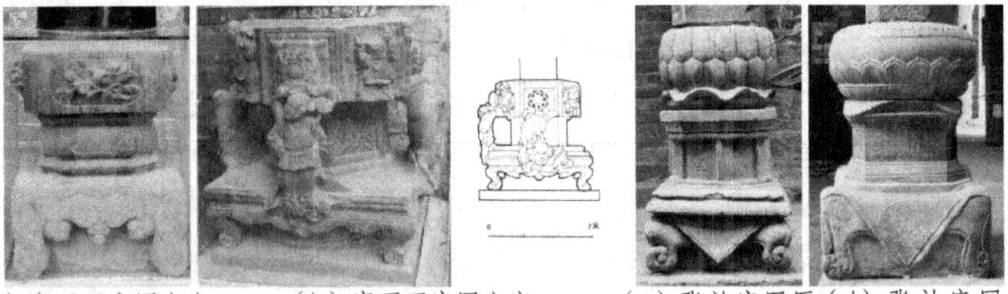

（a）康百万庄园主宅区新院柱础　（b）康百万庄园主宅区中院柱础　（c）张祜庄园厢房柱础　（d）张祜庄园正房柱础

图 7-11　巩义庄园中的柱础样式

二、彩画

彩画历史悠久，是中国古建筑装饰艺术的重要组成部分。它既可以美化建筑构件，又能保护木材，防止被风雨侵蚀。但在封建社会中，彩画有明确的等级约束，在民居建筑中的应用并不普遍。郑州地区的民居建筑中仅有少数彩画被留存下来，有些还未来得及得到深入研究，就被不伦不类的现代仿古彩画和新绘的官式彩画所覆盖。荥阳市高村乡油坊村的秦家大院的柱子上原有彩绘，但在修复过程中被施工人员用红漆覆盖，非常可惜。郑州现存的比较有代表性的是登封城隍庙的地方彩画。其做法是在斗拱、梁檩、额枋等主体框架部位，刷一层灰底色，用黑白两色双勾法绘出不同图案。在额枋多绘连续卷云纹；在大斗的耳、腰部分绘卷云纹，在斗底绘仰莲等纹饰；在梁栿两侧绘行龙脚踩祥云，在底面绘单鳞状纹饰；檐柱与金柱的油漆为朱红色。另有一种规格较高的彩画，使用红、蓝色和少量刷金（或贴金），绘出行龙和类似官式建筑彩画箍头和藻头中的图像；也有类似于南方苏式彩画的内容为花鸟、虫鱼、山水、人物和文房四宝等的彩画。但在图案的规划布局、彩画内容和设色等方面，郑州地区的彩画与官式彩画和苏式彩画有明显不同。

三、灰塑

灰塑原是南方民居中常用的手法，但郑州传统民居的砖雕艺术中也包含有塑的成分。其做法是在白灰中加入麻刀，工匠用瓦刀在未烧制之前对坯料塑形，烧制后再简单雕镂。一些脊饰构件就是用这种做法制成的，图 7-12（a）中的灰塑装饰即为在陡板砖坯上粘接灰塑花朵烧制而成的。如图 7-12（b）所示，康氏祠堂二门立面上的装饰图案也运用了灰塑的手法。除此之外，郑州地区还有在山尖用大面积的灰塑图案装饰山墙的习惯（图 7-13）。这些图案一般左右对称，寓意丰富，舒展大气，其中有倒置的“瓶升三戟”、铜钱、寿字、蜻蜓、卷草等纹饰。有的地区不讲究图案，仅在山尖抹出白色的三角形。灰塑山花的做法多是在白灰中加入麻刀后，直接在青砖山墙上抹出图案，做法简单，做出的图案经久耐用。康百万庄园中还有一种用石灰、砂子、蚌壳调制涂抹的做法，此种做法更加细腻，做工更为考究。

（a）登封市君召乡万生堂正脊　　（b）巩义市康氏祠堂二门

图 7-12　灰塑装饰

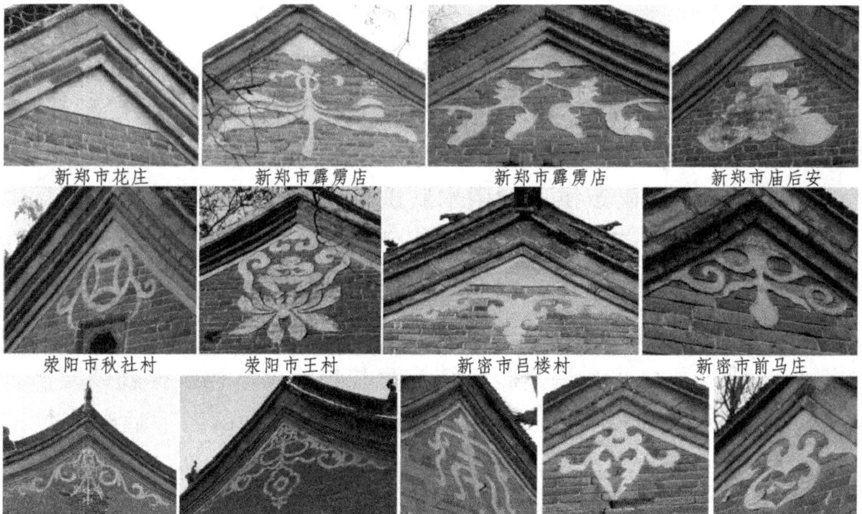

新郑市花庄　新郑市霹雳店　新郑市霹雳店　新郑市庙后安

荥阳市秋社村　荥阳市王村　新密市吕楼村　新密市前马庄

巩义市康百万南大院　巩义市康百万栈房区　巩义市白河村　登封市袁桥村　登封市文村

图 7-13　山花样式

第五节　合院的营造技术

一、承重结构

经过长期的经验积累，北京四合院的单体建筑形成了一套成熟的结构及构造做法。因地处京城受封建礼制的限制，北京四合院一般为“庶民居室，不过三间五架”，若加上前后廊步不过七架房屋。北京四合院的构架格式影响到了山西、陕西及东北等地民居的构架格式，可以说，北京构架是北方的通用系列，仅在晋、陕一带尚存半榀屋架房屋。北京四合院的屋架为抬梁式构架，一般为五架梁或带前后廊，总进深 5 ~ 7 米，每间面阔 3.3 ~ 4 米，能获得充足的日照。

在山东传统民居中，我们以牟氏庄园为例来阐述其特点。牟氏庄园的主要建筑为清式大木小式，抬梁式五架、六架，梁架有举折，只进行简单加工，这与官式做法不同。主要建筑的用料均为圆木，木料的自然弯曲增强了构件的承受力。厢房和群房等次要建筑靠山墙承重，整个建筑用材较少，用料很节约。

山西民居的结构体系分为砖石结构体系及砖石与木结构混合体系和木梁柱结构体系。

（一）砖石结构体系及砖石与木结构混合体系

砖石结构是指用砖石砌筑的窑洞结构。其一般做法是多孔窑洞并联而建。晋东南多砌尖券，而晋中一带多砌圆券，拱券跨度为 3.5 米左右，进深多为 6 米，净高约为 3.5 米。砌筑拱顶时用木质拱形模板支撑，在模板上两层砌侧立砖，并用小石片嵌缝，顶面则用石灰石土泥灌平或在模板上用梯形石块砌筑。窑洞顶部前边做女儿墙或批檐。窑脸处用砖石砌缝横平竖直建好后的整体外观精巧美观。

砖石与木结构混合体系是指砖石结构窑洞与前部木构架插廊或窑洞顶部的木构架结构共同形成的体系。这种二者相结合的结构体系很适合当地的气候条件。

（二）木梁柱结构体系

在山西平川地带的传统民居中，常用木柱及木梁架做承重结构，用砖墙、夯土墙或土坯墙做围护结构，以及用麦秸泥苫被铺青瓦做屋面。具体做法是：第一，在二层正房中，前檐用双坡构架代替通柱；后檐则用砖墙代替木柱，为防止檐檩及檐椽不外露，用砖砌叠涩封住檐部，并在一层处前檐出硬脊或卷棚抱厦。第二，二层的倒座结构做法与正房相似，但前后檐都不封檐，檐椽直接外露。晋南地区的则多在倒座尽间和稍间设门，在门洞上部增设小披檐。若在倒座明间设门，则在后檐中间做抱厦。第三，过厅常采用卷棚式梁架结构，前后檐用木柱支持梁架，若前后出檐就另立檐柱。第四，厢房以半梁架形式做成一面坡屋顶，前檐用木柱支撑，梁架后端支在厚檐墙上，厚檐墙向上砌起直至屋顶最高处，墙顶砌成正脊。

二、屋顶与墙体构造

北京四合院的屋架形式多为硬山屋顶，次要房屋则用青灰平顶或单坡顶。外墙为非承重的围护砖墙。因天气寒冷，其墙壁与屋顶都较为厚宽，在阴阳板瓦屋面下铺设厚苫背灰泥。

山东民居的屋顶与墙体构造与河北、河南的较为类似，以山东栖霞牟氏庄园为例。因考虑采光与取暖，其屋顶两坡前后出檐较浅，梁头露出墙外，挑出为檐。屋顶以泥质鱼鳞瓦覆顶，为增加牢固度，可将瓦片用豆汁浸泡。瓦下的柞木炭用来吸湿保暖，同时也能减轻屋顶重量。在炭层下面铺以荆条编制的屋面笆或者方砖。此外，建筑墙体厚重。主要建筑很注重墙体的牢固程度，如为加固墙体，在山墙上垒进许多贯通内外的长方形石钉。

在山西民居木梁柱结构体系中，屋顶的做法为椽上铺苇箔，再上为黏附板瓦并用麦秸泥做苫背。板瓦仰面铺砌，在坡面两边做 2 ~ 3 垅合瓦压边。用板瓦俯仰组成花墙或屋脊，正脊也用青砖砌筑。墙身一般全部用砖砌筑，有的下部用砖，上部用土坯砌筑。下部砖墙一般高 1 ~ 1.1 米。墙内壁用麦秸泥找平，表面用白麻刀灰抹光。其中山墙厚 50 厘米，内墙厚 30 厘米，外墙厚 35 厘米。

第六节　合院民居的典型实例分析

一、穆氏四合院

（一）穆氏四合院概况

穆氏四合院坐落于商丘古城（今商丘市睢阳区）中山东二街路南，现为“商丘市重点文物保护单位”。室内设置的文物简介牌匾中记载：“穆氏即穆炳坛家……有田地百顷。穆氏四合院原有房舍 80 余间，是一宅三院五门相照，坐北面南的清代建筑群，现有四合院是中宅院和后楼院，共 31 间。”考察时笔者发现，简介中的前院和后院呈对角分布，这说明二者不属于同一个院，不是同一院落内二进与三进院的前后关系。又经尺寸丈量得出，前者的通面阔为 27.2 米，后者的为 24.4 米，这进一步证实了笔者的判断。穆氏四合院现存的中院与后楼院分别位于两条中轴线上。由现存的两个小庭院内的建筑物布局可知，只有正房和厢房，没有耳房或厢耳房的痕迹。只有按此房屋布局计算，房屋总量才能达到简介中所述的 80 余间。因此，笔者断定穆氏四合院的原状应是一主一次并列式的二进四合院，应为一宅六院而不是一宅三院。为叙述方便，将现存的两个前后错位排列的庭院简称为“前院”“后院”。

中华人民共和国成立后，穆氏四合院被作为商丘市招待所。现在，四合院西侧建了招待所大楼，与四合院一起组成宾馆大院。前院现为宾馆的餐厅院，后院被一家服装加工厂租用，后院西侧为宽大的停车场。从现存穆氏四合院的建筑完好程度来判断，是由于人为因素导致损掉 2/3 的房屋建筑。

（二）穆氏四合院建筑形制

穆氏四合院的原貌已难以判明，幸存的两个院的平面如图 7-14 所示，两个庭院完好且规整。管理人员告诉我们，餐厅院（即前院）的房子几年前翻修了瓦顶，由原来的仰瓦屋面换成合瓦屋面，其余未动过。可见，房屋质量上乘。

前院即主院的第二进院，由南过厅、东西厢房和正房围合而成。过厅面阔三间，现改建为本院大门。正房南面为柱廊、明间隔扇门，两边为砖墙，前后对窗，通面阔 12 米，通进深 7.36 米。厢房各三间，前檐双步廊，通面阔 10.88 米，通进深 7.15 米。厢房与过厅的山头处因无耳房而成合抱天井。正房为穆家四合院中的大厅堂，五间九架（主体构架为五架），檩距不等，双步廊檩距略小。厅堂平面呈凹字形，即明三暗五，四道山墙均为承重墙，两梢间的门设于廊心墙面。该厅堂开间尺寸大，明间面阔 3.82 米，次间 4.11 米，梢间达 5.4 米（轴线间距），通面阔（两山墙外皮）23.38 米，通进深 10.48 米。内庭院长 15.86 米，宽 12.76 米。这座厅堂的平面尺度和庭院面积比袁世凯行宫后院及其厅堂的面积还要大，令人吃惊。

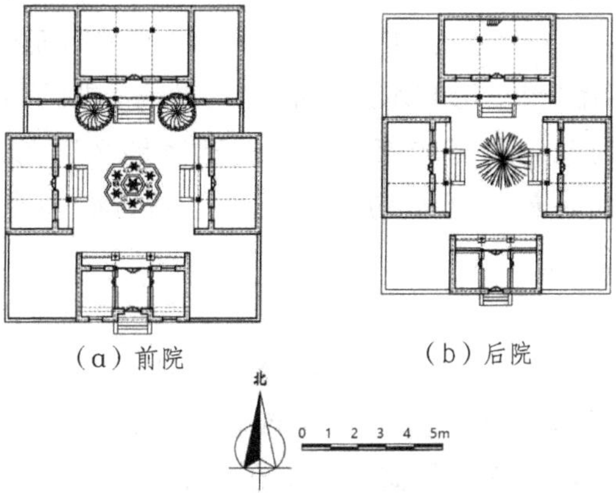

图 7-14 穆氏四合院现存院落平面图

后院由过厅、东西厢房和堂楼围合而成。过厅三间后檐廊，通面阔 9 米，通进深 6 米。厢房三间，五架前檐廊，通面阔 10.9 米，通进深 7.15 米。正房为穆家千金的闺房，即绣楼，三间二层前檐双步廊，两根楹柱通顶无对接。楼层外伸，形成二层走廊。绣楼通面阔 12.6 米，通进深 9.4 米，檐口高近 7 米。庭院南北长 14.14 米，宽 9.95 米。

（三）穆氏四合院建筑特点

穆氏四合院现存的两个庭院，反映出三个突出特点。

1. 庭院十分宽敞

前院实际为穆氏四合院主院之二进院，处于中心位置的庭院面积大一些，是中国传统建筑在平面处理上的常规做法。河南民居中的庭院面积，差异很大。穆氏四合院创造了河南民居庭院面积之最。

2. 房屋全部为前檐廊

穆家的各单体建筑全部是“前出后包，青砖小瓦，五脊六兽”，且多数为双步廊。廊内墙体很少用木隔扇，多为砖砌墙和普通牖窗。穆家房屋的宽廊对保护房屋主体安全的作用并不大，各房屋的廊心墙上均未开门，未形成四面回廊通道，因此遮日避雨的效果有限。宽廊的主要作用就是美化庭院，使房屋的视觉效果更好，使居住者心情舒畅。

3. 前院单体建筑体量偏大

前院单体建筑均为单层，平面尺寸超常，如上述的厅堂，梢间达到 5.4 米，最小的厢房其明间面阔 3.5 米，次间面阔 3.45 米。开间大的负面效应就是要加大檩条直径。而从现存的房屋来看，屋面纵向各开间无扭曲现象，说明檩条直径足够大。房屋门窗洞上用的木过梁断面也很大，如厅堂门窗过梁为四层砖厚，厢房门窗过梁为三层砖厚。穆家的砖的规格是 270 毫米 ×135 毫米 ×67 毫米，照此算来，前者最小厚度约 270 毫米，后者最小厚度约 205 毫米，等于普通房屋的檩条直径。

4. 注重细部装饰

穆氏四合院中，木隔扇使用得很少，额枋简单，粗看不觉得豪华，细看内容不少，比别处的民居更加注重细部装饰。例如，后院的柱础石雕有四种式样。又如，后院厢房的龟背锦花窗九宫格布局的中间一格木雕为篆书寿字，下有牡丹烘托、仙桃陪衬，另外八格为八仙木雕，极为生动。再如，前院过厅外檐口下拔檐处的砖雕，18 块砖雕全为人物故事，各不相同，厅堂拔檐处也是这样的处理手法。雀替雕刻、抱头梁外端头雕刻等精美绝伦。穆家四合院的装饰效果可被概括为“粗看不显眼，细看有内容”（图 7-15）。

图 7-15　穆氏四合院中的细部装饰

二、任家大院

（一）地理位置

任家大院是商丘市虞城县的一处清代民居。商丘位于河南省东部，豫、鲁、苏、皖四省结合部，下辖夏邑县、虞城县、柘城县、宁陵县、睢县、民权县、梁园区、睢阳区 6 县 2 区以及 1 个省直管县级市——永城市。商丘地处黄淮冲积平原，属暖温带大陆性季风气候，四季分明，适合多种动植物生长，是国家著名的农副产品的生产基地。该地盛产粮食、棉花、油料、烟叶、水果等，农林、畜牧产品品种多、产量高、质量优。商丘市除永城市境内有小面积的孤山残丘外，其余均属冲积平原，地势基本平坦，由西北向东南微倾，海拔高度为 30 ~ 70 米。境内骨干河流有涡河、惠济河、沱河、黄河故道、浍河、大沙河、王引河 7 条，流向与地势坡向一致，为西北至东南向，且大致平行分布。商丘市历史悠久，典故荟萃，名胜古迹众多，为全国历史文化名城之一。

（二）任家大院概况

任家大院坐落于虞城县城内大同路中段，建于清代中晚期，是大财主任风清的私宅，原占地面积 3 700 多平方米。中华人民共和国成立后被设为县招待所，保存比较完好。20 世纪 70 年代起任家大院被分给两个单位使用，这加剧了它的受损。8 年前的任家大院保存情况如图 7–16 所示，主体院落完整。由图 7–16 可见，原大院总平面为“凸”字形，是纵向三进、横向三路的较大院落。现存房屋全部为青砖灰瓦，外砖内土坯（里生外熟）墙体，硬山式建筑。前面两侧的配院受损较早，已难以分辨其形态，后面为花园。据街坊老人们介绍，花园中间有荷花池，池边有垂柳，池中有八角凉亭，还有花架、花房等。鉴于任家大院主体院落保存相对完整，2000 年，该民居被列为河南省重点文物保护单位。2006 年春，笔者到此考察时得知，大院两边的土地已被卖给开发商，南侧配院已成空地，拆房时所剩的片片瓦砾还未被清理，但愿今后不再减少。

（三）任家大院建筑形制

任家大院坐东朝西，现存主院及北侧中配院保留完整（图 7–17）。大门位于主院倒座南尽端，屋宇式金柱大门，结构完全独立。两扇木制大门、门框及其上走马板完好无损，仍在发挥着应有的作用。大门内 6 米处设有一座独立式影壁，两者之间形成单独的过渡空间，由此分配出两条路线，左转进入主院的一进院；右转进入南侧前配院，因这一配院早已受损，故右转的侧门已不存在；再经过主院的一进院与耳房之间的二门进入主院的二进院。大门内的这种平面流线组织手法，在中国传统民居庭院中不常见，可谓设计独特。

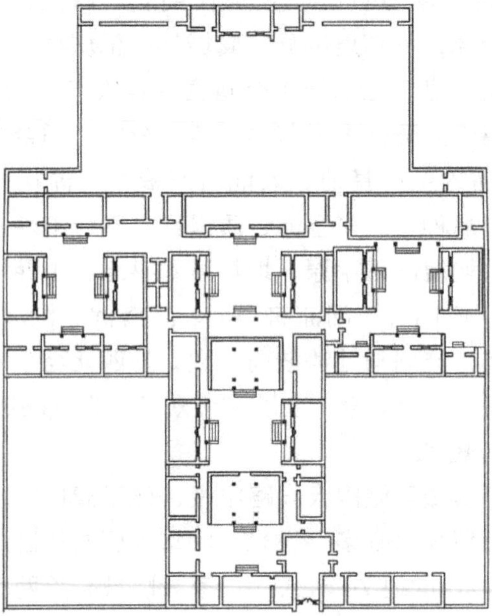

图 7-16　任家大院主体院落示意图

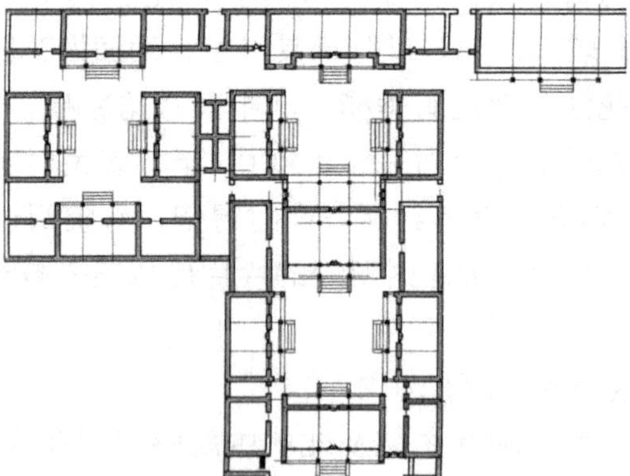

图 7-17　任家大院现状平面图

一进院由倒座和倒座耳房、厢房、正房围合而成。倒座四间位于中轴线上，北端有三小间耳房，北厢房有两间。庭院与大门内空间连通，无厢房。正房三间前后檐廊，为一进院客厅。客厅体量较大，通面阔12.35米，通进深8.4米。正房两边各有两间厢耳房，耳房间设有进入二进院的通道。

二进院内，两边厢房各三间，为前檐廊。正房为本院的中心厅堂（图7-18），为三间前檐双步廊，前墙通体木隔扇，明间后的金柱下方设有木屏门，后檐墙为砖墙。通面阔与前厅相同，通进深8.7米，略大于前厅。二进院为任家的主要庭院，四周檐廊形成闭合廊道，可躲避雨雪。

图7-18 二进院厅堂

庭院长14米，宽12米，十分宽敞。经厅堂两侧的厢耳房与厅堂山墙间的夹道，可通往后院和两边的配院。由平面图可知，厢房前的两条通道从二门起，顺厢房前檐廊到三进院前面两个侧门，长达33.8米，这成为任家大院总平面设计的一大特点。中心厅堂与两侧厢耳房上部用轩廊装饰，以遮掩厢耳房的屋顶。这是吸收了南方建筑中室内轩窗的装饰手法，此手法在该院得到灵活运用。

三进院由前卷棚廊、两侧厢房和正房围合而成。卷棚廊跨于厅堂后檐墙，出厅堂后门进入卷棚廊。两端与厅堂山墙齐平，墙上各设一樘门形成主院三进院的横向通道，通往两边配院。卷棚廊平面尺度较大，通进深3.9米，通面阔12.4米。两侧厢房形制与二进院厢房相同。正房五间二层，明三暗五，平面呈“凹”字形，通进深7.3米，通面阔16.9米。正房前为横向通道，通往两边庭院及后花园。

配院位于第三进院两边，与主院之间留有3.6米的胡同，在此设有四个厕所。配院由南北厢房和东西正房及耳房围合而成，正房和厢房均为三间前檐廊，前脸式样基本相同，平面尺寸大体相近。内庭院东西长16.3米，宽9.7米，面积158平方米。内庭院比主院的二进院略小，大于主院之前后院的面积。

（四）建筑特点

从任家大院现存的建筑中，可以看出以下几个基本特点：

1. 在主轴线的统领下，纵向交通多路并进

主院中轴线从前厅至后院贯穿到底，位于这条线上的四座房屋，形成七门相照的一条通道。遇到重要日子。这条主通道的门会被全部打开。两边厢房前廊下的两条风雨无阻的廊道，与主轴线平行，从一进院起直达三进院前面的两侧门，交会于横向道路。后院正房两边又有进入后花园的门洞。第三进院的厢房两端为贯穿两边配院的横向道路。整个任家大院四通八达、交通顺畅。

2. 以廊院为主，把檐廊的使用功能与庭院的视觉效果高度结合

除主院的第一进院外，其余各庭院均为四面廊。二进院厅堂为给室内更大空间，一改前客厅的模式，未在后面设檐廊。主人为求得后廊院的完整性，在靠厅堂后檐墙建卷棚顶廊，同时又使这条南北向通道在近26米长的距离内上不见天，风雨无阻。

3. 主次分明，尊卑有序

主轴线上的正房体量从前到后依次增大，高度也依次升高。院厅堂侧面的轩廊屋“前不压后，右不压左”的高度控制准则，在任家大院的建设中被执行得一丝不苟。正房与厢房、厢房与厢耳房之间，无论高度还是立面处理都有明显差异。主院与配院的房屋体量也有明显差别。

4. 平面布局与房屋立面富于变化

庭院空间变化很大，一进院前后房间相距8.6米，距二进院约14米，比一进院长出5.5米，体现了中院的主体地位。同类的一进三、四合院中，前、中、后院的面积也有变化，但差异都没这么大，主轴线上的四座建筑各不相同，尤其是两座客厅，前面的前后廊，后面的单面廊。更有三进院的卷棚廊，为三进院增添了几分活泼。河南民居建筑中，用卷棚顶的很少，有个别用于厢房的，也有极少量用于二门屋顶的。像任家大院的大尺度卷棚廊为河南民居建筑中卷棚廊之最，这些都体现着任家大院不拘泥于成规，在统一中求变化的特点。

5. 厢房完全避开正房，正房主体突出，庭院宽敞

主院、配院、厢房完全避开三间正房，加之正房通面阔尺寸较大，庭院十分敞亮。

三、程相府宅院

（一）地理位置

程相府宅院是河南省南阳市西峡县桑坪镇包沟村的一处大宅院。西峡县地处豫西南伏牛山腹地，境内地形复杂，北部是海拔高、坡度大的山地，南部是鹳河谷地，全县最高山峰犄角尖海拔 2 212.5 米，最低点位于丹水镇马边村，海拔 181 米，县境内高差达 2 031.5 米。西峡县气候特征属暖温带大陆性季风气候，温和湿润，年均气温 15.1℃。当地雨量适中，年均降雨量 800 毫米左右，年均无霜期 236.2 天；光照充足，年均日照 2 019 个小时。桑坪镇位于西峡县西北部的深山区，“春前有雨花开早，秋后无霜叶落迟”是对当地山清水秀、景色宜人的风光的描写。桑坪镇资源丰富，特产丰饶。山民们充分利用自然资源，大力发展林果（板栗、核桃、猕猴桃）业，食用菌（香菇、木耳）业和中药材（山萸肉、天麻、桔梗等 1 000 多种）产业，以及建筑材料（大理石、花岗石、石灰石）工业，靠山吃山，丰衣足食。西峡县又是恐龙的故乡，恐龙蛋化石存量为世界之最。

（二）程相府宅院概况

2005 年 6 月 1 日，考察组师生四人在西峡县文管所谢洪亮先生的带领下，从县城驱车 45 公里山路，来到群山环抱、风景如画的包沟村。村委会主任程家朝热情地向我们介绍：宅院主人程相府依靠当地资源做山货（以药材为主）生意发财，又任内乡县（当时无西峡县，属内乡县治）商委会主任和米坪区区长。1936 年 3 月 13 日开始建房，始建房屋并排三路院，带后花园，共有房屋 55 间。整个家园有外墙包围，围墙四角设有四座炮楼。围墙和炮楼被毁于“文革”期间。西院原来是一个独立的院落，供长工居住，也用来饲养和存放车马、牲畜，几年前因坍塌而被拆除。现存中院由程相府后人居住，东院由村委会使用（图 7–19）。

程相府宅院坐落在起伏不平的基地上，宅院坐北朝南。现存东院和中院共用一座大门，大门为屋宇式金柱大门，两侧倒座各三间，大门内设独立照壁。进入大门往右是东院二门，二门坐落在厢耳房和倒座之间，面向西；往左是中

院大门，中院大门位于中轴线上。这样的空间分配使东路成为二进院，中路成为三进院（图 7-20）。

图 7-19　程相府宅院东二进院内景

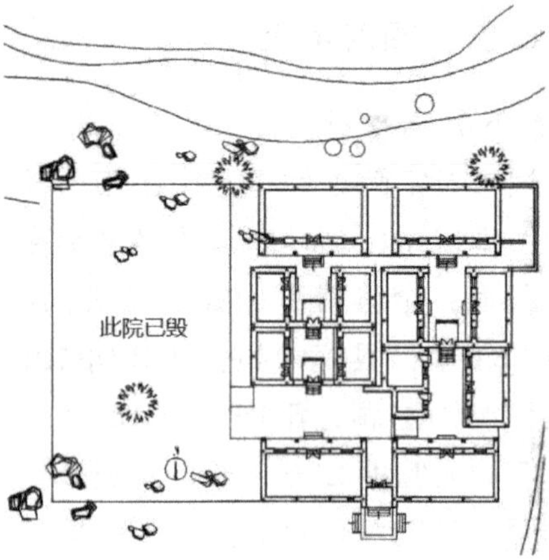

图 7-20　程相府宅院平面图

东院是程相府当年议事的地方，沿中轴线从前至后的建筑空间序列为：倒座三间二层→一进院，东厢房三间，西厢房一间半和厢耳房一间→二门→二进院，东西厢房各三间→正房三间二层（图 7-21）。

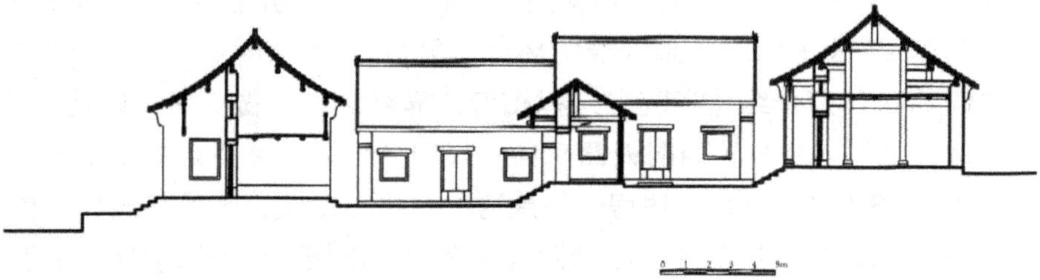

图 7-21　程相府宅院剖面图

中院沿中轴线从前至后的建筑空间序列为：倒座三间二层→一进院→二门→二进院，两侧厢房各两间→三门→三进院，两侧厢房各两间→正房三间二层。

该宅院倒座、正房均为前檐廊。两座正房之间加一间储物间，若不计楼层，现保留房屋 33 间半。若计二层间数，现保留房屋应为 45 间。

（三）程相府宅院建筑特点

1. 严格按风水选址

程相府宅院地处深山区，自然条件优越我国传统民居中所论宅外形的优势在程宅中体现颇深。宅院背靠万仞高山，又坐北朝南，还有山间溪流经宅院东侧又环绕于门前 20 余米处流过，刚好形成山环水抱之势。《阳宅十书·论宅外形（一）》中有云："凡宅左有流水，谓之青龙；右有长道，谓之白虎；前有汙池，谓之朱雀；后有丘陵，谓之玄武；为最贵地。"宅外形的"左青龙，右白虎，前朱雀，后玄武"四者中，程宅占有三个，岂不是宝地？再者，山体余坡也被程宅充分利用，剖面图反映出了该宅院前低后高，高差将近 2 米。该院大门前有大约 50 米宽的相对比较平坦的地带，且临村内主要东西向大路，是能足够容纳程宅通进深 36 米的院落的原因。但程宅并没有完全利用这块平地，而是靠后坐于高差较大的坡地，实在不合现代建筑设计之理念。究其目的，还是在于追求"后高前下，多足牛马"的吉利地形。

2. 平面布局功能齐全、合理

程相府身兼两职，经常有公务或礼仪等各种活动，专门设置东院用于公务，不干扰家庭的正常生活。自家人居住中院，突出了主体位置。两院前后并列的两条横向通道，与两院轴线形成回路，可以环行两座庭院，使用起来方便、合理。

3. 庭院空间组织富于变化

程宅中路倒座内的庭院与北京四合院的一进院相同，横向狭长。为争取到中院的这一过渡空间，主人宁舍厢房，也要使二、三进院的厢房由三间变为两间（图 7-22）。西院是一座独立院落，如果尚存，应与东院相似。经如此调整，中院的中心地位大大加强。

4. 梁架结构为抬梁式与穿斗式结合，又自成体系

程宅正房为 7 架，中间三架用抬梁承托。后坡外金檩下节省了落地柱，也用抬梁承托金檩，并且这一根抬梁与内金柱为穿斗式连接。

5. 因地制宜，就地取材

程宅的建筑并不豪华，华贵的木、石、砖雕几乎不见。所见只有三多，即木材多、石料多、土坯多。伏牛山区木材和石材丰富，程宅用木料很多，截面也大，明柱柱径大于 28 厘米。房基全部用大块卵石砌筑。大块墙体用土坯垒

砌。考察时，笔者特意向程家朝先生了解了当地红土坯的来源，原料为当地一座石山风化的“红石砂”。这种红石砂由石粉和小于绿豆的颗粒组成，加入1/3的石灰和泥制坯，强度高又耐冲刷，是当地常用的建筑材料。如今村民们建房，仍然多用红坯和石料而少用砖。砖用于封檐、墙角、墙体下碱和门脸等关键部位。土墙经粉刷罩白，就形成了墙体以白色基调为主，兼有青砖色彩点缀的既朴素又自然的色调。正是这种就地取材、因材致用的建筑实践活动，创造出了我国材美、工巧、各具特色的地方传统民居。

图7-22　程相府宅院东二进院内景

第八章　中原传统民居的保护、开发及传承

第一节　中原传统民居建筑现状

一、总体状况

河南拥有大量的民居资源，各地都有不少优秀代表。除第七章所举的实例外，还有许多民居也很有代表性，如洛阳的史家大院、郊区的窑洞民居、孟津的魏坡民居、新安的张谷英庄园、灵宝的杨公寨聚落、西路井民居、南阳的万兴东大药房、新县的彭氏宗祠、辉县的小店河民居等。

现有民居中，分布在农村的占多数，分布在城市及县城的为少数。分布在城市与县城的民居绝大多数归国家所有，分布在乡镇和农村的多数由后人继承，归个人所有。归国家所有的民居中有少数被开辟为展览馆，同时又归文物部门管理，这些民居被保护得较好，能产生经济效益，如康百万庄园。个人所有的民居好比苍老的树木，长期朽蚀，最后消失。总之，河南民居目前的整体状况不容乐观。河南民居虽然数量众多，但从总体来看，近几十年来损失、毁坏严重。是主要突出表现在三个方面。一是河南民居大多数都是上百年的老建筑，因年久失修而毁掉，还有许多民居建筑属于“危、漏”房屋。同时，现代生活方式的变化和人口的增加带来了大量的社会问题，位于城市民居的给排水设施、卫生设施、道路交通及电力等基础设施先天不足，致使大多数民居周围的环境质量变差，这样就造成了传统居住环境与居民的现代生活需求之间的矛盾，民居受到严重威胁，甚至受到人为的破坏。处于乡镇和农村的传统民居有相当一部分已经处于破朽不堪、无人照管、被废弃的状态，其数量也在急剧减

少。二是已被定为文物保护单位的民居因种种原因也在不断减少，尤其是自身和周边环境遭受到的破坏更为严重，城市中星星点点的民居文物建筑被淹没在“混凝土森林”中，艰难地生存着。三是许多古城镇中有代表性的传统民居群、历史街区，在旧城改造的浪潮中消失，这种情况对民居的毁坏最为严重。

二、民居损坏的因素

随着历史的发展，河南也与全国各地一样，城市、村镇都发生了巨大变化。能留存到当今的民居，必为质量上乘的建筑，具有科学、技术、经济、艺术、文化等多方面的价值，是前人留下的宝贵而又不可再生的文化遗产。然而，这些承载着历史文化并与人类生活关系极为密切的传统民居建筑正在快速消失，已到危急关头。其原因是多方面的，既有自然方面的因素，也有人为的因素，还有社会因素。根据河南民居损坏和消失的实际情况，这些因素可被具体概括为以下几个方面。

第一，自然损坏。传统民居大多属于土木结构，许多房屋经过上百年的风吹雨淋、日晒虫蛀之后，大多数自然消失，在所难免。

第二，民居易主，数量急剧减少。中华人民共和国成立后，社会形态发生了根本性的变化，大批量的民居财产易主；未易主的民居也由后代分割继承，他们把完整的民居化整为零。这些房屋的所有者对民居建筑的珍惜程度远远不够，使传统民居在短短几十年内快速消失。因此种原因消失的民居数量之大，应占首位。

第三，经济增长，建筑更新。随着经济的发展和居住形态的变化，原有建筑已经不能满足现代居住的需求。另外，“原址建新房”的政策也是传统民居快速消失的一个主要因素。

第四，传统观念与生活方式的改变。迁新弃旧，传统民居被废弃的现象普遍存在于城乡各地。处于交通不便、自然条件差的山区农村的人们，向往居住在公路边，便于出行。也有居住者，特别是年轻居民，以住“老房子”为耻，最突出的是窑洞居住者。以上两种情况致使老民居被废弃。无人居住的房屋或窑洞，缺少通风、缺乏维护，损坏加剧。笔者认为，前一种情况中，丢弃老房子是为了摆脱困境，谋求新的发展路子，理所当然；后一种情况中的丢弃老房子或窑洞则是大气候使然，潮流所致。有相当一部分新建的房屋并不比原来的好，这种情况在调研期间遇到不少。

图 8-1　某市一传统民居现状

第五，国有民居管理不善，使用不当，导致一些优秀民居被毁。中华人民共和国建立之初，位于城镇的一些优秀民居被收归国有。随着办公条件的不断改善，重要部门迁出，其他部门迁入，甚至一处大宅院被分配给几家单位，有单位使用，无单位维护。尤其是经济部门使用的优秀民居，随着经济体制的改革，被二级或三级机构占用，这些单位更是只用不维护。如某县城内的一条主要街道两旁现存的大片民居，就属于这种情况。又如，图 8-1 中的传统民居也被某些单位占用至今，并且这些单位对其进行了“大手术”，如此糟蹋传统民居的行为令人心寒。而这样的民居都是当地质量好的民居。

第六，经济大潮下的旧城改造引发新一轮的民居的损失。社会在进步，经济在发展，城市（镇）在变化，旧城改造势在必行。但旧城改造的方法应该是多样化的，不应该是让全国上下大片历史街区两天之内夷为平地的方法。改造前应充分调研、充分论证、做好规划，不能一律拆除，以免导致玉石俱焚的结果发生。现在这一大潮正在河南的县城（镇）等地蔓延，有的省级文物保护单位也同样受损，且无能为力。

第七，文化苍白，利欲熏心，有人故意破坏。近二十多年来，我国经济飞速发展，科技领域也取得了令人瞩目的成就。然而，精神文化方面却滞后于经济发展，国民的文化修养水平较低，对传统文化的应有价值缺乏认识，为发展经济付出了不应有的代价。因某些人利欲熏心，还有倒卖民居艺术构件的现象。

由近几年的大量调研可知，众多的民居资源中，因以上原因，完整保存的民居寥寥无几。

第二节　中原传统民居建筑的价值

民居建筑量大面广，与社会的发展情况、人民的实际生活水平、当地的风土人情、资源和气候等联系极为密切，所承载的物质文化与精神文化信息也最接近实际。对民居建筑进行保护的首先应充分认识其存在的价值。

一、历史文化价值

历史上遗存下来的民居建筑及民居环境中的最重要的社会价值是历史文化价值。传统民居之所以具有历史文化价值，是由于它们是过去时代的真实产物，客观地记录了那个时代各方面的状况，为研究那个时代的人们提供了物证或线索。建筑文化作为文化系统中的重要组成部分，以物质形态表达其文化内涵，以技术手段对历史文明作出阐释。作为一种文化载体，民居所反映的民族性、地方性特征十分明显，对当地自然条件和资源种类极其敏感，对主人的社会地位、经济能力及审美情趣等表现得最为直接。这些富有地区特色的文化，在一个地方可能不是特别明显，但如果同整个大文化系统联系起来，就显得无比丰富。若没有这些地方特色文化，中国文化便不能如此博大精深。随着物质文明和精神文明的发展，人们必然会更深刻地认识到地方传统文化的可贵之处。

河南是中原汉文化的发祥地和中心地区，以黄河为依托的中原汉文化与周边文化的相互渗透与融合，一直影响着中原地区人民的思想意识。河南民居建筑的一些形态和细节处理方面，明显带有与周边文化的融合痕迹，这充分体现了地域文化特征。

二、研究价值

“生态”是人类生存离不开的自然环境，随着现代科技的快速发展，在人对自然的控制能力增强的同时，人类却忽视了技术进步对自然资源的破坏和人类自身生存环境的恶化，从而出现了严重的生态危机。要想使技术不被滥用，从生态学的角度，可以把民居作为改善人类生态环境的方向来研究。民居依附于生态环境、自然地理、气候条件，是一种适合当地自然环境和历史文化的建筑形式，是一种具有强烈环境意识和丰富历史信息的高品位建筑文化形式，它们通过自身的合理存在，把人与自然真正和谐地联系在一起。无论是在繁华的城市，还是在偏僻的乡村，河南民居建筑都各具特色，深深地扎根于民间。它们广泛集中了民间的传统建造经验，在如何巧妙地利用和顺应自然环境方面作出了榜样。古人靠智慧创建的建筑成为与自然环境相适应的范例，是我们探索未来建筑趋向的宝贵遗产。

河南民居类型多样，可以被粗略划分为木构建筑和生土建筑两大基本形态：木构建筑由柱、梁、檩、椽子等构件组成。如果个别构件缺失或损坏，可以随时被替换而不影响整个体系，门窗和屋面上的瓦件更是可以随时更换，这处处体现了可持续发展的优越性。生土建筑（窑洞）集中分布于豫西一带，窑洞民居虽然看上去土气，但它给予人们的居住舒适度和其低廉的居住成本，是任何建筑都无法相比的。窑洞在建造过程中不需要大量破坏当地的地形地貌、树木植被，它们最大限度地与大地融合在一起，充分保持了自然生态环境的风貌，是建筑植根于大地的典型代表。深入研究这些民居建筑，对现代建筑的生态与可持续发展趋向有借鉴与启示作用。

三、使用价值

建筑作为一种特殊的物质产品，一旦建成便不同于短期使用后可随意抛弃的其他易耗产品。经调查发现，河南民居大多建成于清代，尽管风雨的侵蚀对其产生了部分破坏，但在不同程度的维护下，仍具有良好的使用性能。更重要的是，国内、省内已有利用民居建筑打造当地经济增长新亮点的成功范例，这一价值已经被众多人看到，相信在不远的将来，河南民居会发挥更大的作用。

四、艺术价值

河南民居建筑功能明确，建筑群体风格统一，建筑布局科学巧妙，空间变化错落有致，轮廓线亲和有力，建筑立面丰富多样。其合理的构造，简朴的形式，宜人的尺度，自然的用材，朴素淡雅的色调，精美的木雕、砖雕、石雕，均表达了人们对美的追求。例如，河南传统民居中的建筑装饰可以在现代建筑中直接被应用或通过改造被应用。除表层文化外，深层的文化内涵也有可以直接被应用之处。河南传统民居所体现的“天人合一”思想、以不变应万变的解决问题的方法，以及朴素的辩证法等，对特色乡村建设中的建筑创作具有很大的借鉴意义。

第三节 中原传统民居的保护对策探讨

一、当前中原民居保护存在的问题

历史的偏好为河南留下了众多的文物古迹，其中留存于地面上的古建筑在全国也占有重要地位。这些古建筑主要是古塔、古寺、庙、会馆等。过去对民居的保护在河南并没有得到应有的重视，直到近年来政府主管部门才开始重视对民居的保护。由于对民居的保护起步较晚，目前还存在一些问题。

第一，对民居的文物价值认识不足，重视程度不够。河南除民居外的其他文物多，主管部门长期以来把主要精力都放在对这些文物的发掘与保护上，忽视了对民居的发掘与保护工作。近几年加强了这方面工作的力度，但民居建筑量大面广、其产权归属复杂、需要投入相当大的精力等实际困难，以及有些基础性工作（如资源拥有情况）尚待各级主管部门认真调查落实等情况增加了阻力。

第二，对民居保护工作的监管力度不够。对传统民居及其环境的保护牵涉面广、难度大，因此对民居的保护力度远不及对其他类型的建筑的保护力度，这好像是全国的共性，河南亦然。好在河南省第十届人大常委会十八次会议会议通过了《河南省历史文化名城保护条例》，限制各级政府进行城市建设时对历史文化名城的破坏。该条例于 2005 年 10 月 1 日起施行，这是河南省出台的第一个有关历史文化名城的保护条例，它将历史街区及传统民居置于较为重要的位置。该条例明确提出了对于具有传统风貌的商业区、手工业区、民居及其他古迹区整体规划保护的要求。该条例还提出了保护的总体目标、保护内容、保护范围、保护标准、保护规划的实施保障措施及保护责任的落实等，并确定保护管理部门为城市规划行政主管部门和文物行政主管部门两个执法主体。该条例对河南省传统民居的保护起到切实的支持作用。

第三，保护资金严重匮乏。河南民居量大面广，需要大量的保护资金，即使是具有较高价值的民居，政府也难以投入力量对其进行保护。另外，多数保留较好的传统民居属于私人财产，很难得到政府、单位或其他个人的资助。牵涉到资金的问题，民居的保护就成为全社会最头疼的问题，也成了一道难解的方程式。记得2005年底，当临沣寨被评为“中国历史文化名村”时，一篇报纸文章谈到进一步保护、开发需要资金的话题时说：过去一家能办成的事，竟然难倒了现代人，多年来束手无策。

第四，居民对民居保护缺乏了解。河南现保留有一批较好的传统民居，其中有的是因为户主善守老业，认识到传统民居的保护价值而主动加以保护的。而更多的传统民居却由于居民的保护意识淡薄而被毁坏，被保留下来的民居也多是由于资金等原因被动地保留下来。在调查中，有些居民对我们的调查及研究表示不解，他们认为这些老房子都这么破旧了，还留着干什么，不如拆了盖新房，自家如果有钱，早盖二、三层楼了。也有人向往该住区能被拆迁，可以多得点迁拆安置费。这一状况需要政府、媒体等有关部门的宣传及正确引导。另外，有许多居民都认为有些好房子被拆除了实在可惜，但他们却不知道怎样保护这些传统民居，更不知道如何利用其特殊的历史文化价值来保护居民自身的利益。这种现象在已被拆除的民居住区中更具代表性。

二、当前河南民居保护工作的重点

第一，加大宣传力度，提高社会各界对民居保护与利用价值的再认识。通过各种媒体，采取多种方式宣传保护河南民居的历史意义和现实意义，以引起各级领导的重视，获得各方人士的关注，唤起居民的保护意识。要使人们认识到，民居能对今天的经济建设和将来的可持续发展发挥重大作用。

第二，加强基础性工作，摸清家底，分类排队，认识价值。摸家底是一项基础性工作，既系统，又繁杂，还需要大量的精力和时间投入。有的当地主管部门因种种原因，对这些基础工作做得不够笔者为了解到信息并找他们询问时，他们还不清楚需要做哪些基础工作。这些地方的民居有省级保护单位，但无市县级保护单位。只有摸清家底，才能分门别类地进行归纳，认清哪些民居具有什么样的价值。这里所说的价值，笔者认为除文物的历史文化价值以外，还应包括可利用的经济价值。近几年，国内、省内的民居文物保护实践证明，民居若与可利用的经济价值相结合，其经济效益要远远高于其他类型的文物建筑的经济效益。有了经济效益，大家都高兴。不用任何部门和任何人的督促，人们能把民居保护得比什么都好。反之，民居就会成为负担，民居保护则难上加难。

第三，确定重点，划分级别，按级别制定保护措施。如果把历史上遗留下来的所有民居建筑全部作为文物保护起来，困难太大，也无此必要。相关部门要将那些有一定价值的民居作为重点，并划分出它们的等级，然后根据等级分别再制定出不同的保护措施。相关部门还要根据民居的等级经一定申报手续，将其列为县级、市级、省级甚至国家级文物保护单位，从而形成各级政府、城乡、居民相结合的保护管理模式。

三、保护对策探讨

保护民居的目的和保护其他文物的目的一样，重在传承历史文化。但是，民居建筑又有其自身的特点，即对人的亲和力强，古为今用的成效全民可见，这应视为民居的独特优势。

所以，笔者认为对民居的保护对策应有别于对其他文物的保护对策，应与时俱进，把尊重历史与服务现实有机结合起来。目前，全国都在探索，国内、省内已有一些成功经验。

第一，就地原址保护。对民居最好的保护措施就是就地原址保护，只有在原址、原环境中，才可最大限度地保持其历史意义和环境特点，既保护了历史价值，又保护了环境价值。这一措施的最大优点是能将民族文化保护在其原生的自然和社会环境中，使其真实且自然。目前，就地原址保护应是应用最广泛、最经济的方式之一。

第二，脱离原址就近保护。这一措施适用于因国家重大工程必须迁移，附近又有合适的地方可供安置的情况。在这方面河南已有成功经验，如小浪底水库库区迁往仰韶的一处民居的做法就很成功，既保护了建筑本身，又使其未完全脱离原生态环境。

第三，集中迁建保护。河南民居数量多，破损程度不一，又分散在全省各地，如果任其自灭，实在可惜。将这些孤立存在又不可能被保护好的民居拆迁，集中于一处位置适当的地方再建是完全可行的。这类保护形式国内早有先例，并收到了良好的效果。例如，安徽歙（shè）县曾把若干分散孤立的明代残损民居、祠堂等集中迁建保护，以其群体效应增强历史氛围，取得了很好的效果。另外，安徽徽州潜口区民居群和江西景德镇陶瓷博览区的明园、清园民居群也是卓有成效的集中保护做法，还有浙江横店的“古民居博览城”、湖北武汉东湖的“民居园”。据悉，陕西也将有此举措。这些都为河南民居的保护提供了很好的思路，值得借鉴。这些迁建后的民居形成了一个新的群体，既可供考察，又能作为旅游景点，从而产生新的价值，其经济效益十分可观。当然，集中迁建有理论上的缺点，即这些民居失去了原来所处的人文和自然环境，成为孤立的建筑。但是，有得必有失，这些措施可以有效地保护民居建筑，深得人民大众喜爱，还可产生可观的经济效益。

四、中原民居保护复建（以叶氏庄园为例）

叶氏庄园是河南目前保存较为完整并且规模宏大的清代民间建筑群之一。其建筑格局保留了清代民居院落的布局形态。叶氏庄园中建筑的墀头、柱础、梁架、屋顶等细部构造独树一帜，是研究清代河南建筑不可多得的实物例证。大量的石雕、木雕和砖雕精美绝伦，题材丰富，对叶氏庄园的保护、修复与复建具有重要的历史与文化意义。

（一）叶氏庄园现状分析

1.建筑现状

叶氏庄园位于河南省东南部周口市商水县邓城古镇北部，北临沙河，位于河道弓臂内，地势平坦，在传统意义上是风水极佳可庇护子孙之宝地。据叶氏族谱记载，叶氏来祖叶绍逸明末大移民时从山西迁居中原，因邓城集镇繁华，是水上交通要道，为谋生决定迁居于此。现存的叶氏庄园最早由叶氏第六代叶和之子叶方科始建。整个院落建成历时 73 年，于同治七年完成，耗银 170 余万两。叶氏庄园整体由三座院落组成，分别为西院“三进堂楼院”、中院“五门照院”和东院“高门台院”。主宅三院共占地 20000 平方米，基地南北方长 230 米，东西宽 260 米。宅西有 100 间群楼，为叶氏当铺；宅南也有 100 间群楼，为叶氏粮库，总共有楼房 400 多间。所有建筑均为灰砖墙灰瓦硬山顶建筑。1986 年被河南省人民政府公布为省级重点文物保护单位。三进堂楼院为现存三座院落中保留建筑最多、最完整、质量最高的院落。三进堂楼院东西通开间宽约 25 米，南北通进深 70 米，现存前、中、后三进院落，共有楼房 96 间，瓦房 17 间。一进院又称“大厅院”，由门楼、倒座、东西厢房与正房围合而成（图 8-2）。中院又称“二厅院”，大厅楼两边的侧门或大厅底层均可通达。中院厢房楼和正房楼均为三间两层，前后封护檐墙。三进院又称“堂楼院”。堂楼气势宏大（图 8-3），坐落于 1.2 米高的台基上整个堂楼分为三个部分，中间三间，两侧各两间，河南民居中较多见的是明三暗五的房屋，这种明三暗七的形式极其少见。堂楼上层均有门洞相互连通，并与两侧厢房和厢耳房连通，这种形制的楼房被当地人称作“转厢楼”。堂楼立面中间三间檐下墙面为砖雕仿木结构，斗拱、额枋、檐柱等雕刻形象可以假乱真。

图 8-2　三进堂楼院鸟瞰图

图 8-3　三进堂楼院堂楼

“五门照院”与“三进堂楼院”通过一条胡同相连，胡同宽仅 1 米。曾有前后五进院落，20 世纪 90 年代建小学时基本被拆除，原建筑基址大多被保留下来。

“高门台院”（图 8-4）因其所处基地西高东低，为了防止雨水从西侧大门倒灌入院内，建筑工匠们在整个宅院周围以当地开采的红石石板筑起一圈高台，因此而得名。

图 8-4　高门台院门楼

2. 民居特色

（1）院落布局。叶氏庄园的建筑是沿中轴线对称，四面围合的合院式布局。平面布局外紧内松，庭院宽敞。从平面图中可以看出，厢房之间的间距大，正房完全露脸。院内不种树，没有厨房和厕所，内庭院宽阔敞亮。

叶氏庄园通过建筑高低的对比，营造院落空间节奏。从三进堂楼院剖面图（图 8-5）可看出，叶氏庄园建筑的布局与故宫建筑布局有异曲同工之妙。二者都是通过院落围合程度的对比，营造不同院落的空间氛围。综观前、中、后三院剖面，前院宽敞通透；中院起过渡作用；堂楼院的建筑高大封闭。三进庭院面积和整体长宽比接近，建筑的围合程度的变化成为影响院落空间氛围的主要原因。

图 8-5　三进堂楼院剖面图

（2）造型风格。叶氏家族发迹之后为了光耀门庭便把自己的家建设得辉煌高大。建筑立面高大，构件宏丽，被当地人称作“中原小故宫”。庄园门楼（图8-6）总高约13米。全部房屋高度过高，尤其是大厅楼，长宽高接近，整体呈正方的墩形。立面高大增加了材料消耗，三进堂楼院正房大梁直径就达到了40厘米，增大了施工难度。

房屋立面富于变化。房屋立面过于高大，如果处理不当，就会显得单调、呆板。传统建筑工匠利用窗口、门洞、檐口、披檐、檐廊等常规的立面构图要素，成功解决了这一问题。例如，大厅院的护院楼立面（图8-7）为清水砖墙面，高大平直，匠人把门洞口设为半圆砖拱券，两边方窗洞口对称，上层三个窗洞口中间大而方，两边小而圆。这种简单的不同大小的形状组合呈现出良好的效果。

图8-6　三进堂楼院和五门照院门楼

图8-7　三进堂楼大厅院护院楼

建筑构造科学，施工质量上乘。墙体檐墙厚55厘米，山墙厚45厘米。至今所有房屋墙体平直，无变形。

建筑用料考究。所有楼房用同型青砖，所用砖瓦全部用麦草秕慢工烧透，七卧一立，砖茬相交，小刀勾缝。门窗上方为木质过梁，梁檐全用桐油做防腐处理，至今未见有蛀虫和折断现象。在豫东民居中，叶氏民居是用石材最多的，台基压阑石长随间广，宽52厘米，厚18厘米。

（3）装饰雕刻。叶氏民居里保留了大量精美的雕刻，石雕、砖雕、木雕俱全。例如，叶氏民居三进堂楼院二厅院正房后门门楣上附有砖雕（图8-8），砖雕竹节框内分三层雕刻。上层题材为狮绳不断头，中间是菊花、牡丹，下层是松、鹿和蝴蝶采莲。墀头拔檐砖雕题材丰富，雕工精湛。木雕主要用于变异斗拱、室内二柁梁头。最复杂的要数用于五门照院门楼上充当斗拱用的“百龙竞翔图”（图 8-9）它用名贵的楠木透雕、圆雕而成。

图 8-8　三进堂楼院二厅院正房后门门楣

图 8-9　五门照院门楼斗拱“百龙竞翔图”

在河南民居中，叶氏庄园为兄弟三人所建宅院，河南其他地方，如寨卜昌民居、康百万民居原规模都很大，是几代人所为。叶氏庄园在历史上曾移做他用，是现存最完整的乡公所行政建筑遗存，具有一定的历史文化价值。

（二）叶氏庄园保护规划与复建设计

通过对叶氏庄园及其周边环境的调研和测绘工作，笔者认为叶氏庄园所处的文物环境岌岌可危，保护工作刻不容缓。

叶氏庄园主要的三座宅院被学校、镇政府、卫生院等占用，拆改损毁严重。庄园现存文物建筑规模偏小，参观整座宅院耗时也不过半个小时，很难吸引参观者在此停留。

叶氏庄园门楼南侧现有一个广场，广场东、西、南三面均为二层现代商业建筑，与叶氏庄园极不协调。广场过大，环境混乱。

针对这种现状，将有效保护当地地域和文化环境作为规划目标，复建和重建建筑应符合豫东地区的建筑特色，在尊重当地人生活方式的基础上引导人们融入未来新镇区建设。在保护好庄园现有建筑的基础上，形成地区文化中心，带动当地旅游文化产业和经济的发展。

1. 保护措施

（1）合理划定保护区范围。本案对镇区总体规划中的保护范围进行了调整，新的保护规划范围分为三个级别，即文物保护范围、建筑控制地带和环境风貌协调区。针对不同的保护级别，制订出不同的保护和建设策略。

文物保护范围包括庄园现存建筑范围和文献记载的原有庄园建筑基地范

围。建筑控制地带为包括叶氏庄园及周边 100 米的范围，此范围内建筑不得超过 3 层，高度不超过 12 米，容积率不大于 0.6。环境风貌协调区为包括叶氏庄园及周边 500 米的范围，区域内允许建设不同功能的现代建筑，但应严格控制建筑体量和风格，建筑不超过 6 层，不高于 18 米，容积率不大于 1.0，建筑外观应和北方民居建筑协调。在方案调整过程中，本案将环境风貌协调区范围从原本的沙河南岸扩展到沙河北岸。这一调整有利于沙河沿岸整体环境的整治，可以有效保护文物建筑周边自然环境风貌。

考虑到村镇现状和未来整体规划，建筑控制地带和环境风貌协调区的控制线应尽量沿现有道路线或未来规划道路线划定，不穿越完整的建筑地块。因此，控制线的形态都不是规则的几何形。

（2）分区块保护。根据基地现有使用功能对地块进行细分，每个小的地块都根据未来的规划使用需要制订出详细的限制性规划指标，每个地块也有相应的针对性保护措施。

（3）分阶段实施。设计和施工都可以依据四个不同的保护规划级别分阶段进行。第一阶段是整体保护规划设计；第二阶段是文物保护范围内文物建筑的保护工程；第三阶段是三进院落的考古发掘和复建工程；第四阶段是商业设施、旅游服务设施等配套设施的新建工程。

文物保护范围内的三进院落设计施工依据拆迁难度的高低，分阶段实施。新的卫生院和镇政府楼已在新镇区内开工建设，因此拆迁难度较低的卫生院、镇政府和水利站可先行施工。

2. 复建方法研究

（1）有依据的复建。复建工程应尽可能有凭有据。针对现有建筑格局破坏严重且文献资料匮乏的状况，对原有庄园建筑范围内的与文物建筑不协调的建筑进行拆除，可以通过对原有建筑地基的考古发掘，了解叶氏庄园原本的建筑格局，作为下一步复建工程的设计依据。部分保存完整的房址遗存可考虑进行原址原貌保护和展示。

建筑控制地带中的建筑复建工程主要目标是使建筑复建工程与现存文物建筑统一，形成完整的建筑界面，使参观者和生活在其中的人找回北方传统生活场景。在设计时可参考三进堂楼院格局布置其他院落，使整体建筑风格统一而富有变化。复建建筑不能完全照搬原样，建筑外观可以参考豫东其他民居建筑特色设计，建筑装饰细节应综合多种传统题材于一身，同时严格控制施工质量，保证复建的建筑同样大气精美，本案设计的目标是“恢复历史文化名镇的整体风貌”。有人认为复建的古建筑是假文物，但复建工程如果采取传统材料与传统工艺，达到与传统建筑同等的质量水平，那么随着时间的推移，复建建筑会与文物建筑融为一个整体。如果复建的目的是恢复院落空间格局的完整性，能够更好地保护现有文物建筑，那么，复建是可以进行的。

（2）路径的控制。规划要想保护人们生活的原始风貌，很重要的一方面是要保护人们定居的归属感，而归属感主要源于人们对地域环境的认同感和方向感。本案还把十字井街和北弯街两条传统古街划入文物保护范围，有效地保留了传统聚落自然曲折的道路形态，指明了当地人认知自我的方向，加深了人们对当地地标性建筑认知的印象。

（3）节点的控制。从历史角度看，文物建筑本体作为时代历史文化的载体。从纵向历史角度看，经过历史的积淀，文物建筑凝聚了人们长久以来的关于地域的全部记忆和认知。在保护历史文物本体的同时，也要保护建筑中凝聚的多重文化价值。在规划中，充分挖掘叶氏庄园本体及周边历史和现代的多重文化价值，以实物展示的方法，把精神和价值形象化、具体化。

例如，恢复宅院后沿沙河两岸的盐运码头遗址展现了叶氏家族作为当时富甲一方的财阀所秉承的经商理念和治家之道。

（4）边界的控制。在复建设计评审过程中，关于门楼前原本的古街风貌是否要恢复的问题引起了与会专家的争论，大家各抒己见，有人主张恢复古街风貌，还有人主张在门楼前设置广场，保留现有的站在广场上观赏建筑南立面整体的宽阔视野。最后的方案为保留门楼前的广场，并对其规模进行改造。笔者认为虽然可以适量复建，但不能以所谓的“假文物”代替“真文物”，即不能用复建的建筑将文物建筑的整体形象遮挡住。

因此，建筑控制地带的边界就是广场、文物建筑以及道路两侧复建建筑的边缘。建筑控制地带与建筑一起形成了完整的建筑形象。

复建方案在广场西侧设计了一座戏楼，通过定期组织文化活动，吸引当地百姓和游客前来参观旅游和休闲娱乐，带动当地文化发展，真正把叶氏庄园打造成当地居民生活中的文化活动中心。

第四节　中原传统民居的开发

一、开发利用的可持续发展前景

各地现存较好的民居反映了本地区的地方特色和民族习俗。这些民居所蕴含的历史文化价值如果得到合理开发利用，就可以转换为实实在在的经济价值。而且与中原文化相关的旅游景点均对游客有很大的吸引力，在河南旅游资源中占有重要地位。河南省有许多自然景观和人文景观，自然景观如栾川县自然保护区、信阳鸡公山风景区、郑州邙山黄河游览区、嵩山风景名胜区等；人文景观有登封少林寺、洛阳龙门石窟、开封铁塔、安阳殷墟等。这些自然景观和人文景观为民居开发创造了有利条件，民居作为传统旅游资源的补充，充分发挥了自身的价值。此外，河南省各级政府已逐步认识到河南民居的重要性，加强了对民居的保护。在2006年公布的第六批全国重点文物保护单位中，河南省有十多处民居属于有特色的传统民居或者古村落。在生活节奏日益紧张的今天，这些有着古朴生活气息的传统民居和古村落备受人们的青睐，已经成为一种独特的人文旅游资源，有着广阔的旅游市场。开发保护被广泛接受，把“保护”与“开发”的关系从势不两立转化为相互依存，已经成为全社会的共识和一致努力的方向。

民居保护的目的在于对民居进行开发利用。几十年来的经验表明，保护得越好的民居发挥的作用越大；发挥作用越大的民居就越受到重视，就能得到更好的保护。与旅游业发展相结合的民居保护被许多历史文化名城作为主要战略。如今，人造景点一般价值不大，生命力不强，只有天然、有历史文化价值的景点或建筑才是历史遗留下来的最有生命力的旅游资源，民居作为新增加的旅游资源亟待开发利用。城市旅游业的发展趋势也正由文物、景点旅游向特定地区生活、文化旅游过渡，越来越多的游客希望通过城市的侧面与民俗生活来全面地了解城市的过去、现在及变迁。因此游客对真正的传统民居产生了兴趣，而保护好民居可以向人们深层次地展示民居文化。旅游是利用民居文化遗产资源、复苏地区经济的一个很好的途径。同时，旅游的展示收益也是民居保护资金的一个重要来源。

二、开发利用的原则

（一）坚持保护第一

当前，在城乡建设迅猛发展的过程中，一些旧城改造和旅游开发的盲目性和短期行为造成了不少优秀的民居文化的严重破坏和损毁。民居若没有得到抢救性的保护，这方面的物质形态的文化遗产就会不复存在，研究、开发、继承、弘扬就无从谈起。没有研究就不能上升到科学的理论。保护工作做不好，开发也只能是建设性的破坏。而科学、可持续的开发利用是保护和研究传统民居文化的重要措施，所以，一定要处理好保护、研究、开发三者之间的辩证关系。因此，中国民居学术研讨会提出了“保护第一，研究第二，开发第三”的基本原则。旅游开发过程要从积极的保护观念出发，以保护为前提，形成保护与开发的良性循环。在可持续发展思想的指导下进行古村落和民居的旅游开发，应把保护其整体环境风貌放在首要地位，严格控制民居环境容量，抓好民居的环境保护。建设开发要因地制宜，就地取材，不能大兴土木，破坏生态环境。

（二）加强文化内涵的开发

从目前趋势来看，文化旅游是一个热点。如何在旅游开发的过程中挖掘传统民居的历史文化内涵，使游客充分感受到这种文化内涵十分重要。一般游客对民居的了解大多来自讲解员的讲解，所以培训高水平的导游和讲解人员十分重要。游客通过导游的讲解获得民居方面的知识，就不仅仅只看到民居建筑本身，还加深了对民居文化的了解，增强了民居对游客的亲和力。

（三）树立特色意识

旅游开发要发挥河南省民居建筑的特色。康百万庄园就是具有当地窑房结合民居特色的典型。安阳的马丕瑶府第是大型官僚府第的典型，商水叶氏庄园为财主建筑的典型，陕县庙上村地坑院为生土窑洞建筑的典型，寨卜昌、临沣寨为古村落的代表。这些已有的特色在进行旅游开发时切不可变调，否则就会失去民居的亲和力。

（四）不可过度开发

过度开发短期内可能会增加收入，但会给民居文化遗产带来新的破坏，不利于民居保护和旅游业的可持续发展。因此，在民居的旅游开发利用过程中，坚持以保护性的适度开发为原则，为后代发展留有余地。是否过度开发主要取决于当地的环境容量。豫南避暑胜地鸡公山是我国著名的四大避暑胜地之一。

鸡公山风景区以自然景观为主，人文景观，兼有疗养、避暑、旅游、观光、科研、实习、自然生态保护价值，属于山岳型国家重点风景名胜区，早在 20 世纪初就已驰名中外。但近年来，各单位在山上大兴土木，争建疗养院、宾馆等，使建筑密度大大增加，导致山上生态环境遭到破坏，游人很难呼吸到大自然带来的清新空气，也很难再感受到以前的休闲疗养的娴静氛围。

三、开发利用规划

（一）选择开发条件成熟的民居资源

并不是所有的民居都可以作为旅游资源加以开发利用的。民居资源的开发利用要有依托。民居资源可以依托已经形成的旅游环境，如开封的刘家大院、安阳的马丕瑶府第、焦作的寨卜昌民居、洛阳的史家大院和魏坡古民居、陕县庙上村的地坑院等，这些民居所处的地理位置就在或靠近成熟的旅游城市，游客流量大，基础设施投资少，见效快。不具备上述条件但靠近城市或靠近旅游区的民居容易形成新景点。如河南唯一的国家级历史文化名村——临沣寨靠近平顶山市区；商水叶氏庄园靠近周口。再者，规模比较大的，有成片、成街的，建筑类型比较齐全的，历史、文化、技术、艺术有一定特色的建筑，现存相对较好的村落或民居群才能成为可以利用的开发点。

河南省有很大数量的主要由传统民居组成的村落，虽有一些民居和村落有保护的价值，但由于规模小、地理位置偏远、交通不便等，暂时还不具备开发利用的基本条件。

（二）系统规划民居旅游开发层次

民居旅游开发要根据不同的情况进行分类，该不该开发、如何开发都应有系统的规划。有影响、知名度较大且有自身特色的民居多处于开发成熟期，如康百万庄园。对处于成熟期的庄园的开发应在尽力完善其基础设施的情况下，充分挖掘周围的其他资源，或把与其相隔不太远的旅游景点连成一线，以增加旅游内容，在此基础上培养核心旅游资源。

处于利用开发期的民居本身已具有一定的吸引力，但还没有达到吸引游客专门前往观看的程度，游客只是在时间、财力等方面都允许的情况下，可以前往参观。这类民居必须依托周围已开发的旅游资源，突出特色，增强自身吸引力，提高知名度，逐步提升民居在旅游区的地位，争取发展成所在地区的卫星旅游资源。马丕瑶府第、寨卜昌民居、庙上村地坑院均属此类。这类开发要注意保持其原有文化氛围，保护居民真实的生活，保持民居亲和力。

四、政府牵头的管理体制

河南巩义市康百万庄园的开发利用是一个成功的典型范例。有了可观的经济效益，开发利用就有了很强的说服力，就容易获得社会各界的认可。可是，河南民居资源目前的开发利用力度不够，就连基础条件成熟的大型民居也还未发挥其应有的作用。旅游资源开发是一项系统工程，非一两个部门就能成事，要由当地政府牵头，旅游、文化、规划、建设、土地、环保等有关部门共同参与，协调动作，并调动人民群众的积极性，坚持立足当地实际、政府引导、政策保障、社会参与的思路，才能做好开发利用的工作。

第五节　中原传统民居对现代建筑节能的启示

高度发展的社会文化和得天独厚的自然地理条件造就了中原传统民居深厚的历史文化和独特的地域风格。传统的中原民居会根据环境的不同在建筑设计上因地制宜，中原传统民居在建筑实践中以朴素的生态观选择环境、利用环境，不破坏环境并与自然有机交融，以最简便的方式创造出适合人居住的环境，体现出了中国传统建筑的理性精神，也体现了建筑的以人为本和为人服务的特点。河南的巩义附近有很多极具地域代表性的民居，如崖窑或地坑院，这种民居的主要特点就是冬暖夏凉。当地居民就地取材，利用土体来建构民居，这种民居形式是因材致用的范例。

“地方性建筑材料的充分运用使居民建筑与当地特有的地理环境和乡土习俗融为一体，勾画出浓郁的地方特色。”河南南阳西峡的查家民居主要为砖木结构的硬山式建筑，门窗屋檐全为木质，雕刻着动物、花卉等寓意吉祥的图案，柱础上也雕刻着鲤鱼、祥云等精美图案。建筑最大的特点是“墙倒屋不塌”，房子的屋架用多个木柱支撑着，具有明显的地方特色和南北建筑文化过渡融合的特征。

一、现阶段建筑节能设计存在的问题

节能设计已成为现阶段建筑设计的主要趋势。但是，要想实现节能设计需要解决许多问题。

（一）建筑能源的消耗

当前我国节能工作与发达国家相比还比较落后，我国的能源浪费非常严重。过去我们的节能意识比较淡薄，对房屋的设计有许多不合理之处。人们在建造房屋时只注重表面问题，如初始投资，对日常运行能耗和费用不重视，在利用传统建筑材料修建房屋时，许多人根本没把建筑设计的保温标准提高，缺少建筑节能理念，再加上设备效率偏低，管理运行不善等，导致了严重的能源流失和浪费。

（二）节能建筑设计发展缓慢，缺乏有利的发展措施

缺乏强有力的政策措施和节能工作组织机构致使建筑节能推广工作进展缓慢。由此，我国在节能建筑发展方面仍有很大的发展潜力，节能建筑设计和施工尚未系统化、标准化，相关规范还不健全。建筑构造设计和施工技术还有待研究及推广。

（三）建筑从业人员节能意识缺乏，综合素质有待提高

当前建筑从业人员的业务素质有所提高，但节能意识仍然较为淡薄。由于我国在此方面工作起步相对较晚，施工人员已经习惯了传统的建筑方式，对节能建筑施工技术的运用比较生疏；建筑设计人员对传统的建筑设计能顺理成章，而对建筑节能设计的运用却比较陌生，在创新设计上放不开，过于保守。还有一大部分专业人士对节能建筑总是持有一种怀疑的态度，致使节能建筑无法快速、合理发展。

二、中原传统民居对现代建筑节能设计的借鉴

随着科学技术的不断发展和信息交流的日益便捷，人们的生活质量不断提高，世界各地人们的生活方式、价值观念逐渐趋同，几千年来根深蒂固的传统思想也发生了变化，人们的生活方式也发生了巨大变化。

（一）建筑材料要达到运用合理

当今的建筑主要以砖石、钢筋混凝土为基本材料，运用大量的管材、木材、玻璃及其他一些辅助材料。这些材料本身多是不可再生的矿产资源，其加工制作和运输过程会消耗大量的能源。因此，为了营造节能、舒适、健康的居住环境，现代建筑应注重建造、维护及运营中的能源消耗问题，合理运用建筑系统节能措施。综合当地的环境因素，合理利用资源。要善于因地制宜，使建筑物自身的形式变化与自然条件发挥较大的作用，更好地实现民居的建筑功能

应尽可能地就地取材，以减少材料运输的能源消耗，避免花费大量的人力、物力和财力。

（二）优化建筑位置及朝向设计

中原建筑一般采用南北向布置，建筑主要为坐北朝南，书房等房间设在北面。门口处建造门斗，起到遮风避暑的作用。为便于取暖，从平面上观察，把厨房作为整体布局的中心能够减少热能的损失，这是一种有利于节能的布局形式。

建筑物应该采用南北朝向设置。尽量避免进行二次保温隔热，降低建筑成本。须注意的是，建筑之间的间隔不要太近，以免影响室内的自然通风与采光，建筑群不能设计为周边式布局形式。尽量减少建筑间的硬化地面，推广绿色植草砖地面，提高绿地率，控制建筑物的体形系数，使其不超过节能设计标准的规定。“中原地区有自己独特的地域文化、传统风格，它永远是时空流动中永不消失的存在。”中原文化源远流长，在这种文化大背景下，民居建筑遵循着传统的思想稳步发展，而发展的关键是把传统的思想与当代的节能设计理念进行融合，把传统民居中的优秀设计手法运用到新时期的建筑设计中，达到节能环保的作用，这也是节能建筑对未来的影响。希望民居建筑设计水平在传统节能的基础上进一步向前发展，走出一条属于我们自己的民居设计道路。

第六节　中原传统民居的传承与发展

一、中原传统民居建筑形态分析

（一）屋顶

1.屋顶的主要形式

（1）硬山顶。硬山顶是中原传统民居中最常见的一种“人”字形屋顶。双坡五脊，两侧山墙与屋面平齐或略高于屋面，山墙形象显得高大而突出。

（2）悬山顶。悬山顶也是一种“人”字形屋顶，双坡五脊，屋面在两侧山墙处挑出，木檩露出山墙外，所以又称为“出山”“挑出”。中原传统民居中悬山顶建筑较少见。

（3）卷棚顶。卷棚顶是把起脊屋顶的正脊隐匿，即将歇山、悬山或硬山顶的正脊做成圆弧形，在筒瓦屋面上用过垄脊的做法，在合瓦屋面上用鞍子脊的做法。中原地区传统民居中，卷棚顶常见于型制较低的房屋。

（4）平顶。豫北地区雨量相对较小，有大量的平顶房存在。平顶房体量较小，一般不住人，只作为储物之用，这是豫北地区民居的一大特点。

2. 瓦屋面

根据瓦的类型，中原传统民居的瓦屋面可分为筒瓦屋面、合瓦屋面和干槎瓦屋面，统称黑活屋面。

（1）筒瓦屋面。用弧形片状的板瓦作底瓦，半圆形的筒瓦为盖瓦的屋面形式。筒瓦屋面一般用于大式建筑。民居中的垂花门、影壁也可以用筒瓦屋面，但瓦件型号较小。

（2）合瓦屋面。合瓦屋面的底瓦和盖瓦都使用弧形片状的板瓦，底瓦、盖瓦按一正一反的顺序排列。合瓦屋面常见于民居和小式建筑，大式建筑不用合瓦屋面。

（3）干槎瓦屋面。干槎瓦屋面的特点是只有底瓦而无盖瓦，瓦垄紧密地结合在一起。

（4）平顶房屋面。平顶房屋面不用瓦覆，只以“灰背”防水。

3. 屋脊

（1）屋脊分类。屋面与屋面、屋面与墙面相交形成脊，脊具有防水和装饰的双重作用。脊按所处的位置可分为正脊、垂脊、戗脊、角脊等，民居中常见的是正脊和垂脊。正脊是指沿前后坡屋面相交线形成的脊，处于屋面最高处。垂脊是屋面与山墙相交形成的脊，硬山、悬山的垂脊称为排山脊。具体做法中，正脊又分为大脊、过垄脊、鞍子脊、清水脊、皮条脊、扁担脊等。

（2）脊饰。脊由脊身和脊兽组成，是屋顶的重点装饰部位。脊饰实际上是基于功能和技术的需要而加以美化所形成的，是实用功能、技术要求和审美形象的和谐统一。

（二）屋架

1. 屋架的构成

屋架是中国木构建筑特有的承重构件，形成了曲线柔美的反宇飞檐和复杂有序的内部空间，强烈地渲染了中国木构建筑特有的韵律和氛围。屋架的主要构件有柱、梁、枋、檩、椽等，通过举折之法，形成复杂有序的木构组群。

2. 中原地区传统民居屋架形式

中原地区传统民居大多为抬梁式构架，豫南、豫西南地区则多为穿斗式构架。穿斗式构架原本为豫西南民居建筑风格，由于豫西、豫西南一带为中原文化与西南文化的交会点，建筑形式出现了两种建筑文化融合的倾向。这种影响直至信阳附近，信阳以东几乎不见穿斗式构架，基本为抬梁式构架。

中原各地自然条件有很大差异，出现了基于抬梁式构架产生的衍变形式。豫北一带降雨量相对较小，对屋面的排水作用要求得不是十分严格，因此有大量的平顶房存在，这是豫北地区民居的一大特点。

（三）墙

1.墙体材料

中原传统民居建墙的材料有砖、石及生土。

2.墙的分类

墙按位置的不同，可以分为山墙、廊心墙、檐墙、槛墙、院墙及女儿墙等，影壁也是墙的一种。

（1）山墙。中原传统民居中以硬山山墙居多，悬山山墙较为少见。中原传统民居中，山墙通常为整砖砌筑，在石材丰富的山区，山墙大多为石块砌筑。

（2）廊心墙。廊心墙与山墙相对应，指山墙里皮檐柱与金柱之间内墙一侧的部分。

（3）檐墙。檐墙分为前檐墙和后檐墙，前檐墙位于前檐柱的位置，后檐墙位于后檐柱的位置。

（4）冰盘檐。后檐墙有露椽和不露椽两种，露椽的称为“露椽出”，俗称“老檐出”，墙面和山墙后坡腿子相交；不露椽的称为“封护檐墙”，两端无腿子。封护檐墙有砖檐，砖檐形式有菱角檐、抽屉檐、冰盘檐等。

（5）金内扇面墙。金内扇面墙是位于金柱之间，与前、后檐墙平行的墙，也称为“苫披墙”。多为金内扇面墙。

（6）槛墙。槛墙为前檐木装修风槛下的墙体。

（7）女儿墙。女儿墙是一种低矮的墙，作用类似于栏杆，起护卫作用。

（8）院墙。中国传统建筑通常以组群的形式出现，且必有院墙，所以院墙的作用极为重要。当两个房屋之间的距离较近时，用一段墙卡在两个房屋之间，这段墙称为“卡子墙”。当房屋的后檐墙或山墙作为院墙时，卡子墙也成了院墙的一部分。

（9）影壁。影壁是一堵跨度不大、屋檐很浅的墙，是建筑的附属部分，它的作用是屏障视线，并加强空间层次感。

（10）寨墙。寨墙是一种特殊的墙体，通常环绕村落而建，外形上高大坚实，它的作用是防御外敌入侵或村落间械斗。

（四）木门窗

1.门

（1）中原地区地处北温带，院落朝向以坐北朝南为主，也有一些由于地理位置的特殊要求而出现坐南朝北或坐西向东、坐东向西的情况。也有的民居大门设在院落的中轴线上，但只有洛阳市贴廓巷庄宅例外。该宅院是坐南朝北的三进四合院，大门开在偏东南的方向。

（2）门的形式。门的形式千姿百态、各具特色，表现形态上从简单到复杂，可分为门头式和门脸式。由于受传统木构形式的影响，用砖砌筑的门头成为纯装饰部分，却仍仿照木结构的式样。民居中还有一些形式更为简单的门，只有门洞而无门扇，起到空间隔而不断、似隔非隔的作用，具有很强的装饰性。民居中重要的建筑或社会地位较高且有财力的家族不仅要装饰门的上方，还要装饰门的两旁，这种形式称为门脸。门脸常见的形式是在门框的左右两边用砖砌出壁柱，门框上方有门头。

（3）门的构成。传统民居中的门一般为两扇，门扇由几块木板拼合而成，称为板门，即实心门。中国古代阴阳五行学说将天下万物分为阴性和阳性，双数为阴，单数为阳，因此门钉数目为单数。在一些等级较高的建筑上，门钉为铜制，钉帽鎏金，每列设五钉或七钉。门油漆的颜色也有封建礼制的规定，等级较高的建筑大门可以是黑色，一般民宅刷桐油，显露木材本色。

2.外檐装修

外檐装修是房屋立面装饰的重点部位。外檐装修用于室内与室外的空间分隔，是围护体系中的组成部分。在形态构成方面，外檐装修门类繁多、形式各异。外檐装修中的门窗可以分为三个层次来分析。

（1）整体构成。一樘完整的格扇包含三个方面的构成因子：固定的框槛、开启的扇和固定的扇。

（2）扇的构成。扇有三个构成因子：一是实心板；二是由棂条组成的格心；三是构成门扇骨架的边框，包括竖向的边梃和横向的抹头。

（3）格心构成。格心由棂条组成，它的功能是为糊纸裱绢提供支点。纸和绢质地柔软、易破碎，所以形成了密棂式格心。清中叶以后玻璃被大量使用，出现了大片空格的疏棂做法。

（五）石作

1.门枕石

门枕石是一块方石，平置在门框柱下方，一半在门框里，一半在门框外。门框里的部分有一个凹穴，称为“海窝”，内放一块铁片，用于承受门的下轴。门枕石的中间与门框相齐的位置有一道凹槽，用来插放门槛。

一些民居的大门口的门枕石装饰非常华丽，而枕石位于门内的部分不常看到，所以一般不做装饰，或只做简单的线脚；位于门外的部分是装饰的重点，常为方石或石鼓的形状，其上有雕刻，且两侧图案各不相同。鼓石的正面雕刻很复杂，圆鼓的鼓身上还有雕刻，方石多做浮雕。最常见的装饰题材是石狮子，但只有宫殿、王府、大型庙宇等的门口两侧可以单独放置两只石狮子。普通民居建筑中狮子只能蹲在门枕石上。等级较低的建筑或一般百姓家的门口，狮子做得很小，或只是刻出狮子的形状。再普通一些的，门枕石只做一些简单的雕刻装饰。单体房屋的门枕石较为简单，一般是方石上略有雕刻，或无任何雕刻装饰。

2.柱础

柱础又称柱顶石，是传统建筑中承托木柱和防潮用的构件。柱础最初的形态是在柱下铺垫卵石，不露明，后来逐渐发展成在柱脚下放置方石，仍不露明，最后柱石露出地面，且装饰繁多。

3.台基

台基包括地下部分和露明部分。地下部分称为“埋深”，露明部分称为“台明”。

台基通常为石砌，是传统木构建筑得以存在的基础台基不仅提供坚实的基座，还阻止了地下水对建筑的侵蚀，排除了地面雨水对木构和墙基的浸润。台基有调节建筑体量和加强房屋高耸感的作用，能够突出庭院中主体建筑的效果。

台基具有技术和审美方面的功能，也是封建等级制度的象征。同一组建筑群中，主次建筑的台基高度也有明显差别，使得建筑主次分明，加强了建筑组群的整体性和协调性。

台基是传统建筑中最朴实简洁的部分，恰到好处地扮演着作为房屋“下分”的角色。民居中常见的台基形式是平台式，可分为两种：一种是整个台基全用石活；一种是台帮部分用细砖干摆或粗砌，镶边抱角用石活或用砖作。台基的尺度要遵循“下檐出”小于“上檐出”的规定，并留出必要的“回水”，以保证屋面滴水不至于溅落到台基表面上。台阶俗称“阶脚”，是上下台基的踏道，台阶踏跺的级数由台基的高度决定。中原传统民居中踏跺通常有两种形式，即垂带踏跺和如意踏跺。垂带踏跺的两侧有“垂带”，是最常见的踏跺形式。如意踏跺无垂带，可以从三面上下，是一种简单的踏跺形式。在等级上垂带踏跺高于如意踏跺。大门楼前的踏跺面阔通常不超过台基的面阔，且不小于两扇门的宽度；房屋前的踏跺面阔略小于单间面阔。踏跺的每一层为一“踩”，有几层就是几踩。

（六）装饰艺术

历史的发展、文明的进程在建筑中留下了深刻的印迹，这些印迹除了在建筑构造中得以保存外，大量的信息凝聚在建筑装饰中，文化理念和价值观念也通过这种形式得以显现。建筑装饰是劳动人民情感的注入，寄托了人们的理想和信念，反映了人们对生活的热爱、对道义的追崇、对未来的憧憬。因此，建筑装饰成为我们理解特定的文化背景下社会意识、价值观念、思想内涵的重要标志。

1.装饰的特征

传统建筑的构件几乎都是露明的，这些构件大多进行了美化加工。穿出柱子的梁头做成麻叶头、蚂蚱头等形式。不落地的檐柱做成垂莲状，笨拙的柱础也进行美化处理，运用浮雕、透雕、圆雕等手法，加工成各种艺术形象，渗透了劳动人民对美的追求，表现出高超的技艺。这些都是在不影响结构功能的前提下，按照构件原有的形象进行加工的，显得自然妥帖而无牵强感。

门窗也是装饰的重点部位。传统建筑的门窗格扇千变万化，有直棂、曲棂，可组合出菱纹、冰裂纹、柳条纹、步步锦等格心图案。

大门上成排的门钉、口中衔环的兽面、雕刻精美的门枕石，这些看似附加的装饰其实与大门的构造紧密相关。门钉的设置最初是门结构上的需要，后来钉帽的造型逐渐演化，成为兼具结构和审美功能的构件。位于门扇中央拉环，称为抠门环，有的门叩环下。有两块形式各异的铁皮，以便叩击时发出声响，并起到保护门扇的作用。另行门枕石是承受门下轴的基石，一侧位于门内，一侧位于门外，位于门外的部分做成石狮、石鼓的形式，或雕刻成各种式样。

悬鱼是传统建筑中常见的装饰构件，一般用在悬山顶建筑上。悬山顶两端有披檐，披檐下有博缝板，博缝板正中钉一块木板，可以保护露出的檩头免受雨水的侵蚀。这块木板逐渐成为具有装饰作用的构件，称为“悬鱼”。传统建筑多为木构，悬鱼常用的题材是鱼形和卷曲的水草纹，两者都是水中之物，水能克火，这源于风水上“厌胜”的手法。后世悬鱼的造型逐渐演变，已不完全是鱼的造型，但习惯上仍称为“悬鱼”。悬鱼不仅有实用功能，还是等级的象征。中原传统民居中悬鱼使用的较少。

屋顶是传统建筑最显著的部分，屋顶的装饰成为传统建筑符号的代表。脊饰是由最初的功能作用进而发展成风水观念上的装饰，成为中国式大屋顶特有的审美特征。

传统建筑以木构为主，易遭火灾，古人由于缺乏科学的认知能力，只能求于巫术。垂脊上的吻兽称为“垂兽”。

等级最高的屋脊上有九个吻兽，从前到后依次为龙、凤、狮、天马、海马、狻猊、狎鱼、獬豸、斗牛，其中的海马、狎鱼都是海中之物，有降雨灭火的功能。脊饰实际上是基于功能和技术的需要而加以美化所形成的，是实用功能、技术要求和审美形象的和谐统一。其实，屋脊上的吻兽就是钉帽，是为了保护铁钉而设的，这是结构上的需要。屋脊上的装饰物原本是功能构件的美化，后来失去结构上的功能作用，变成了纯粹的装饰物。传统的大屋顶在这些脊兽的装点下，形成了建筑形式与结构逻辑的完美统一。这既是理性的创作精神的体现，又是唯美的浪漫情调的体现。可以看出中国传统建筑十分擅长对结构枢纽和节点的美化处理，同时十分注重文化语义的表达和情感的交流。

2.装饰的表现手法

装饰是一种形象艺术，表现手法主要有象征和比喻，通过简练的主体形象表达特定的思想内涵。个体形象经过长期的运用具有了特定的象征意义，成为经久不变的装饰题材。图案常刻在木格扇上，组成一系列组合画面。建筑装饰中还有多种动植物的组合，综合表现了特殊的思想内涵。还有一种是谐音比喻，这是中国语言文化一种特有的现象。还有一种简练的艺术表现手法，如体现文人雅士超凡脱俗的境界，常用琴棋书画的组合，表现形式上是简化的古琴、棋盘、书卷和画轴。

二、河南地区新农村住宅现状

河南位于我国中部偏南，地处黄河中下游，是传统农业和人口大省，也是我国粮食主产区之一。河南在 2006 年启动了社会主义新农村建设，距今已推行十余年，其工作重点在于整体规划，对规划区内的村庄重新进行排兵布阵，大力建设基础设施，优化居住环境，大多只在乎住宅的外部形态是否美观，对其所蕴含的地方风貌和文化内涵则关注不够。有些新农村住宅的设计由并不了解当地情况的设计院负责，甚至某些新农村住宅是直接照搬其他地区的建筑模式设计的，使得部分新农村住宅的外部造型与当地环境格格不入，缺乏本土民居建筑文化内涵。

（一）建筑装饰元素贫乏

河南地区现有的新农村住宅类型有联排高层楼房、联排 2 ~ 3 层独门独院住宅、双拼 2 ~ 3 层独门独院住宅和独立 2 ~ 3 层独门独院住宅。大部分社区内前排是 2 ~ 3 层的独院住宅，后排为高层楼房。多样类型的住宅在立面装饰方面却乏善可陈。高层楼房的立面装饰材料从下到上依次是文化石、釉面砖、外墙涂料。2 ~ 3 层的独门独院住宅的立面装饰去除文化石，只在一层的立面贴釉面砖保护墙体，一层以上立面墙体涂外墙体涂料。同一新农村社区内的住宅采用“复制—粘贴”的建造手法，兵营式分布，使社区内的住宅在建筑装饰手法上高度统一，虽增强了整体感，却少了多样性，社区住宅于整体上显得僵硬死板。

（二）建筑装饰风格混乱

现有的新农村住宅在建筑装饰中最常出现的风格是所谓的“欧陆风”，即将某些欧洲建筑装饰元素直接嫁接到农村住宅中，以求摆脱原有农村住宅的大、傻、黑、粗的特征，但这一做法使得新农村住宅的建筑风格产生了混乱。例如，新乡县祥和社区住宅的入户门为欧式拱券，柱子是并不太正规的希腊陶立克柱式，柱子用欧式山花装饰，屋顶则选用了当地常用的红色黏土平瓦，多元素组合成的“别墅型”农村住宅整体风格不伦不类，更加俗气。

（三）建筑装饰脱离功能需求

屋顶作为住宅的一大围护结构，带有传统建筑的显著特征，是建筑装饰的重要组成部分。河南传统农村住宅的屋顶造型有坡屋顶和平屋顶两种类型。坡屋顶利于排泄雨水，其出檐在夏天能遮挡阳光，冬天不妨碍阳光进入室内；平屋顶主要作为晾晒场所。现有新农村住宅的屋顶全部为坡屋顶，虽保证了室内冬暖夏凉，但晾晒农作物的功能丧失；有些新农村住宅的屋顶全部或部分为平屋顶，但屋顶在 2 或 3 层，楼梯建在室内，农作物等到达晾晒场所的路线极不便利，失去了平屋顶大部分原有的功能。

三、河南地区传统民居建筑装饰

（一）河南传统民居建筑装饰概述

目前，对中国传统民居或乡土建筑的研究中，以地域而论，多是研究北京四合院、山西商贾大院、江苏水乡民居、安徽徽派建筑、西北窑洞、福建土楼、云南竹楼、内蒙古蒙古包等，很少将河南民居作为独立的研究点，这是由于河南地区的民居建筑风格特色很难归纳总结。河南地处中原腹地，来自四面八方的经济文化交流对当地本土文化都有影响，本土建筑装饰风格不断吸收其他地方的特色，使河南地区的建筑装饰艺术既有本土特点，又带有周边地方建筑的影子。

（二）影响河南传统民居建筑装饰的因素

1.优越的地理位置与便利的交通

河南地处我国腹地，平原、丘陵、山地各类地貌均有，气候适宜，南北方作物均可在河南种植，农贸经济繁荣，是历史上兵家必争之地。河南优越的地理位置吸引了众多朝代在河南定都，成为当时中国的经济、政治舞台中心，极大地促进了建筑装饰艺术的蓬勃发展。河南与河北、山东、安徽、湖北、山西、陕西相接，陆路地面与八方相通，境内河流纵横，湖泊遍布，交通极为便利，推动了商业文化的发展，使得人口流动性大，造就了河南地区民居建筑装饰的多元化风格。

2.多种文化融合发展

中原文化是以儒家传统思想为基础的中国传统文化的主导文化。儒家文化积淀丰厚，因而有着深厚的社会根基。楚国苦县（今河南省鹿邑县）的老子是道教学派的创始人。佛教自东汉传入中原，在洛阳建造了中国第一座寺院，翻译《四十二章经》。洛阳程颢和程颐兄弟开创的程朱理学，深化和传播了儒家思想。河南作为我国的农业大省，农民在长期的农业生产生活中形成了本土的农耕文化。农耕文化、道教、佛教和儒家多种文化立足中原，相互融合，为河南本土传统文化增加了色彩，也为当地的建筑装饰提供了丰富的素材。

3.商业活动的繁荣

河南商丘作为中华大地商业、商文化的起源地，从夏、商、周时期就开始推动着中国商业文化的发展。河南位于中原地区，交通便利，人口密集，消费需求旺盛，为商业活动提供了发展空间。全国各地的商人，特别是陕西、山西商人，纷纷到河南进行商业活动，促进了河南与周边地区的商业繁荣。经济上的互惠互利必然带来文化上的交融，繁荣的商业文化为河南地区带来了别样的异域风情，又与本土的建筑装饰艺术相结合，形成了独特的地方特色。

（三）河南传统民居建筑装饰纹样的乡土文化

乡土文化相较于士大夫文化、庙堂文化和市井文化，更依赖土地，为最大多数人创造，也为最大多数人服务，是一种地域性文化，最能体现当地的风貌。河南民居建筑装饰的一大特色是质朴的农耕文化与耕读结合的民风。象征风调雨顺、五谷丰登的装饰纹样常出现在民居的木雕装饰中，此外还有人持渔网、挑柴火、扶耕犁和手拿书卷的木雕装饰题材。博爱县寨卜昌属于明清民居，其瓦当刻有“耕读”二字，有耕作图的石雕。受宗教信仰的影响，河南民居中会供“奉天地全神”和祖宗牌位，“天地神位”一般在堂屋正门右侧开辟的小窟内。还有一种极富乡土文化的建筑装饰手法是就地取材。河南地区多样的地貌是民居建筑装饰丰富的一个原因。太行山脉在河南境内分布于焦作、新乡、安阳、鹤壁等市，一些坐落于太行山内的农村民居的建筑材料以石材、木材为主；墙面以块状石灰石堆砌，梁、椽使用山上的原木；屋顶则是页岩石板屋顶或石片鱼鳞式屋顶。济源地区因其丰富的黄土资源，墙体多为夯土。平原地区的民居则用就地取的土烧砖作为墙体材料。巩义等地区借助丘陵地貌，形成了“靠山筑窑洞，临街建楼房”的民居形式。

（四）建筑装饰纹样的艺术特点

1.装饰纹样丰富

传统民居的建筑装饰手法有雕塑、彩绘、灰塑等，装饰部位有门、窗、栏杆、柱、屋脊、瓦、内外檐、檐廊等，装饰材料有石、木、砖、琉璃等。不同的装饰手法、装饰部位、装饰材料，其装饰纹样也不尽相同。建筑装饰随住宅主人的喜好，或俗或雅，寄托了主人的某种美好愿望。所以，装饰纹样的一个显著特征是象征性手法的普遍运用，具有特定的含义。纹样造型中常出现具有吉祥象征意义的动植物，如喜鹊、梅花鹿、狮子、鹤、蝙蝠、梅、兰、竹、菊、石榴、莲、佛手、金橘等。谐音也是传统装饰纹样常用的方法，如“鸡”与“吉”谐音，“云”与“运”谐音，在建筑装饰中使用鸡、云等纹样，象征着吉祥的寓意，满足了住宅主人希望平安、长寿、幸福、安康的精神追求。除了以上这些具象的装饰纹样，传统民居建筑装饰纹样中还会出现抽象的造型。民间匠师通过自己的想象，将具体形态的纹样进行提炼、简化、演绎等艺术加工，形成秩序美的几何纹样和自由的综合纹样。这种抽象的装饰纹样适应各种装饰场合，通过对称式、均衡式、综合式等不同的装饰构图进行组合，极大地丰富了建筑装饰纹样的内容。受本土农耕文化、道教、佛教、儒家等多元文化的影响，建筑装饰纹样出现了带有故事情节或教育意义的纹样。儒家重视育人，宣扬忠、义、孝、节等道德观念。《耕作图》反映了人民耕读结合的传统思想；《二十四孝图》是教育人们重视孝道的范本；《三国演义》是最好的忠孝题材；《五子图》是传统重视传宗接代思想的产物；梅、兰、竹、菊、莲等借物寓意，教育人要有高尚的品格与节操，以上这些都是建筑装饰纹样中常出现的内容。道教、佛教作为宗教文化，出现在建筑装饰纹样中表现的是对人们的心灵慰藉。道教在建筑装饰纹样中最常见的表现形式是八仙纹样，有明八仙与暗八仙等不同的表现手法。松、鹤、凤凰、梧桐等道教元素也会出现在传统民居建筑装饰中。佛教是在河南开始向全国范围传播的，所以佛教在河南民间颇受推崇。佛教中八宝（轮、螺、伞、盖、花、罐、鱼、长）、象、马、莲花灯等也是河南传统民居建筑装饰纹样内容。民居建筑装饰使用宗教纹样时，按照住宅主人的意愿，取其吉祥的寓意，少了些宗教的神秘感，多了些民俗的趣味。随着技术的发展，平面的装饰纹样也向立体发展，纹样内容更为广泛，通过匠师高超的技艺，民居建筑装饰纹样的表现形式又向前推动了一步。

2. 华丽与朴实共存

河南传统民居建筑装饰在“繁”与“简”之间取舍有度，以雕刻与色彩为例，雕刻在手法上分为线雕、浮雕、透雕和圆雕，雕刻的材料有石、木、砖，纹样种类繁多。河南经过先秦的“五色论”、唐代的色彩阶级论，再到宋代的注重单纯清雅，明清时期的混合复杂的多重影响，形成了当地喜用明快、强烈、对比色、互补色的独特色彩应用形式。精美的雕刻与鲜亮的色彩多用于雀替、花罩、坐斗、驼峰柱础、门墩、墀头、脊兽等视野一角的位置，且体型都较小，在住宅立面图中，少量精致的雕刻与大面朴实的墙体形成对比，强冲击力的色彩与清水灰砖互补，相得益彰。

3. 灰塑的应用独特

河南地区的灰塑与岭南地区的灰塑不同。灰塑又叫批灰，以石灰为主要材料，可塑性强，能做丰富造型。岭南的灰塑多用于墙壁上沿和屋脊上，表面饰以艳丽的色彩。河南地区的灰塑用于山墙，色彩素雅，纹样为平面图案。这些纹样一般左右对称，端庄大气，舒缓平顺，含义也极为丰富，有铜钱、卷草、寿字等纹样，是少数在外部可以看到的部位。这种装饰手法是其他地区较为少见的。

4. 重视门的装饰

河南地区人们非常重视门，门是住宅的入口，是人们生活起居的必经之地，更是一个家给人的第一印象，所以人们对门的装饰很重视。当下农村的做法是将门扩宽增高，显得这个家很大气。传统民居对门的重视则表现得更加委婉与精致。受到儒家谦逊思想的影响，传统民居的大门装饰低调，二门装饰则较为华丽。大门一般为屋宇式大门，门上横挂匾额，造型质朴，雀替、坐斗、驼峰部位的雕刻方法较为简朴。“大门不出，二门不迈”中的“二门”指的是自家人居住的内院入口，一般装饰较多。垂脊的端头会有脊兽，门柱有门脸和门头两种做法，雕刻装饰手法也相应增加。

四、传统民居建筑装饰的传承与发展

（一）传统建筑装饰现代化

传统民居建筑装饰风格经过时间的磨砺，有些已经不符合现代人的审美观，也不适合现代化生产生活，需要重新提炼设计，以适应现代新农村的建设。首先是简化造型，传统民居建筑装饰中有很多极其复杂的装饰手法，现代人没有闲暇时间认真欣赏，这就需要将传统建筑装饰造型简化，既能保留传统的韵味，又能迎合现代人的审美品位；其次是功能性的加强，传统民居建筑装饰的观赏价值、艺术价值高，但功能性弱，因此在新农村住宅设计中应先加强传统建筑装饰的功能性，保证传统建筑装饰的实用价值与观赏价值；再次是元素规格化，即将不易批量加工生产的建筑装饰元素进行提炼、分解、重组、简化，尺度标准化，使其能够大批量生产，统一规格构架，方便更换。

（二）现代装饰手法演绎传统

现代化科学技术的发展也为传统装饰的再发展提供了众多途径。科技进步的一大特征是材料的发展，使用现代材料演绎传统民居建筑装饰是一种可行的现代与传统相结合的尝试方法，即用新装饰手法重组传统建筑装饰元素。现代产生的众多艺术流派也产生了众多的装饰法则，这些新法则将传统元素进行拆解重组，产生新的建筑装饰方法。

五、中原民居可持续发展建议

（一）融合地域文化体现时代精神

现代建筑与地域的环境相互融合，并不是单一的保护传统民居建筑，也非孤立地发展现代建筑，而是让新老建筑能够相互对话，使建筑的语言能够有所发展、延续。在新建筑中体现时代精神与传统地域文化的融合，削弱了二者之间的矛盾冲突，解决了现今建筑文化地域特征模糊、“千城一面”的局面。

做好带有地域特色民居建设的规划设计，有利于传统民居环境的改造与保护，有利于探索新型的民居建筑类型，有利于新型民居建筑的可持续发展。政府部门对传统民居的改造应有统筹规划，杜绝简单复制的方法。应对现有传统民居资源做详细的现状调查研究，制订切实可行的保留、改造及整体规划，有条件的地区可以结合当地的旅游资源，将传统民居开发为生态民居旅游点。大力提倡公众参与，鼓励青年建筑师走进传统村落，对住户的居住心理、行为活动、传统村落景观进行深入的调查分析，了解乡风民俗、宗教伦理观念，开展对传统村落的设计工作，探索新形势下传统村落景观规划设计。鼓励在改造建设中采用新技术、新手段、新理念。比如，把现代技术手段与窑洞式的住宅形式相结合，把住宅完全建在地下，营造具有真正生态意义的、环境安静舒适的住宅区，使人们贴近大地，有回归大自然的感觉。这种住宅区不需要采暖或降温设施就能使能源消耗降到最低限度，这无疑对环保有着重要意义，更有利于可持续发展。中国三大庄园之一的巩义康百万庄园，就证明了窑居的适居性。因此，改善窑居环境的着眼点应是：土地与生态的保护与新技术手段的应用、基础设施的完善；自然景观的保护、开发；资源的合理利用与再生；微气候的改善与信息交流等方面。相信经过共同努力， 一定会有崭新的、具有河南地域特色的民居建筑出现在河南大地上。

（二）传统建筑与地域环境的共生

传统聚落和传统建筑的地域特征是地方自然地理环境、社会文化环境和经济地理环境共同作用的结果，它们从不同层面对传统聚落和传统建筑地域特征的形成产生影响，并且影响程度也不尽相同。自然地理环境是建筑地域特征产生的基础，为人类的生产、生存、发展提供了物质基础，人类的一切活动必须顺应这一环境的内在规律。经济地理环境是传统聚落和传统建筑发展的基础，对聚落的形成、性质和分布也有深刻的影响。

由于河南地处中国腹地，河南的传统建筑曾被认为没有强烈的地域特色。但随着研究的深入，笔者发现，河南的传统聚落从选址、形态、结构到内部诸要素，传统建筑从择地、平面型制、空间形式、构造技术到细部装饰装修，都蕴含着深刻的地域文化内涵，有着强烈的地域特征。自然地理环境、社会文化环境是河南的传统聚落、传统建筑形成的深层结构，决定着传统建筑风貌特色的形成。地域社会文化对建筑地域特征的决定作用来自上层，特殊的地域生活模式、行为模式和思维模式对建筑的地域特征的产生起了决定作用。无论是经济手段还是技术构造手段，都是为了完成在社会文化影响下制定的目标。

建筑作为一种文化和传统的载体，寄托着人类对自身历史的记忆和感情。若能将含有丰富历史信息的传统建筑很好地保护下来，就能使地域文化的风貌较完整地展现在世人面前。重新关注地域性，关注自然地理环境、社会文化环境、经济地理环境的特征，寻求传统建筑与地域气候、自然资源和文化环境的结合，对于研究传统建筑，探索在地域文化意义上实现建筑的可持续发展有很大帮助。

传统建筑与地域环境的共生并非简单地、笼统地采用现代技术对传统建筑进行表面和粗略的模仿，而是在具有地域特征的环境中，将传统建筑所承载的文化内涵在新建筑中继续延续下去。比如，希腊的雅典卫城，虽然早在公元前5世纪就已经修建，经过长久的自然损耗，现存的遗址也保存的并不完整。但卫城遗址的保护和修缮工作进行得十分系统、细致和长久。卫城残留的石基和柱础在破损的位置被精心地弥合起来，尽量采用原来可以利用的材料，在原始材料无法对接的情况下可采用现代材料，尽可能地与原来的建筑风貌、质感保持一致。

在我国，对传统民居文化的研究在城市住宅中的应用虽然起步较晚，但现在也出现了不少关于“中国式住宅”的论著和实践成果。我国对于城市居住建筑的研究将居住建筑的地域性与时代感进行结合。其中典型的代表作品如吴良镛院士于20世纪80年代在北京旧城菊儿胡同改建工程中提出的“类四合院”。

合院院落是我国传统民居的特色之一，因其适应了农业社会人们的居住需求，并与传统意义形态相契合，所以在我国古代的城市、农村普遍出现，在当代仍被视为梦中的理想家园。合院之所以能成为北方地区普遍的传统民居形式，是因为它能给人们居住、交流带来安全、舒畅的良好感受。具体来说，传统的合院院落外部封闭、内部开敞，封闭的外围与限定保证了内部的私密性，内部的开敞促进了交流，适宜的尺度、简单的形式增加了可控性，使人身在其中感觉亲切和安全；院落与自然亲密接触，使得人们可以随意、自由地出入室内与室外空间，感受季节、天气的变化，进行各种室外活动；院落承担着动态的交通功能，各房间的联系都要在院落中穿行，使得人与人的交流在一种非常自然的状态下获得，增强了群体的认同感。

在北京菊儿胡同住宅改造工程中，吴良镛院士根据院落的文化原型提出“类四合院”式的新街坊体系，用高低错落的住宅、过街楼等围合成新四合院。住宅的首层外墙采用原来民居的旧灰砖，上部为粉墙黛瓦，实现了传统住宅的有机更新。合院建筑形式在河南传统民居中也占有相当大的比重，所以说，菊儿胡同的改造设计也为我们对于河南地域环境下民居建筑的可持续发展提供了一种发展的可能。

附录

康百万庄园

一、地理位置

康百万庄园位于巩义市城西北 3 千米处的康店镇。巩义市地处嵩岳之阴，黄河之南的中原腹地，东瞻郑州，西望洛阳。境内黄土丘陵起伏，河川纵横，洛河与伊河在市境西边界交汇后，贯穿巩义市泻入黄河。巩义历史悠久，境内有裴李岗文化遗址、仰韶文化遗址和龙山文化遗址等 70 多处。公元前 249 年置巩县，以“山河四塞、巩固不拔”而得名。因地扼古都洛阳，史称东都锁钥。巩义得山得水，是“山高水来”的风水宝地，早有上层人士“生在苏杭，葬在北邙”之说。北宋九个皇帝，除徽、钦二帝被金兵掳去死于他乡外，其余七帝及赵匡胤之父均葬在巩义，通称“七帝八陵”，对后世皇家集中营陵制度有着重要影响。巩义人杰地灵，孕育出诗圣杜甫等多位名家。如今，巩义乃中原明珠，地方工业发达，人民殷富，为国家百强县之一。

二、康百万庄园历史背景

康百万家族谱系统完整，历史脉络清楚，另有数十通碑刻记载，是研究康百万家族与其庄园发展的重要依据。康家始祖是母亲携儿（始祖康守信）于明初洪武年间由山西移民来河南，定居在巩义市桥西村（现在的康店），从此繁衍生息到发展壮大，创建了令人惊叹的大型康百万庄园建筑群。

康家定居于桥西村，第一至第五代以农耕为生，与广大的面朝黄土背朝天的农民一样，只能维持生计。到明中期，第六世孙康绍敬初涉仕途，“由洧川驿丞晋山东东昌府大使”。此人有经济意识，头脑灵活，引导家人经商，逐渐创基立业，到明末已拥有 4 000 多亩土地和一些店铺，成为当地的大财主，桥西村也改称康家店。明末，康家第十一世孙康惠娶明代福王孙女为妻，“康朱联姻”为康家带来了运气。清康乾盛世为康家继续发展提供了机遇。十二世康大勇放弃功名利禄，打破重农抑商的儒家思想观念，利用清初康熙皇帝重漕运之机会，扬帆黄河，顺流而下，开拓山东商业基地。生意由中原扩大到鲁南和江淮沿运河一带。康大勇之子康云从继续开拓，扩大了禹县、栾川、卢氏等地的药材和木材生意基地。此时康家家资已十分富足，成为河南、山东拥有大片土地、众多作坊和店铺的豪门大户。第十四代康应魁继续前人的事业，又进一步扩大财源，开辟了陕西市场。康家在西安贿通清廷镇压白莲教起义的大臣勒保，取得百万清军的衣服、棉被等与布匹有关的军需品的订单，其供应权长达十年之久，既为朝廷“尽忠”，又能致富。全盛期的康家成为“富甲三省（河南、陕西、山东）、船行六河（洛河、黄河、运河、沂河、泾河、渭河），土地达 18 万亩，两次悬挂千顷牌，财富无计其数”的活财神，“同时大兴土木，挖山扩宅，康百万庄园此时已初具规模”。康家财富随大清国运而不济，同治、光绪时期逐步衰落。自咸丰三年（1853 年），太平军占领巩义市城以后，统治阶级及封建地主经济受到打击；咸丰末年（1861 年），捻军又攻克巩义市城，并占领康百万庄园南边的黑石关；同治年间，捻军几次攻入巩义市，康家均倾力抵抗。此时的康百万庄园仍在扩建，尤其是防御系统多为这一时期修建。社会动荡，康家经济也日落西山。俗语说“瘦死的骆驼比马大”，1900 年，八国联军入侵，慈禧携光绪逃往西安，次年途经巩义康店镇时，第十七世康鸿猷独资接待，在豫秦古道旁黑石关修建行宫、浮桥和御道，并向清廷捐资一百万两。慈禧赐其“百万”封号，从此名扬天下。民国时期康家败落。十八世康子昭作了多方努力也未能挽回康家颓势，在极度痛苦中，持枪自毙。同代人康庭兰奋发中兴，一度利用铁路、水路，以郑州为基地，做棉花、布匹为主的巨额买卖，并将经营面扩大到上海、天津乃至日本等地，但不久就因日寇入侵，国难当头而无力回天。民国后期，康氏家族增至百余口人，除一部分勉强维持祖业、坐吃山空外，有些纨绔子弟花天酒地，赌博、吸鸦片，将家业挥霍殆尽。也有些进步青年毅然走上革命的道路，成为国家军政干部。中华人民共和国成立初期土地改革时，康百万庄园除龙窝、金谷寨及寨下一部分宅院分给群众外，其余被收归国有。1952 年，区政府设于寨上主宅区；1955 年，乡供销社占用栈房区；1956 年，第五中学占用南大院，剩下的 2/3 被分给了当地贫农。康百万上自第六世康绍敬，下至十八世康庭兰，从明中期到民国中期，富裕了 13 代人，400 余年，延续时间之长，实属罕见。

1962 年，河南省文化厅领导到庄园视察后，非常重视对古建筑群的保护，认为康百万庄园是很具有代表性的封建地主庄园，对研究古代建筑和教育后代具有重要意义，要求县政府及文化和旅游部门对其加强保护。1963 年，康百万庄园被批为省级重点文物保护单位。2001 年，康百万庄园被列为全国重点文物保护单位。

三、康百万庄园概况

康百万庄园背依邙岭，面临伊洛河，南望嵩山，左有河洛交汇口，右近黑石关隘，风景宜人。庄园完全按我国地理“阴阳”理念选址：山北水南为阴，山南水北为阳。主宅区建在邙山岭的南半坡，利于避开北来的寒风，处于向阳位置。它南近伊洛河，水源充足，交通便利。康百万能船行六河，是水道的直接受益者。康百万庄园集我国传统聚落基址优选原则“避风、向阳、近水”于一身，加之中原地带气候温和、物产丰富，实属“师法自然”的建筑典型范例。

庄园建筑群充分利用自然地势，“靠山筑窑洞，临街建楼房，濒河设码头，据险垒寨墙”。整个庄园设有居住区、栈房区、作坊区、教育区、祭祀区、社会活动区、军事防御区、黑石关行宫区、饲养区、种植区等 19 个部分，形成了功能齐全、布局合理、等级明显、风格各异，集农、工、学、商、官五位一体的大型封建财主庄园。庄园以主宅区为核心，依次向东、南、北以扇形展开（附图 −1）。

附图 −1　康百万南大院（近期修复后的面貌）

张沟、寺沟是康家于明朝初始发展阶段的居住地，现有一座具有明代建筑特点的四层楼房保存较好，其余各区为清代所建；福禄堂区是寨下居住区，主宅区为寨上住宅区，龙窝沟亦为居住区。这些住宅区建筑考究程度与主宅区相同，可能是康百万掌门人的近亲居住处。这里随坡就势挖筑多孔窑洞，多数窑洞有题名，如“乾坤持宁”窑、“笑迎烟霞”窑、“通德洞”“精思洞”“文明洞”“迎福洞”等都很有特点；南大院由书馆（学堂楼和藏书楼）院和客房院两个部分组成。康家的学校设有图书馆，是供子弟学生读书的地方，幼儿习字另有场所。客厅院相当于大宅院里的客厅，一般的豪门大户均不及康百万家的气派。康家用于接待客人的场所为两进四合院，大门前有戏台、旗杆等。客厅院是康百万家最高大宏伟的建筑群。近几年修复好的南大院正厅“方五丈”，两边厢房各五间二层前檐廊；栈房区是康家“顺记”等几个商号的商业活动区。该区“五院共有楼房 21 座，平舍 102 间，其建筑特点是地基坚固，青石垒砌 3 米高，经洛河几度泛滥而无损”。看来，人为因素比洛河泛滥威力大，现在的康百万庄园的大部分已不复存在；作坊区由木作、石雕、大伙房、粉房等几个院组成；饲养区原有三座院落和车棚并有大片遛马场，是饲养 200 多匹骡马的宽大场所，现已不复存在；金谷寨即康家当年为防捻军而建的防御营垒，院内有多座房屋和多孔靠崖窑洞，现房屋缺失，窑洞尚存；康家碑楼留存完整，其上布满砖雕、石雕，为高超建筑艺术精品；康氏祠堂现有多半留存下来；康家石牌坊位于主宅区东向百米处，为石雕艺术品，现存完好。

“据 1965 年统计，康百万庄园保留下来的尚有十大部分，33 个院落，53 座楼房，73 孔窑洞，共计 571 间，建筑面积 64 300 平方米。”又经 50 多个春秋之后，整个庄园建筑除寨上主宅区完整外，其余保留下来的建筑群已不是统计时的面貌了。尽管群体建筑和单体建筑数量减少，仅就现有建筑而论，其科学价值、艺术价值、历史价值和传统建筑的文化价值之高，是其他绝大多数民居建筑不可比拟的。康百万庄园是中国明清民居的大观园，河南建筑三雕（木雕、砖雕、石雕）的博物馆，传统民居建筑文化的浓缩图。

四、主宅区建筑

康百万庄园主宅区是康家第十二世掌门人康大勇所组织开建的，历经四代建成，也是康大勇及以后历代掌门人的住所。

庄园主宅区南北长 83 米，东西宽 73 米，建于邙山半腰，坐西向东。往上是邙上岭的顶面，往下则是伊洛河冲击平地。建筑群依山就势，充分利用此处的地理地貌，在一级靠山崖壁12米高的直立黄土崖面表面，用青砖砌筑寨墙，顶部并砌有垛口，形成寨堡式大院落。院落经由30米长的坡状涵洞与外界连通，涵洞为砖石拱券。洞的外口便是主宅区唯一的大门，由我国著名古建筑专家罗哲文题写的“康百万庄园”的匾额高悬于门洞之上，赫然醒目。进寨门后通过涵洞可到寨上的外院广场，涵洞出口上方还建有打更房。这一间打更房虽小，但四面设窗，这样设置的作用有三点：一是打更报时；二是监控寨门涵洞的一道防线；三是防止在广场活动的人不慎跌落涵洞沟内。外院广场长25米，宽20米，是主宅区的集中活动场地。广场南侧设有石刻碑林，北、西两侧分别为进入各个内院的宅门和倒座。东侧临崖壁有女儿墙阻挡。

寨上主宅区建筑根据基地的平面形状，以涵洞沟及沟边大路为界，分为南、北两个建筑群体，即北部五座院和南部两座院。北五院由东至西并排，皆坐北面南；南两院并列，皆坐西向东。为叙述方便，借用文物管理编号，由东往西分别为一至五院，南院为六（北面）、七（南面）院。一号院因建设年代最早称老院，靠崖壁边又叫边院，它是中原地区的传统二进四合院，南北长54.8米，东西宽14.5米，前客后寝。中轴线上由前至后排列有宅门（与倒座一体）、客厅、二门、堂屋。一进院东西厢房各三间，东西对称，体量较小，悬挑式短檐廊，硬山卷棚顶，隔扇门窗；客厅三开间七架，硬山屋顶，前柱廊，檐下坐斗。客厅后的二门是一座门楼，体量不大，颇为精致，虽无垂柱挂落、花罩之类，但有门楣行书“花楼重辉”四字装点，小门楼因此焕然生辉。进入二门即为窄长的内院，两侧厢房为二层楼房，西厢房四开间，北端加一间耳房，东厢房五开间。堂屋为三开间六架、二层前柱廊，气势轩昂，是该院最高的建筑物，为康家历代掌门人的住所。堂屋西侧靠崖开有二孔窑洞，其中一孔地面之下另有一孔小洞，为近几年的新发现，传说是康家的藏宝洞。

二号院门楼题名“秀芝亭”，也称秀芝亭院。该院南北长25.5米，宽18.5米，原是老院的一部分，供未成年子女居住。该院前面倒座五间，宅门辟于东梢间，即八卦之巽位。宅门内座山影壁处理简单，灰塑突起的“福”字赫然醒目。影壁前的葡萄树已有260余年，夏季枝繁叶茂，秋天果实累累。多子的葡萄与福字配合呼应，寓意多子多福。该院倒座内的一进院与二门、二门与厢房的位置关系类似于北京四合院，和一号院截然不同。一进院东西两端建有过宅门，便于院落之间互通。二进院内东西两边厢房各四间二层，北端各加建一间平顶耳房。厢房北端院内有对称的两堵低矮花墙，用于界定庭院空间。上房为三孔窑洞，中间一孔坐在中轴线上。窑房结合是河南窑洞分布区传统民居的一大特点。窑洞筑法基本一致，中、西两窑皆为一孔二层，上下层以木楼板分隔。东窑为二棚三层，内设楼梯，俗称“窑楼”。这种三层楼式的窑洞，仅在河洛地区的见过。窑洞内底层均设置木格扇，将窑内分为前后两间，空间分配合理（图附录 -2）。

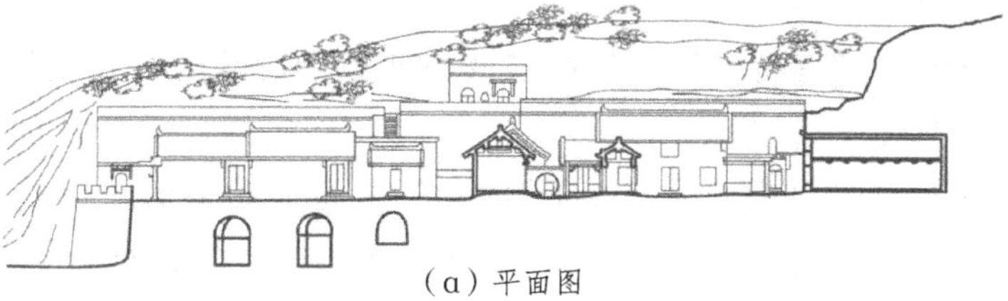

（a）平面图

（b）剖面图

图附录 -2　康百万主宅区平、剖面图

三号院位居中间故称中院，为两进四合院，南北长 26.7 米，东西宽 16.7 米。前院倒座、宅门与二号院倒座形制相同且东西向并排。一进院处理手法与二号院又有不同，二门位置较一号院退后。二门外两边对称建有小花厅，花厅单开间、前柱廊，柱上配有楹联，上为卷棚顶，小巧玲珑。二门横楣“克慎厥猷”和联语“处事无他莫若为善，传家有道还是读书”大有来头，出自清代监察御史刘毓楠之手，精雕细镂于石板，镶嵌于壁间。门楼、花厅、对联、古树相映成趣。二进院内建筑形制与二号院相同，但上房（窑洞三孔）为单层。院内的对花墙石雕意深、工巧。整个院落端庄华美，是康百万庄园中建造最精良的宅院。

四号院为清同治年间所建，俗称新院。前院倒座与三号院倒座并排，五间六架前柱廊，是主宅区倒座房屋中体量最大、外檐装修最华丽的一座房屋。一进院内未设东西花厅，显得庭院尤其宽敞。五号院则是四号院的附属院落，院内仅有两间平房。北端即主宅区的西北角是一孔二层窑洞，其西侧是五孔靠崖窑洞，院内空间狭长，无独立宅门，与四号院共用大门，前部为花墙与四院界定空间。在西北角的一孔窑洞墙壁上镶着16块书法碑刻，字体遒劲挺拔、质朴潇洒，均为清代书法佳作。

六号院即南院北边的一座院，北部与五号院相距7.5米。西部为高约15米的砖砌崖壁，崖下开挖窑洞10孔，属于六院的有三孔，均被作为上房。此院原本尚未建成，只建了窑洞前的两座厢房和前面的两座并排倒座，中间空缺，现已补建成为三进院。靠南的第二座倒座房屋说明此处还要建一处院，但因家境败落而中断。

寨门过洞相对的照壁之后，有可通往邙山崖顶的梯道，青石踏步40阶，便可登上崖顶俯视主宅区全貌。崖顶建有砖券窑洞（当地俗称天窑）和瞭望楼，供看家护院的家丁值班和休息之用。此处居高临下，与第一道防线的“打更屋”遥相呼应，兵勇家丁日夜持械，严密把守，戒备森严。清代后期的社会动荡，促进了聚落和民居防御体系的发展与完善，在河南民居中表现得尤为明显。

五、主宅区建设特点

康百万家族连续富裕400余年，庄园建设延续时间长、规模大，拥有自己的建材基地和固定的建设匠师，形成了自己的建筑特色，现以主宅区为例，简要分析如下。

（一）总体布局完整统一

庄园主宅区地形不规则，又经历代营造，但总体布置得以完整统一，全赖于“天人合一”的整体观念的指导。“天人合一”指把天地万物看作一个有机的整体，把人作为自然的一部分，即人与自然的统一。这是我国古代社会的思想原则，被历代思想家所重视，也被古代众多建筑匠人所信守。庄园在选址方面按照我国“相形取胜”“相土尝水”“辨正方位”的传统营造程序，充分考虑周围的自然地理地貌，并加以充分利用。建筑群依山就势，窑房结合，建筑坐向不拘于陈规。南北两区分合有序，毗邻院既各成体系又联系紧密。虽未建于同一时期，但在“天人合一”的整体观念的指导下犹如一气呵成，“虽由人作，宛自天开”。康家兴旺400余年，对中国传统文化知识造诣深者大有人在，深谙“宅者，人之本。人以宅为家，居若安，即家代昌吉”的道理，这种“天人合一、师法自然”的有机整体观念，是中国传统建筑最基本的文化内涵，康家对于这一精神心领神会，并在营造自己家园的实践中加以应用得以体现。

（二）富于变化，移步易景

主宅区院落随山顺势，巧妙地利用自然地形、平面形状的不规则，将单体建筑高低错落，空间变化丰富。比如，北五院之一进院东西向形成了狭长的空间，在狭长的空间中善于运用造园中的空间分隔手法增加层次。分隔体有屋宇式门楼（二、三号院之间）、随墙简易门楼（一、二号院之间）、月亮门洞（三、四号院之间）和低矮的对花墙（四、五号院之间）等。各独立空间以葡萄、石榴、竹、太湖石等为点缀，再加上四号院倒座的楹联、三号院花厅的楹联及二门对联，使浓郁的园林艺术效果被充分表现出来。各道门的“障景”与“借景”，使得这一狭长空间移步易景，富有诗情画意。古老的葡萄树每到夏季，枝繁叶茂、遮阳蔽日；每到初秋，硕果累累，望之令人垂涎。昔日，葡萄树喻义康家多子多福；如今，葡萄树为夏季的游人遮阴纳凉，以 260 余年树龄证实着“地善即苗茂”的自然规律。竹、松与梅象征着人品的高洁，历来被文人所青睐，宋代大文豪苏轼曾有“宁可食无肉，不可居无竹”的诗句，康家将这些图案雕刻在某些构件上，教育后人。太湖石本身的皱、漏、透、瘦就极具观赏价值而康家的假山石雕这块奇石造型更奇，似一对狮子，但更像一对情侣，令人捧腹。

（三）房屋讲究实用，构造有创新

康百万家的房屋绝大多数是二层楼房，楼房中的绝大多数并无楼梯，二楼设门不设窗，或设小窗，并装可关闭实木窗门，这其实不合乎常规，是康百万根据自己的使用要求独创的。康家的生意主要以棉花、布匹等棉织品为主，占用空间比较大，所有房屋的二层空间都被作为仓库使用，室内设楼梯存取不便。这种根据使用要求产生的构造变化，在庄园建筑中成为一种制式，广泛用于康家中后期的建筑。

（四）装饰艺术水平高

康百万庄园建筑的内、外檐装修与家具及陈设品，在河南民居中首屈一指。外檐装修主要分布在柱础、门枕石、门窗、窑脸、雀替、花罩、檐枋、墀头、戗檐、檐口、山花、屋脊等部位。内檐装修主要为空间割断，如隔扇、罩、架等类。装饰手法主要是三雕（木雕、砖雕和石雕）、楹联、匾额及彩绘，还有灰塑。雕刻题材内容有吉祥动物，如龙、凤、狮子、麒麟、喜鹊及仙鹤等；还有植物花卉，如梅、兰、竹、菊、牡丹、荷花、葡萄及葫芦等；更为传神的还是人物雕刻，有常见的文臣武将，还有自己创作的表达读书习文、敬老爱幼、惩恶扬善等思想寓意的人物雕像，其中以福禄寿禧、吉祥如意寓意为主，也有清高雅洁、超凡脱俗的文人士大夫情结等内容。更可赞的是在康百万庄园中无论是木雕、砖雕或石雕，根据表现内容，刀法粗细都恰到好处。粗则粗犷（不是毛糙），足见力度。有一柱础，以大象为主题，大象本身就体力无穷，寥寥几笔粗犷的线条，就把力驮千斤的大象形象刻画得淋漓尽致，正好符合柱础负重的事物特征。细则细腻见功，犹如工笔。柱础上的武将，丝丝美髯清晰可辨，怒目圆睁活灵活现。这些都代表了河南民居建筑雕刻的最高水平。

匾额、楹联、对联和门楣题字在康百万庄园里与建筑联系得更为密切，也是装修的主要手法之一。一是数量多，仅木制匾额现存就有 20 余面，在未得以妥善保护的情况下，当初肯定比现在更多；二是制作精、书法美；三是文意广。有一牌匾制作于清同治十年（1871 年），形如一面旗帜，白果木雕，烫金面，阴刻字，是康家为警示后人做事要留有余地而特制的，题首篆书是“留余”二字，故名《留余匾》。匾文曰：

留耕道人《四留铭》云：“留有余，不尽之巧以还造化；留有余，不尽之禄以还朝廷；留有余，不尽之财以还百姓；留有余，不尽之福以还子孙。”盖造物忌盈，事太尽，未有不贻后悔者。高景逸所云：“临事让人一步，自有余地；临财放宽一分，自有余味。”推之，凡事皆然。坦园老伯以“留余”二字颜其堂，盖取留耕道人之铭，以示其子孙者。为题数语，并取夏峰先生训其诸子之词以括之曰：“若辈知昌家之道乎？留余忌尽而已。”

《四留铭》乃南宋时期官员王伯大（号留耕）所提之铭言。康家用此铭言刻制成匾，教育后代做事要留有余地。又如书房门楣题字“三上成文”以勉励孩子们刻苦读书，奋发向上。这些文字性的装饰不仅增加了建筑的艺术性，还使建筑有了思想和灵魂。

（五）文化内涵丰富

中国传统建筑有其深厚的文化内涵。作为人类生活最基本的人工自然物和自然环境，建筑既是物质文化的重要组成部分，也蕴含着精神文化内涵。康百万庄园建筑所蕴含的精神文化内涵就很丰富，体现在多个方面，如“天人合一”的整体观念、“师法自然”崇尚“和谐”的思想、“唯变所适”的辩证原则、崇尚儒学的传统观念、尊卑有序的礼制思想等。

“万般皆下品，唯有读书高”，这是我国2000多年来儒家思想的经典之一。读书是为了实现“修身、齐家、治国、平天下”这四个目的。康氏家族于明末清初发达之后，专门为后代营造“唯有读书高”的场所，并竭力营造读书氛围。现在漫步于庄园内，仍然可以感受到重儒遗风。此善举康百万的庄园这一部凝固的“史书”里，被如实地记载下来。

康家特别重视教育，专门建有自己的家学，位于主宅区外南大院东侧。家学由名曰“经腴史华”的过厅楼（藏书楼）和名谓“书馆院”的四合院组成，书馆门首镶嵌隶书“书带生庭”石质牌匾。这是供年龄较大的子弟读书的地方。康氏家族的子弟们在这所家学里奋发读书，有多人走上仕途。中华人民共和国成立后，这一组老房子仍在延续教育的功能，先后归康店小学、中学使用。康氏家族不仅重视对学龄儿童及青年的教育，也重视学龄前儿童教育，以科学的方法及早开发儿童智力。

在营造读书氛围方面，庄园主人可谓费尽心机，处处都有凝固在建筑物上的文字和画面，以长久提示后人“万般皆下品，唯有读书高”。例如，渲染读书气氛的匾额、楹联有：“处事无他莫若为善，传家有道还是读书。”“克慎厥猷”是此联的横批，以隶书镌刻于三号院门两侧与上房的石牌上。一号院过厅的楹联这样写道：“志欲光前惟是读书教子，心存裕后莫如勤俭持家。”意为“要为祖宗争光，必须教子读书。要造福于后代，最好的办法还是勤俭持家。”另有“书带生庭”“勤勉学问”门头横批。还从北宋大文学家欧阳修“马上、枕上、厕上”思考文章中提炼出“三上成文”的妙语，以警示后人刻苦学习。

中国传统建筑除其优美的外形、丰富的群体组合、多变的空间组织以外，更宝贵的价值就是具有丰富的文化内涵。建筑大师、建筑教育家齐康说：“希望中国的建筑文化，像一条巨龙，又腾飞起来，建立新的价值观。继承、吸取祖先创造的建筑文化的精神，积累发展的力量，创造发展的条件，奠定发展的基础。”附图 -3~ 附图 -22 更直观地展现了康百万庄园主宅区的建筑特点。

附图 -3　碑楼局部石雕

附图 -4　假山石雕

附图 -5　康百万庄园建筑群

附图 -6　康百万庄园大门

附图 -7　康百万庄园大门入口

附图 -8　康百万庄园家居

附图 -9　康百万庄园院落

附图 -10　石壁画

附图 -11　屋脊兽

附图 -12　青瓦房

附图 -13　钟鼓楼

附图 -14　镂空墙

附图 -15　窗户雕饰

附图 -16　门房

附图 -17　庄园正房

附图 -18　静园院门

附图 -19　秀芝亭

附图 -20　康百万庄园陈设

附图 -21　门口的狮子

附图 -22　康家祠堂

八路军洛阳办事处旧址

一、地理位置

八路军洛阳办事处旧址位于洛阳市内。洛阳地处黄河中游南岸，“居天下之中”，素有“九州腹地”之称。洛阳气候条件优越，处于暖温带南缘向北亚热带过渡区，为温带季风气候，四季分明，气候宜人。洛阳地势西高东低，境内山川丘陵交错，地形复杂多样，其中山区约占 45.5%，丘陵约占 40.7%，平原约占 13.8%，周围有郁山、邙山、青要山、荆紫山、周山、樱山、龙门山、香山、万安山、首阳山、嵩山等多座山脉。境内河渠密布，分属黄河、淮河、长江三大水系。黄河、洛河、伊河、汝河、清河、磁河、铁滦河、涧河、廛河等 10 余条河流蜿蜒其间，又有“四面环山、六水并流、八关都邑、十省通衢”之称。洛阳因地处古洛水之阳而得名，以洛阳为中心的河洛地区是华夏文明的重要发祥地。夏太康迁都斟，商汤定都西亳；武王伐纣，八百诸侯会孟津；周公辅政，迁九鼎于洛邑；平王东迁，高祖都洛，光武中兴；魏晋相禅，孝文改制；隋唐盛世，后梁唐晋，相因相袭。汉魏以后，洛阳逐渐成为国际大都市，隋唐时人口百万，盛极一时。洛阳乃国家第一批历史文化名城和七大古都之一。

二、历史背景

八路军洛阳办事处旧址（以下简称“办事处旧址”）原为商人庄廷珍之宅院，于抗日战争之前卖掉此园。抗战初期，此园成为八路军驻洛阳办事处，在中国共产党的领导下，开展抗日民族统一战线工作，向国民党当局洽领军饷，筹集和转运军需物资，向延安输送进步青年，宣传中国共产党的抗日主张和八路军抗战活动。接待过往的八路军人员，朱德、彭德怀、刘少奇等党和八路军领导人都曾在此中转停留过。该庄园在抗日战争时期为中国革命做出了贡献。1985 年，在此新建了八路军洛阳办事处纪念馆。

三、建筑概况

办事处旧址坐落于洛阳市老城区南关贴廓巷，建于清道光十一年，现已有近 200 年的历史。办事处旧址坐北向南，后临九都路（为新建大路）。原本院落很大，分东、西院两部分。西院为主院，三路三进；东院是配院，二路三进。中华人民共和国成立后，主院由机关占用，保存较好，于 1985 年建立八路军办事处纪念馆时收回。东面的配院分给居民居住，现仍是大杂院，已非原貌。以下仅对保存完好的主院加以介绍。

图附录 -23 所示的是办事处旧址平面图。主院通面阔 31.2 米，又分居住庭院和花园两个部分。花园位于居住区西侧，为一条狭长的胡同。居住区面阔 26.8 米，大门位居院落轴线右边一间，大门很宽，开间净尺寸为 3.9 米，屋顶不突起，进深与倒座相等。一进院前后房屋间距 18 米，东西厢房间距 20 米，类似于小广场，十分宽敞明亮。这种前院大空间设计符合商人开展商业活动。

一进院内并排分布的三座正房为其后三路院的前客厅。西路、中路等宽，正房三间，同面阔，各 9.2 米，这一面阔尺寸在河南豫西地区属于正常；东路略窄，正房三间，通面阔 8.4 米，属于小三间类型。三座客厅均为前檐廊式砖木结构建筑，檐下施隔扇门窗，室内后金柱设屏门，后檐墙明间辟后门通往二进院。中、东两座客厅又于东次间另设隔墙，辟出通往二进院的通道。

中、西两路二进院的内庭院稍有区别，即中路设有二门，而西路未设二门。两院平面格局相同，东、西厢房各三间两层，对称布局，楼梯设在室内。东路二进院厢房通面阔较中、西两路厢房略短，且位置靠前，正房也相应靠前。厢房均为单坡顶建筑，以适应狭窄院落，两厢房之净间距仅 2.55 米，形成了狭长的庭院空间。三座正房均为两层，平面形制与前面三座基本相同。

三进院差别较大。西路建有厢房，各三间单层，中路未建厢房，东路厢房为五间两层。中、西两院庭院长度基本相等，东路较长，前者 22 米，后者 25 米，似一条胡同。后院正房均为三间，中、西两座为单层，东面一座则是两层；整座大院基地形北高南低，高差约 1.50 米，集中在中、西两路的三进院内，形成南北二级台地，东路地坪则向南继续延伸直到正房之后。这样，后院三座正房就坐落于不同高度的基址上，加之层数不同，房屋高差很大。三进院正房之后还有很大的场地，可能是当年主人的后花园或骡马饲养场所。现旧址大院南北长 105 米，中间三路院落层层分隔，显得格外幽深清静（图附录 -23~ 图附录 28）。

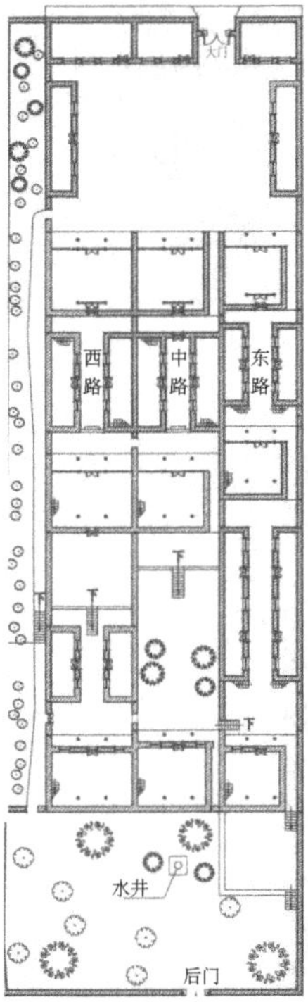

图附录 -23　洛阳八路军办事处旧址平面图

图附录 -24　洛阳八路军办事处院落

图附录 -25　大门

图附录 -26　楼梯

图附录 -27　院门

图附录 -28　门

寨卜昌民居

一、地理位置

寨卜昌村原是河南省焦作市博爱县苏家作乡的一个行政村（苏家作乡现归焦作市山阳区管辖），位于博爱县城东南5公里处，焦（作）温（县）公路从村西穿过。博爱县地处河南省西北部的太行山南麓，豫晋两省交界处，隶属焦作市管辖，明清时期为怀庆府之河内县。博爱县南临温县，眺望黄河，北邻晋城市区泽州县，东西分别与武陟县、沁阳市接壤，素有“太行山下小江南”和“金博爱”之美誉。博爱县北部为太行山区，南部是怀川平原中心地带。这里气候温和，日照充足，土地肥沃，物产丰富，尤以四大怀药（怀地黄、怀山药、怀菊花、怀牛膝）而著称。

二、历史背景

（一）美丽的传说

寨卜昌是一个古老的村庄，其地理位置优越，北依太行，南濒沁水。寨卜昌依山傍水，山清水秀，良田沃野，是一个风水宝地。据传，周武王兴兵伐纣时，八百诸侯会孟津，向东进军来到这太行之阳、沁水之北的地方，姜太公观天象、查地理，占了一卦，卦显示“昌”字，以示此地为风水宝地，日后必定繁荣昌盛，随曰“卜昌，卜昌”。卜昌给武王增添了伐纣的信心，遂挥师北上，一举灭殷纣王于朝歌。卜昌也为此地带来了吉祥，在此地居住的先民就以本族姓加“卜昌”二字定村名，有乔卜昌、侯卜昌、刘卜昌等。有的再在本族姓前加上自己所从事的行业，如药王卜昌、油王卜昌等，历史上共有八个卜昌村。其中，药王卜昌、油王卜昌、乔卜昌三个村庄相邻，彼此仅一路之隔。为防匪患，三个村庄统一围合寨墙，于1946年更名为“寨卜昌”。

（二）泰顺家族

寨卜昌的兴盛源于王氏家族经商，其经商发家史大致经历了四个阶段。

一是起步期。明末清初，王氏先人有懂医术者，依托得天独厚的怀药生产基地，从药材生意做起。由于诚实守信、买卖公平，生意红红火火，家境也逐渐殷实，在当地小有影响，便有村名药王卜昌。第十二代人王来贡不安于现状，在药材生意的基础上又发展铁锅生意，财力日渐雄厚，为其后家族的大发展奠定了基础。

二是发展期。清康熙早期，第十三代传人王振德创立了生意字号和家族堂号“泰顺硕”，继而发展到以铁制品业为主，兼营其他行业的大生意。历史上的“泰顺硕”是木牌匾（图附录 -29），王氏家族从此便称为“王泰顺”。第十四代传人王问安将生意做大，泰顺号生意遍布河南、苏北、皖北、山东、河北、北京、天津及辽宁各地，大小店铺共 100 多。

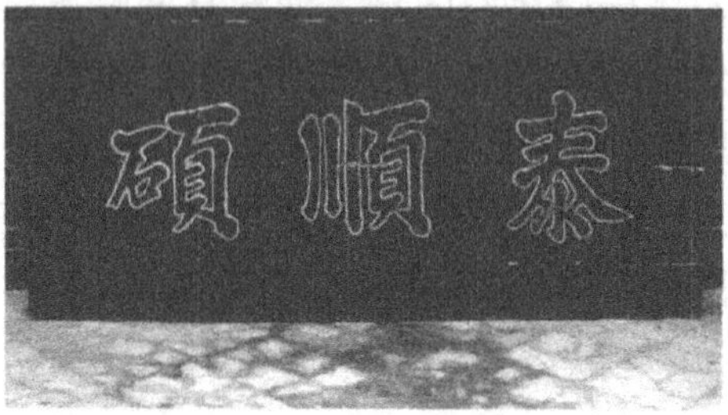

图附录 - 29　“泰顺硕”牌匾

三是鼎盛期。第十七代传人王蕴绪兄弟三人共同接掌泰顺号，三人各有所长，精诚团结，通力合作，生意覆盖了大半个中国。王氏家族在一次偶然的“龙纹饰马槽”官司中获胜，因祸得福又意外得了一笔横财。王家后人为我们讲起这段故事时津津乐道：王泰顺富裕之后讲究体面，在一口喂马槽上雕了龙纹（图附录 -30）。因家大业大，树大招风，有人以马槽上的龙纹为据上告泰顺。官司很大，惊动了朝廷，朝廷查封了泰顺号所有的商品、仓库及路途在运物资，并指令开封府查办此案。王蕴绪兄弟三人非等闲之辈，经多方努力，当然包括用金钱打通各处关节，最后官司获胜，被封物资全部归还。说发横财的原因是，当时泰顺商号铁业经营在全国占有一定地位，牌子响亮。一些中、小商号常冒泰顺商号之名运输和销售经营，在突如其来的查封令下也被查封。后物资解冻，这些中、小商号自知冒名理亏，不敢索要，只得放弃，全部归泰顺号所有。龙纹饰马槽为主人添了麻烦，也为主人增加了财富。打了将近三年官司的泰顺，不但没有经济损失，反而得了外财，解决了假冒商号的中小商号更重要的是在同行业内的知名度进一步提升。从打赢官司的嘉庆十二年（1807 年）起，泰顺号的生意进入了鼎盛时期。相传，当时“泰顺家人走马千里不吃别家饭，不住外人店”。财旺人亦旺，在嘉庆、道光、咸丰、同治时期，王家人丁发展到300多人、土地4000多亩、骡马300余匹。年收入白银逾百万两，房舍达1500多间，同寨三村的（东西向）五条街，泰顺家族独占了两条半（现在仍然如此）。泰顺号被誉为“北泰顺”，与浙江的“南泰顺”齐名。

图附录 -30　王家刻有龙纹的马槽

四是捐资买官的全面发展期。第十九代传人王大温自幼聪颖，志向远大。王大温接掌泰顺后便寻求泰顺家业发展的更大空间，改变农商经济模式，涉足矿业开发。清同治时期，他不惜斥巨资，捐钱买官，先后被皇封为：花翎同知；山东试用道加三级；通奉大夫钦加盐运使衔赏顶戴花翎；山东候补道加二级。在官场上，他结交权贵，与曾任五部尚书的毛昶煦（河南武陟人，晚清重臣），军机大臣、礼部尚书李棠阶，户部尚书、军机大臣翁同龢私交甚厚，王家后人至今还保留着大学士翁同龢的题字。王大温率先在焦作搞矿业开发，成为集“农、商、官、工”多业并举，富盖怀川的巨贾名门。有钱可安居，安居可乐业，互相促进。泰顺号创造了寨卜昌王氏家族近十代人的辉煌，造就了泰顺家族近200年的繁荣，形成了如今怀川区域辉煌的寨卜昌古村寨。

（三）泰顺家族的衰落

泰顺家族随大清的盛世而昌盛，又随大清王朝的灭亡而衰败。清末民初，王家基业相当大。家大人多，如同树林大了什么鸟都有一样，王氏后人中不乏极度奢侈、挥霍者。比如，第二十世孙王惟厚夫妇，继承祖业土地280亩，骡马28匹，两套宅院，因鸦片烟瘾极大，以每天一亩地的速度很快将家业吸食殆尽；又如第二十世孙王惟楹爱看戏，凡有戏班经过必留，家无余钱就卖地看戏。凡看戏人中有喝彩者，他立即吩咐管家再去卖二亩地，续上几天；更让人不理解的，如第二十一代王琴堂，爱好打猎，打猎外出必用羊拉车、猴赶车、鹰抓兔子狗拣来的方式。有句联语说得好，“创业如同针挑土，败家好似浪淘沙”。泰顺家族创业从肩挑背扛做起多么不易，但是王家后人却以每天吸食鸦片价值一亩地的速度败家，这样坐吃山空，焉能不败。除王氏有些后人奢侈，大肆挥霍之外，日军侵华期间，1938 年农历四月初五，日军对寨卜昌豪宅进行了一次残酷火烧，大火烧了三天三夜，王家近 200 年的基业，1 500 余间房屋，有三分之二成为瓦砾。加上“文革”中的破坏以及后人保护不力，王氏家族的豪宅现在仅剩 100 余所，不足 400 间。

1947 年 8 月 15 日，晋冀鲁豫野战军第九纵队在该村成立，并举行了南征誓师大会，谷景生宣布第九纵队诞生，纵队政委黄镇带领全体指战员宣誓。太行第四专署专员杜毓云向纵队赠送了一面写着“太行子弟结长缨，跨河南缚苍龙”的锦旗。秦基伟司令员代表纵队接受锦旗并（代表全体指战员）表达决心。秦基伟的司令部就在寨卜昌村二街的两座大院里。寨卜昌村为中国的解放事业作出了应有的贡献，也是一个具有革命传统的历史村庄。

幸运的是，从寨卜昌现存民居中，仍可以看到王家辉煌的历史，古民居的豪华气魄依然存在。雕刻精美的木雕、石雕仍然是精品。王氏家族豪宅及古村落格局仍清晰可辨，现存文物建筑基本能反映出王氏家族自清康熙、乾隆以来的人文历史，给后人留下了一份珍贵的历史文化遗产。2000 年 9 月 25 日，该村被河南省人民政府批准为“重点文物保护单位”。

三、寨卜昌古村落概况

2002 年 7 月初，笔者带领 10 位学生并携带测绘器材第一次去寨卜昌考察时，因路途不熟提前下了汽车，后租用机动三轮车奔赴寨卜昌。从苏家作到寨卜昌短短 5 公里的路途中，一行人领略到了巍巍太行之阳这宽广的平原风光。在平整而肥沃的良田上，高大挺拔的白杨树将无边的田野划分为一块块整齐的方田。农民们带着麦收归仓的喜悦，兴奋地忙于秋种。我们在绿树荫下行走，不大一会儿，就影影绰绰地看到一个有高墙围合的村庄年轻的同学们顿时兴高采烈，驱散了半天的舟车劳顿。眨眼之间，车子已经走到寨卜昌村边，同学们纷纷下车并急急忙忙地爬上长满青苔的土寨墙。在此，我们看到寨外的寨河与寨内的古民居虽有寨墙之隔，可又浑然一体，就是它们共同构成了寨卜昌村厚重的历史文化主体，这些乡土建筑完整地将这厚重的历史记载下来。寨卜昌历史悠久，遗存大量的古建筑文物，主要分为三大类：一是古寨墙、寨河、石桥；二是清代民居建筑群；三是古祠堂、古树、碑刻、牌匾。

（一）古寨墙、寨河、石桥

寨卜昌的寨墙、寨河、石桥统称为寨墙工程，寨墙现存有四分之三。清咸丰十一年（1861 年），捻军攻打怀庆府（今沁阳市），卜昌人为防捻军、流寇及土匪等外患，经泰顺家族的倡导并带头捐巨资修建了寨墙工程。据《修筑寨墙碑记》记载：王大温、王大伦、王大有三家各捐 14250 串铜钱修筑寨墙。工程历时 7 年，高 10 米、上宽 3 米、下宽 8 米、周长 2500 米的寨墙于清同治七年（1868 年）年初竣工。寨墙底部地基的局部构造，有的用条石砌筑，有的用砖石砌筑。墙体用 3 ∶ 7 的混合土层层版筑夯实，分层处用糯米汁黏合。因在墙外就地挖沟取土，寨墙周围便形成宽 8 米、深 3 米的护寨河。据王祖俊介绍，寨河占地面积 110 亩、寨墙占地 100 亩、寨墙内面积 450 亩。整个寨墙工程的砌体加夯土的体积为 137500 立方米，将近 140 万土石方量。这对于一个村庄来说，工程之浩大不言而喻。如今，东、西、北三面寨墙、寨河大部分完整，四座城门楼在中华人民共和国成立前后被拆除，四座石拱桥现有三座。

值得赞誉的是寨墙的东、南、西、北四座寨门上方镶嵌着长 1.5 米、高 0.7 米的青石匾牌，上刻名人题词。东、南、西、北门依次使用“纳春融”“揽荣光”“挹秋浆”“迎叠翠”代替常用的“东门”“南门”“西门”“北门”俗称。四门高悬的 12 个字用心良苦，且价值不菲。据王祖俊、王其健介绍，为请文人撰书这 12 个字，主人把文人请到村内，从初春到仲夏，宾客相待，其创作灵感，最后又以每块匾额 50 两白银的润笔费相赠。有文记载：“这四块匾额文化层次高雅，意喻寨卜昌‘东纳春天紫气’‘南揽黄沁之光’‘西挹秋实累累’‘北迎太行之峰峦叠翠’，将四方之瑞气集于寨卜昌。”这 12 个字还另有我国惯用的“五行”与“四正”的含义：纳春融“春”为东；揽荣光“光”为火为南；挹秋浆，金秋成熟的谷子、玉米均为金黄色，“金”为西；迎叠翠，重叠的山峦，翠绿的植被远观为黑色，黑为“水”为北。此 12 字正合我国古代空间序列的“东、南、西、北、中”方位，中为“土”，土养万物，人在高大的寨墙包围中生活，安居乐业，岂不快哉！门，在现代建筑群体空间序列中，它只不过是一个元素或重要元素而已。门，在中国传统建筑的空间序列中，不仅是重要元素，还蕴含着厚重的门文化。像这样既文雅又有深邃含义的乡村寨门称谓，未闻有二。这四块满载泰顺意愿及述说泰顺注重文化的石牌匾，有三块不知去向，仅剩东门“纳春融”，保存在三号院（寨卜昌文物管理所）内。

据村内70岁以上老人回忆，各寨门上的寨门楼，面阔三间，四角挑起，挂有风铃。据此，笔者断定寨门楼是歇山顶。通过绘制单檐歇山顶和重檐歇山顶的房屋草图，请老者确认，得知其寨门楼是单檐歇山顶形制。各寨门的内侧，设有通往寨墙顶部的马道，四轮木太平车可以直达寨墙上，运载防卫物资。寨门两侧设有两座岗房，其中一座留有偏门，以备寨门关闭时行人出入。寨墙上另建有12座烽火台，并配有400公斤重的重型竹节火炮。整个寨墙工程耗资约六万两白银。它不仅在中原地区，即使在全国同类乡村中也实属罕见。

寨墙依原药王卜昌、油王卜昌和乔卜昌三村随地形而建，俯瞰形如龟背，头朝东南，尾向西北，富有象征意义。是主人于建设寨墙时有意仿生，还是无心插柳柳成荫，如今已难以考证。这只老龟就像赑屃驮石碑那样，背负着寨卜昌在历史长河中走过了100多个春秋。寨卜昌寨墙内有东西向五条街，南北向两条半街道，现在仍是村内的主要交通路线。这些街道已是水泥路面，东西门直通的三街是该村的干道，有公交车往返于县城，村民们出行更加便利。

（二）清代民居建筑群

寨卜昌像样的民居建设起于王氏第十二代传人王来贡，即泰顺创始人之父。早期的建筑以居住为主要目的，并不豪华。泰顺堂号创立以后，建筑规模、建筑质量与生意同步发展。王震德、王问安两代先后在寨卜昌三街中段路南的祖居宅基地上建起了一座四层楼房和两侧的三层楼房。之后，又以相同的形制建了两处，结构坚固，但家业未能留传至今。泰顺家道中落，早在民国时期就被其后人拆除变现了。第二批代表性建筑是第十七世孙王家三兄弟，三人共掌泰顺号，生意已经达到巅峰时期，有足够的经济力量建更好的房屋。兄弟三人各建宅院，为使宅院建得更好，他们寻遍能工巧匠，并派工匠去晋东南一带参观学习。建成的三座大宅院，工料考究、结构坚固、装饰精细。从此，泰顺家族的基本建设连年不断。营建房屋是百年大计，为追求质量，在长期大兴土木过程中，王家培植了自己的专业匠师和施工队伍以及砖瓦建材生产基地。

随着家族人口大量膨胀，房屋大量增加，宅院以祖宅为中心向东、西、北三个方向发展。又因祖宅周围地面都有房主，为了得到这些宅基地，王家不惜重金，付出几倍甚至十几倍的价钱购买这块土地。连年建设，到清咸丰、同治时期才达到饱和，处于300余人拥有1500多间房屋的相对平衡状态。此后，宅院建设速度放缓，转为公共建筑建设高潮。王家建有大规模的王家新祠堂、文昌阁、戏楼和防御建筑——躲兵楼。上文所述的寨墙工程等公共建筑，除寨墙以外，都毁于日军战火中。

经泰顺家族一个多世纪的建设，匠师子承父业，施工队伍稳定，建材基地稳定。又经长期实践与总结，形成了泰顺家族自己的宅院建设模式，即宅院为两进的主、跨院平行式四合院建筑。向背的两座院落长度，就是两条街道的间距。在此模式的约束之下，大片民居群整齐统一，街道平直，显得非常有序。泰顺家族于寨卜昌内所占的两条完整的街道和二街的三分之五就是这样形成的。

然而，随着晚清国运不济，泰顺家族也日落西山，到民国初期已彻底衰落，房屋只减不增。

寨卜昌现有古民居 130 座、400 余间，其中重点保护的民居 90 座，335 间（2002 年数据），仅王泰顺家族的就占总数的 90%，主要分布在二街、三街，少量分布在一街和四街。保存比较完整的宅院有 16 处。在这些建筑中，于清康熙、乾隆年间建造的已是少数，多数是嘉庆、道光、咸丰、同治年间的建筑，最晚的为光绪年间所建。

泰顺家族民居的临街房后檐墙都是平面实墙，除了门洞，每户另有一个出水口和少量的拴马桩。临街大门的位置比较固定，绝大多数院落大门的位置严格按文王八卦位布置，坐北朝南的院落大门位于东南方位，即巽位。“巽为木，为风”在四隅门位中为“风门”，即“气口”，有利于纳气，吉位。坐南朝北的院门设在西北方位，即乾位。“乾为天，为圜”，在四隅门位中为“天门”，吉位。

宅院大门都是屋宇式金柱大门，形制略有区别。一种有檐柱，两檐柱之间的额枋雕镂精美，部分上还立有坐斗。另一种无檐柱，上面的额枋简单，断面呈“T”字形，雕饰简单。按清朝有关房屋的条律规定，民房不得使用斗拱，主人胆大，加之这里天高皇帝远，鞭长莫及，象征性地用点儿也无妨。这里的金柱大门门楼高度和进深并未强调出来，从远处看大门并不突出。分析其原因，可能是泰顺家族的临街倒座房屋都是两层楼房，后檐墙高度高于 6 米，大门位于倒座的梢间，其面阔尺寸在 2.5 ~ 2.7 米之间，门前进深 1.5 米，已经成为狭高空间，再向上突出，门洞比例势必明显失调。此形式作为自家建筑的基本特征之一被推而广之，也是其主要特点之一。

泰顺家族的宅院格局相对比较固定，各单体建筑形式与建筑体量大同小异。溯其原因，无外乎“手心手背都是肉”。泰顺家族的长者也按这种思想，建成大体相当的宅院，以保证儿子们分家时公平合理，避免产生矛盾。但是，建筑装饰差异很大，各有千秋。坐北面南的宅院格局全部是西为主院，东为跨院，无一例外。坐南面北的院落大都是东为主院，西为跨院。也有东为跨院、西为主院的特例。主、跨院差别很大。前者庭院面宽五间，倒座、过厅、上房、厢房齐全，后者庭院面阔三间，正房与厢房数量不等，形制也不统一。正院的第一进院用于会客，后院则根据辈分和尊卑分配给家庭成员居住。跨院前院供仆人居住，后院为家学学堂。整个大宅院宽度为八间房通面阔，属主次平行式二进四合院。因互邻宅院都是同家族的近门血亲，从西到东每院内都有内门相通，不出大门，通过内门便可通达各院落。所以，大多数宅院的大门外面没有落锁装置，只在里边安装了门闩和拦门杠。这种以纵深独户为单元、横向发展、户户连通的空间秩序，既强调了一家一宅的私人利益，又便利了家族内部的交流，保持了族人之间的亲密感，还能在紧急情况下互卫互防，一举数得。

寨卜昌民居的一进院由倒座、东西厢房和客厅围合而成，没有二门。泰顺家族的一进院大多数很讲究，院内四面檐廊，垂柱挂落雕刻精细。除倒座外，三面隔扇门窗，做工精良。檐廊形制有柱廊和悬挑两种，柱廊式用于客厅，悬挑廊则多用于厢房和倒座。二进院以居住为主，厢房、正房均为两层，朴实无华，即很典型的前客后寝布局。一进院庭院进深较小，厢房通面阔三间，两厢房前檐口躲开正房仅一间。二进院正房露脸与前院相同，两边厢房多数是通面阔五间，进深大于前院，形成狭长的庭院空间。此为寨卜昌平面布局的基本特点。

泰顺家族的建筑意匠有与众不同之处，有些是他方民居不曾有的。比如，两幅大门石对联和窗台石迎面雕刻以及文字瓦当等，文化艺术品位高雅，直接反映着宅院主人传统思想观念。

河南民居中瓦当头用文字装饰的现象很多，且以“福禄寿喜”最为常见。除此之外，王泰顺家族的瓦当装饰还使用了“耕读”二字。“耕读”是我国封建社会时期的基本思想，这种思想在王家反映更为强烈。第四、五号院进院内东西厢房的窗台石看面石雕也用图形表达了这种理念。窗台石看面长 200 厘米，宽 30 厘米。四号院内的 4 个窗台雕刻有 4 组花鸟耕读纺织图，每组 5 幅，共 20 幅，每组各有 4 幅花鸟图，中间 1 幅各为耕、读、纺织图。五号院内的窗台石上有 6 组 30 幅耕读、花鸟图，把耕作的艰辛、读书的刻苦、纺织的忙碌等人物形态刻画得惟妙惟肖。这些图上下意义连贯，如辛勤耕作换来秋后的丰收；长者在房门口用殷切的目光看着孩子们读书，以努力换来“鲤鱼跳龙门”；纺线、织布与丈量布匹之喜悦，用“喜上眉梢”形容，恰如其分。花鸟图中荷花的出淤泥而不染，牡丹的雍容华贵，喜鹊的栩栩如生，梅花的傲霜斗雪，被刻画得活灵活现，如同亲视其物。上述石刻均为减地平雕浅阴刻，线条流畅清晰。无论是技法还是创意，均可谓民居建筑中少见的石雕精品。

一号院和五号院大门的石刻对联也有独到之处，门洞口前脸上镶嵌的长条石为主联，门框的包砌石较小，且位置靠里，为次联。匾额、楹联、对联本是传统民居建筑中的组成部分，可这两处对联特别高大，被称为特大石对联，门脸主联高 4 米，宽 38.5 厘米，厚 32 厘米，左右均为整体石块。如此巨大的对联，别说在民居建筑中，连大型官方古建筑里也不曾见过。两处联语措辞文雅，寓意深刻。前者主联是“麟史标八业书香黼黻缵缨荣禄第，龙门衍六经教泽文章礼乐圣贤家”；次联是“溯天宝辋川图春容大雅，垂永和兰亭序冠冕儒家”。后者大门的石刻主联为“门外拥珠旗报国曾持三尺剑，庭前罗玉树传家唯有五车书”；副联是“燕冀贻谋缵承世泽，圭璋器重黼黻皇猷”。文字阴刻，书法遒劲有力，可列为上品。

以上象征化的建筑细节表现，浸透了民居主人与匠师们对现实生活的总结与提炼，反映了主人对未来的憧憬与期望。耕作纺织的人们从容不迫，忙而有序，面带微笑，把对农耕生活的知足刻画得淋漓尽致。对联中的辋川图、兰亭序是希望后代琴棋书画无所不能，有儒家的雅致。通过耕织丰衣足食；通过读书，努力掌握“诗、书、礼、易、乐、春秋”六经，跳过龙门，便可“黼黻缵缨荣禄第”。三号院另存家训碑刻一通，“早做晚思，量入而出”。这种治家方略与安心耕织、读书跃龙门紧密联系，使“富不过五辈”的民间老话在泰顺家族显得不那么灵验。泰顺家族兴旺 10 余代，200 多年之久，应该说与上述理念的教化有直接关系。这些都充分体现了当年房屋主人的思想追求，这也正是寨卜昌乡土建筑所独具的特色之一。

其他姓氏家族及王氏非泰顺家族的民居有的是三合院，有的是四合院。这些四合院有一进的，也有两进的，但无跨院。房屋气势与内外檐装修的豪华程度对比相差甚远（图附录 -31~ 图附录 -35）。

图附录 -31　翁同龢亲书“克昌厥后”牌匾

图附录 -32　浅阴刻石雕 · 耕作图

图附录 -33　浅阴刻石雕 · 纺织图

图附录 -34　浅阴刻石雕 · 读书图

图附录 -35　浅阴刻石雕 · 喜上眉梢

（三）古祠堂、古树、碑刻、牌匾

古祠堂、古树、碑刻、牌匾借用《寨卜昌村简介》的原文可知其概况：“二街东十字路口。王氏宗祠修建于乾隆三十年。族人勤奋好学，经商有方，曾考取四品大官等不一，经皇帝封赐的‘经魁’‘武魁’‘副魁’等匾额悬挂于宗祠。新祠落成后，有一品大官毛昶煦撰写的碑文和王氏家庙‘牌匾’、清代著名书法家翁同龢亲书‘克昌厥后’牌匾。古槐树长在王氏祠堂门前，老干秀新枝，树龄 200 余年。碑刻 10 余通，大致分为三个类型：一是封赠碑，记载王氏历代先人受皇恩赐文，予以表彰而封妻荫子，荣宗耀祖；二是记事碑，如光绪年间赈灾碑，史料翔实，内容感人；三是碑记类，新祠堂碑记，记事清晰，文字结构严谨，纪事客观公正，均属书法石刻上品。”

在我国封建社会时期，宗法制度是社会基础。其主要内容是以血缘宗亲关系维系世人，以祖为纵向，以宗为横向，尊卑长幼泾渭分明。明清时期发展到民间，王家大户当然也不例外。清乾隆时期建有祠堂，到第十九世王大温官商结合，又重新建了一座富丽堂皇、高大坚固的新祠堂，可惜彻底毁于日军战火。毛昶煦为新“王氏家庙”题写的碑尚存。最有价值的“克昌厥后”牌匾，为晚清赫赫有名的翁同龢为王家新祠堂落成的题词并亲笔书写。现由王氏后人收藏，笔者多次托人恳求，才拍得这张珍贵的照片。题首文字为“诰授通奉大夫盐运使衔江苏候补道王翁郡转大人建祠落成”，落款文字为“光绪九年（1883 年）小阳月愚弟翁同龢书”。

翁同龢，常熟人，字叔平，号松禅，晚号瓶庵居士，清咸丰六年（1856 年）状元，先后为同治、光绪两代帝师。历任刑、工、户等部尚书，两任军机大臣，晚清著名书法家。王大温结交毛昶煦、翁同龢这些权贵，何愁不通达四方，有此匾额王家怎能不蓬荜生辉！

四、寨卜昌典型民居形制

寨卜昌现存宅院无一完整，所幸的是个别院落基本完整，有的是一进院完整，有的是二进院完整，还有的仅缺少客厅，且缺失的房屋大部分房基仍存，互相结合观看，可将老宅旧貌了如指掌。

（一）三号院建筑形制

三号宅院坐落于寨卜昌二街东头，建于清光绪年间，是泰顺家族衰退期为缓解住房紧张而建，建筑还保持着极盛时期的形制。三号院为主院，东有跨院。紧靠三号院东边还有一号院，兄弟二人每人一处宅院。因建房时家境衰落，一号院未建跨院。

三号院坐北朝南，是泰顺家族典型的主跨平行式两进四合院，主院面宽五间，跨院三间。主院中轴线上的建筑序列有：倒座（当地人称街房）—一进院—客厅—二门—二进院—正房，通进深约 52 米。跨院轴线上无二门，一进院无厢房，二进院单面厢房。整体院落通面阔八间，不足 24 米。主院倒座两层，东梢间辟为宅门。东西厢房（各三间）、客厅均为单层。一进院内外檐装修豪华，四面檐廊，正房檐柱落地，其余房屋为悬挑檐廊。厢房与客厅为隔扇门窗，客厅门裙板上雕刻“梅、兰、竹、菊”，简明流畅，大有以简胜繁的效果。倒座与客厅额枋上立有坐斗。主跨院客厅廊心墙上设有门可互通。平面图上显示的二门是随墙式小门楼，并不华丽。正房平面五间，呈“凹”字形即“明三暗五”形制。后院房屋以实用为主，无明显修饰。

跨院大门位置与主院相同，一进院内无厢房，因而门内设有影壁。正房心间为进入二进院的过道，两梢间木隔扇至今完好，表面大漆处于半新半旧的状态，裙板贴雕精致，民间器物在百年之后的今天能有如此状态，质量可谓极佳。二进院厢房六间，单层，进深很小，约 3 米。正房两层。

庭院地面被调整成梯级状，前低后高，一为排水之便，二为房屋“前不压后”奠定基础。正房、厢房从前往后依次渐高，空间序列井然有序。

（二）四号院建筑形制

四号院坐落在寨卜昌二街中间偏东位置，坐北朝南。与其西隔壁之五号院同时建于清咸丰年间，属泰顺家族鼎盛时期的建筑。该院为主、跨院平行的三进院落，由前至后为倒座—一进院—客厅—二门—二进院—正房—三进院—后罩楼。主院一进院与上面所述的三号院一进院相同，二进院厢房各三间，两庭院进深大体相同。跨院内只有正房，未建厢房，且没有设独立的大门。三进院内仅有一座后罩楼，与正房后檐墙之间形成了一条东西向的狭长庭院。后罩楼进深很小，不足 3 米。

三进院的出入口设在跨院内，主院与三进院没有直接连通关系，目的是保证主院正房的完整性。本院厢房均为二层，从剖面图中可见，前院厢房的立面处理很恰当，装饰豪华，本文述及的窗台石看面花鸟耕读纺织图就在这里。

据说，与此同类型的三进院，泰顺家族只建了两处，另一处是王大温的宅院，为泰顺家豪华第一宅，可惜在日军侵华时被大火烧得很惨，难以恢复原貌。

（三）六号院建筑形制

六号院位于寨卜昌中街中间，与四号院是同期建筑，为标准型主跨平行式二进院落。平面格局与四号院的前两进院大体相同，但跨院有两处细微的差别，一是本跨院前后通道设在正房次间；二是跨院二进院开有后门。泰顺家族的院落开后门的很少，此为特例。该院前后厢房类同，前墙上开网格方窗、实木门。客厅平面与后正房形式类同，均为“凹”字形。后院堂楼被村里人称为绣楼。

跨院后面的正房与其他院落同位置的房子有很大差别，为一所卷棚顶耳房。寨卜昌古民居中耳房和厢耳房很少，卷棚顶屋顶也很少用。此院看似平常，却包含了后门、耳房、卷棚顶，似乎带有尝试性，后未推广。

（四）九号院建筑形制

九号院位于寨卜昌二街西头，坐南朝北，与八号院相对，大约建于清道光年间，属泰顺鼎盛时期的建筑，是晋冀鲁豫野战军第九纵队司令部旧址。我们在考察期间，对八、九两院印象最深的是其用料的粗大又圆直。梁、檩条和椽子都经过了刨削，比衰退期建房用料要好得多。该院也是标准型主跨院平行式二进院落，东侧主院、西侧跨院。主院的建筑从前至后依次有倒座、一进院两边厢房各三间、小门楼、二进院厢房、正房。一进院四周内檐廊，三面隔扇门窗，倒座与客厅为柱廊。八号院内檐廊亦如此。跨院的建筑从前至后依次为倒座—影壁—过厅—单侧厢房—正房。本院的突出之处就是主院大门和跨院大门的位置和大多数门位不同。由平面图可知，主院大门坐于倒座左边次间，跨院大门辟于明间，此门制也是泰顺家族的孤例。

此院坐南朝北，主轴线上的重要房屋客厅和其后的正房，均处于最差朝向。不知为什么，泰顺舍弃半数路南院落的好朝向，非要保持院落的严整，而不加任何调整，应视为缺陷。

（五）十五号院建筑形制

十五号院位于寨卜昌三街中段东头，是坐南朝北的路南院落。这是寨卜昌民居中最生动活泼，也是最具人性化的花园式宅院的优秀代表。

此院为主跨院平行式三进院。细看可以发现此院有几处打破了泰顺家族建筑的常规：其一，院落总宽度是七间房的通面阔，比其他院落少一间宽度；其二，跨院面宽若定为三间面阔，则主院为四间面阔，“四”被认为不吉利，四间房为阴数，不合传统之常规，主体不够突出。若跨院定为两间房的宽度，则净宽不足 5 米，再留出足够宽的通道，剩余尺度就不能建厢房。要建厢房就势必调整尺寸，这样就形成了主院宽度不足五间，跨院两间有余的平面格局；其三，主院大门位置设在该院的“艮”位，不但打破了寨卜昌的常规，而且打破了中国传统建筑门位的常规；其四，中轴线上的倒座、客厅、正房高度按先低后高再低排序，与上几例的排序不同；其五，跨院正房、厢房共五座，为寨卜昌跨院建筑数量最多的一例；其六，主院二进不建东厢房，腾出位置美化环境。以上六处打破常规，显得外围更加严谨，内部增添了活泼之势，形成了花园式住宅，乃是大胆创举。

该院第三进院是家庭学堂，坐西朝东的房屋是教室，三间两层，前后檐墙外皮尺寸6.5米。

庭院四面连廊，中间为山水花池。太湖石仍像当年一样，还是园中的主要景观，主人王宗生告诉我们，这块太湖石有人出价8000元都不卖。教室前墙上的廊子仍是当年的原物，右侧的小房子也是当年的廊子，檐下墙体是主人为储柴草临时砌筑的，另两边的连廊已缺失。

（六）王氏家祠建筑形制

建于清乾隆三十年（1765年）的王氏老家祠不算华贵，在该祠建设的年代，泰顺家虽经商富有，但仍以农为本，商业处于发展阶段。祠堂由同宗共建，规模较小。幸而保存至今，于2003年春修葺一新。

王氏家祠是一纵深尺寸较大的四合院。屋宇式金柱大门三间，内檐廊，门在明间。院内东西厢房各三间，厢耳房各两间。正房三间六架，前檐廊，进深6.6米，通面阔11米。因正房长度较短，厢房的躲闪使宅院四角形成四个抱角天井。大门与正房为筒板瓦屋面，前檐下立有斗拱，形制为一斗三升，外挑麻叶头，柱头柱间各一攒斗拱，这是寨卜昌所有建筑中斗拱的最高形制。每所房屋的前檐墙砖墙下碱高至窗台，以上为土坯墙。能保存将近250年的建筑，使用的是廉价且取之方便的土坯，可见其主人独具智慧。

（七）寨卜昌普通民宅建筑形制

普通民宅是指一般贫民家的宅院。贫民靠自己的积累能把房子建这么好，过程可想艰难。宅主讲，他们与泰顺家族同宗，后来血缘逐渐远了，离开五代便成为祖宅附近的一般邻居。随着泰顺家族的发达，不断扩建宅院，凡碍于扩建的其他宅院，要么高价收买，要么另找地方给人家建新宅院（当然要比原房屋价值高很多）。该宅主的前辈选择了后者，寨卜昌像这种情况的小宅院在过去有很多，现在还有几座，此院保存最好。该院为三合院，占地长15.77米，宽12.34米。正房和东西厢房均为三间两层、硬山屋顶、抬梁式屋架。正房墙体三面砖外包皮，正房立面图的空白部分、厢房前后檐墙的空白处。三座房屋加小门楼的布置十分紧凑，庭院宽度2.8米，深度不足10.5米。基地面积只有195平方米，三座房屋就占地将近140平方米，可见惜地如金。

该院的小门楼已损毁，西厢房的楼板由主人另作别用，其余完好。

五、寨卜昌民居特点

寨卜昌所留下的这些民居建筑，具有明显的与其他北方民居不同的特点，简要归纳如下（图附录 -36~ 图附录 -42）。

图附录 -36　院落

图附录 -37　门

图附录 -38　枕石

图附录 -39　墀头

图附录 -40　门窗精美雕花

图附录 -41　压窗石

图附录 -42　王氏宗祠

第一，院落狭窄，平面布局紧凑，建筑密度高，外观整齐。宅院中无论是两进主跨院平行式四合院，还是一进四合院或者三合院，用地都是长方形的，布局很紧凑。两厢房之间间距比较小，正房露脸只有明间一间房的面阔，约 3 米。两进院落的宽度为通面阔五间，厢房后檐墙与正房山墙坐于一条线上，没有因厢房避开而参差不齐，显得十分整齐。这一特点十分突出，豫西北一带古民居都有这种特点。分析其形成原因，首先，这一区域土地肥沃，自古为重要的产粮区，土地珍贵，使用节约；其次，此地与晋东南接壤，泰顺家族曾派工匠前往取经，建筑文化交融渗透，形成了平面“布局十分紧凑，密度较高”的格局，与河南大部分地区和北京四合院的布局截然不同。

第二，建筑立面高贵大气。根据以上实例的正房、厢房或倒座，两层楼房的居多，墙体上下平整简洁，突出了房屋高度。木雕、石雕、砖雕使用繁简有度，而不是靠这些雕刻堆砌，建筑华贵而不繁缛。

第三，墙体和屋面构造独特，自成体系。墙体下层用 20 厘米厚的条石为墙基，砖墙下碱至窗台。墙身外皮为五六层顺一层丁砖砌清水墙，内皮用当地土坯，砖与土坯的结合由一层丁砖和长条石（扒墙石）压茬连成一体。墙体较厚，一律为70厘米。大部分房子屋面椽子上铺设望砖（方砖），普通民房则多用望瓦或苇箔。泰顺家族的大多数正房是筒板瓦屋面，规格较高。硬山屋顶的正脊与垂脊，全部由屋脊专用构件组合而成，不用走兽等附加的装饰构件。因屋顶与墙体较厚，屋内冬暖夏凉，建筑热工性能极佳。笔者带学生于酷暑季节就寝于老房子里，毫无暑意。

第四，梁架以抬梁式为主，山面则用穿斗式梁架，结构定型化。所见房屋中，露明梁架一律为北方常用的抬梁式屋架。露明处的梁、柱、檩条选材粗大讲究，而墙内的柱径则较小，一般只有明柱径的2/3，完全被墙体包裹，不设八字形柱门或出气口。八号院建筑更加讲究一些，墙体上设有八字形柱门。出挑式檐廊普遍在厢房和倒座中应用。常见的前檐额枋中的平板枋一般为两柱间一根，柱头上平板枋与枋之间有连接口而此处房屋的平板枋普遍较长，两间或三间一根，长达10米。另有一座非泰顺家族的正房通面阔五间，平板枋通体为一根木材，实属罕见。

石头房

中国传统建筑本身就有因地制宜、就地取材的营建特点。这种特点在民居建筑方面表现得更加突出。建筑材料是营建之本，而人民的居住要求是迫切的，但是他们的经济能力有限，所以他们的民居建筑也是最实际的。这里所谓的实际，就是用最低廉的代价获取易得之材。在山区或近山区，石材资源取之不尽、用之不竭，因此必然成为建造房屋的主要材料。

河南以平原为主，山区主要有豫西山地、豫北山地和豫南山地，山地加丘陵只占总面积的44.3%。这些地方石料丰富，人民建房则多用石、少用砖。在多石地区的能工巧匠手上，石料无废材。他们不论石头的形状（块石、乱石、卵石）和大小，都能砌成坚固的墙壁。现在，河南以石头著名的村庄有内乡县乍曲乡的吴垭村、淅川县盛湾镇的土地岭村、辉县的郭亮村、鹤壁的大河涧村和林州市的石板岩乡。这些石头建筑根据石材形成的状态，可分为石板房和石头房两种类型。这是当地居民的习惯称谓：用石头砌墙并用页岩薄片石覆顶的石头房谓之石板房；用石头砌墙，用瓦覆顶的房屋称石头房。大凡山区石头房居多，但河南山区岩石形成复杂，页岩构造南北都有，因此石板房南北俱存。以下按典型的石板房和石头房分别介绍。

一、石板岩乡石板房

近年来，随着乡村旅游和摄影群体的发展壮大，石板房不断被发掘出来。其中，河南林州市太行山里的石板房久负盛名，另有河南淅川县盛湾镇土地岭村的石板房。典型的石板房当属林州市石板岩乡的传统民居，几乎是清一色的石板房。石板岩乡早在 20 世纪 70 年代就已经闻名全国，不过当时不是因为旅游或当地独特的民居，而是因为电影《扁担精神赞》。“扁担精神”说的是石板岩乡供销社在深山区无路的情况下，工作人员沿着崎岖的羊肠山道，用一根扁担挑着两篓货服务山区群众的感人事迹，是当时全国商业战线上学习的榜样。

（一）自然地理条件

林州市历史悠久，西汉开始置县，因西有隆虑山而取名隆虑县。东汉时因避殇帝刘隆讳，改称林虑县。宋嘉定八年（1215 年）升为林州，明洪武年间改为林县，延续至 1994 年，经国务院批准撤销林县设立林州市。林州地处太行山东麓，西与山西平顺县接壤，北与河北涉县隔漳河相望。南太行东边缘著名的太行大峡谷刚好就在林州境内，大峡谷南北长 50 千米，宽 1.5 千米，海拔 600 ~ 1 730 米，相对高差达 1 000 米以上，属典型的嶂石岩地貌。我国自然山川风光素有“南秀”“北雄”之说，而北雄风光最胜处——太行大峡谷则是天造地设的壮丽画卷。这里千峰突兀，台壁交错，岩洞深幽，飞瀑凌空，断崖高耸，犹如斧劈刀削，壁立千仞，气势恢宏。这里有三九严寒桃花开的桃花谷，还有三伏酷暑水结冰的太极山，堪称天下一绝。被国际航联誉为“亚洲第一，世界一流”的林虑山国际滑翔基地吸引着中外滑翔健儿前来翱翔竞技。

石板岩乡正处于太行大峡谷内，全乡南北长约 30 千米，东西宽约 4.5 千米，总面积约 114 平方千米，共有 17 个行政村，326 个自然村，总人口 9000 余人，总户数 3000 余户，平均每个自然村不足 10 户人家。太行大峡谷内的八大景观均在石板岩乡境内。

林州还是红旗渠的故乡，1960 年至 1969 年，林县人民在我国经济极端困难的条件下，以自力更生、艰苦创业的实干精神完成了红旗渠（总干渠、干渠和多条支渠）的全部工程。周恩来总理曾把红旗渠誉为“中国的两大奇迹之一”（中国的两大奇迹是南京长江大桥和林县红旗渠），并邀请多位外国首脑到此参观访问。红旗渠自建成以来，清澈的水流终年不断，解决了县境内长期以来的缺水问题，成为林州人民的幸福渠。

（二）石料采集

太行大峡谷的山体构造以页岩为主，山石多为红色沉积岩，因不同地质年代的沉积物层层叠加堆积而成石，并且多呈水平片层节理发育，所以这里的岩石极易成板。

当地人民都是采石的能工巧匠，笔者在太行大峡谷的龙床口村和一张姓老者交谈时得知：他们采石首选纹理平直顺畅的页岩基石，便于起出平直的大块板材，基石周围要相对空旷，因为开采的大块石板一般呈不规则形状，需要随地打磨成长方形石板，这样才能方便地运回家成品石料。采石的人们沿岩纹一边先轻轻打入钢錾子，然后顺缝插入钢钎，便可撬起一块厚度相当的石板。“岩石成板”，即“石板岩”地方名称的来历。这里的页岩片层厚度不等，薄的 2 ~ 5 厘米，厚的 10 厘米左右，厚薄分拣后各尽其用。薄石板厚度虽然有限，但面积很大，可用于覆盖屋顶。厚石板可加工成块用于砌墙，这为当地人民营建石板房提供了便利条件。

（三）砌墙石板盖顶

太行大峡谷谷底地面起伏很大，相对来说平地面积很小，因此自然村也都不大。村民们建房选址都在河谷两侧的二级台地上，随坡就势兴建家园。基地面积稍大者就建四合院、三合院或二合院。随着人口的不断增加，房屋越建越多，可供建合院式住宅的土地资源日趋紧张，当地人民就建一字形长排屋和单元式新住宅。

石板岩乡是名副其实的石头世界，就是这当地取之不竭的石头使人民有了栖息的家园。他们用石块砌墙，檐墙高度或 3 米（单层）或 5 米（两层楼房）全为块石，黏结材料便用黄土加石灰的黄泥浆。梁、檩、椽等水平受力构件用木料，椽子上铺荆笆，荆笆上垫一层薄薄的草泥，其上覆盖薄石板。再用石板覆盖脊檩上两块石板的缝隙，一座石板房屋便大功告成。

石板岩乡的现有石板房从建设年代划分大致有三个时期：一是 20 世纪 70 年代以前的房屋。这一时期的石板房时间跨度大，但房子的基本特点大体相同。房屋高度普遍偏低，单层居多，前后檐墙高度多数在 2.6 米左右。砌墙的石块也不太规整，门窗也比较小。石门楼及其内的四合院应为清代建筑，门楼石雕比较讲究，是石板岩乡最豪华的传统石板民居。二是 20 世纪 70 年代以来至 1990 年间的建筑。这一时期时间跨度虽短，但房屋的体量和高度大大超过了以前的建筑，房屋多为二层。加工得比较规整的砌墙石块砌出的墙体平整，石板房的四周挑檐整齐，提高了房屋的立面观感。三是 1990 年以来的石板房，这之后石板岩乡的旅游经济发展得很好，几乎家家都吃旅游饭，人民建房也与时俱进。这些现代单元式农家小院用了少量的钢筋混凝土构件建成前檐廊。所用石板由机器切割，整齐划一，清水石墙比现代清水砖墙还平整。虽然还是石板房，但质量有了跨越式的提高。

石板房的最大特色在于由屋顶上覆盖的石板充当盖瓦，所用石板厚度一般为 3 厘米左右，石板面积小的为 2 米 ×1 米，大的为 3 米 ×1.50 米。石板覆顶构造方法有两种：一种是石板边缘相互叠压；另一种是石板上下边缘叠压，左右两块平缝对接，平缝上再盖小块石板。两种方法都能保证覆盖得滴水不漏。

石板岩乡是名副其实的石头世界，当地人民利用这取之不竭的石头创造了独具特色的石头文化，有石头歌为证：

石街、石院、石板场；
石地、石柱、石头墙；
石碾、石磨、石谷洞；
石梯、石楼、石板房；
石桌、石瓮、石锅台；
石臼、石盆、石水缸；
石磙、石槽、石头炕；
石庙、石炉、石神像。

过去盖石板屋是因交通不便，只有石头而无砖瓦，不得已而为之。如今随着旅游业的兴起，这里经济繁荣，交通便利，人民生活富裕，他们仍然建造石板房，是为了保持当地的民居特色。这种自觉利用天然石材延续地方风格的行为于国于民都有利，值得赞扬。

二、吴垭村石头房

吴垭村位于内乡县城西边的乍岖乡境内，地处豫西南地区、南阳盆地西沿，属长江流域汉水上游白河水系，为亚热带湿润地区，阔叶林、落叶林植被覆盖率达 80%，海拔 360 米，空气湿润，气候温和。当地属浅山丘陵，石灰岩资源丰富（图附录 -43~ 图附录 -46）。

图附录 -43　干摆石墙及窗户

图附录 -44　干摆石墙封檐出挑构造

图附录 -45　石头房院落

图附录 -46 屋脊

吴垭村在过去属于偏僻的小山村，如今交通便利，从内乡县城沿省道 332 往西南方向行走 10 千米至王井村，有 1 千米长的村通水泥道路直达村口。这里虽然是浅山丘陵，但可耕土地十分稀缺。翻开词典，便知“垭”字是指两山之间的狭窄地方，吴垭村正是坐落在南北两山的垭口之上。该村周围树木茂密，加上位处垭口，不到村头，难识其面。吴垭村始建于清代乾隆八年（1743 年），距今已有 200 多年的历史。现有农户 50 多户，现存石头房 200 余间。住房依山势而建，错落有致。

吴氏先民当初选定在此垭口繁衍生息，初衷是为避难求安。这里岩石层外露，石质硬度适中，节理裂缝分层，易于开采，为民间的石构建筑提供了良好的条件。当地岩石有大而厚的块石，也有小而薄的片石，石材可以切割成不同的形态和规格，用以垒砌墙体或铺地。现存农家院大多为二合院、三合院，也有两进院、三进院。堂屋、厢房、厨房、畜圈等功能不同的房屋安排有序。

这里的石头房用木构架支承屋面荷载，立柱用料不大，柱径 20 ~ 30 厘米。墙体较厚，一般 50 ~ 60 厘米，毛石块干摆堆砌，内墙面用黄泥浆打底，表面白灰浆罩白。屋顶为北方常用的仰瓦屋面构造。石墙青瓦，质朴简洁，造价低廉，经风耐雨。现在保存基本完整，古貌遗风，十分独特。

吴垭村的石头房有两个显著的特点：第一，从房基石到屋顶，找不到一块砖，看不到一块土坯，全由青石垒砌；第二，所有的墙体都是由大小不等、厚薄不一的石块干摆成墙，块石之间根本不用任何黏结材料黏结。就连房子檐口部位的叠涩出挑，也是同样用这种干摆石块的构造方法。这种石块干摆墙体是中原地区乃至全国都极其罕见的，原始得就像一块未曾雕琢的璞玉，那么自然，那么巧夺天工，吴垭村真可谓新石器时代的遗风保留地。

吴垭的文化积淀是十分丰厚的，既有建筑文化，又有民俗文化。在这里，石板路、石板桥、石台阶、石楼门、石院墙、石厕所、石磨房、石畜圈、石窑、石井、石盆、石槽、石桌、石凳随处可见。通过吴垭村人的生产、生活，以小见大，以物证俗，表现出中原的农耕文化现象。吴垭村正是中国传统民居群落的代表，反映了河南宛西地区传统村落和民居的典型特征，体现了200多年来南阳盆地的宛西风情，具有重要的文化价值和历史价值。

这里的山民开采、利用石料积累了丰富的经验。整座村落像一座美轮美奂的石头城堡。一大片表灰、金灰的石头房，贯通全村的石板路，石砌的楼门、阶梯、院墙及茅房，各家各户使用的石盆、石缸、石槽、石磨、石碾、石桌、石凳、石磙、石林、奇石和石缝中的老柿树、枣树、竹林以及林中的画眉鸟、小松鼠等，为山乡人家创造了一个巧夺天工的石头世界。就连开垦的田畦也是在连体石面上用钢钎、镢头一点一点凿出来的，颇如“天然去雕饰”的“井字田”，十分耐看，令人遐思。又如作文用的稿纸，一排排的横竖的小方格，倾诉着人类劳动的伟大和艰辛。倘若身临其境，满山遍野碧绿的椒园、明净天空悠闲的白云、时而吹过的香甜微风、自由自在的生活节奏、劳动创造的人生乐趣，让人仿佛走进了古代隐士的理想家园，你会情不自禁地想做个放牧的少年，想做个摘花椒的村姑，做一回“采菊东篱下，悠然见南山”的陶渊明。正如宋代词人曹组在其《相思会》中所吟诵的那样：“……粗衣淡饭，赢取暖和饱。住个宅儿，只要不大不小。常教洁净，不种闲花草。据见定、乐平生，便是神仙了。”

吴垭石头房景区内无论是屋架房、平房、楼房，几乎是清一色的石头房，大多建于清末。石灰岩、水泥灰岩、白云岩极其丰富，此类岩石外露，材质硬度适中，节理裂缝分层，易于开采，是民间的石结构建筑良好的建筑材料。石头房平面布局依小小的天井呈“凹、曰、目”字形三种，大多为院落式三合院，也有两进院、三进院的。堂层、卧室、厨房、畜圈、贮藏间等功能不同的空间各有分隔。

吴垭村的建筑文化集中体现在石头房的修建上。石头房大多用木构架承受屋面及阁楼的荷载（也有全为石柱的），立柱用料不大，使用柱径20～30厘米的木材即可。墙体可用毛石块堆砌，也可用加工过的精细的石片、石砖砌筑，用黄泥或自烧的白灰勾缝。面层的处理可以将表瓦或片石置于固定在木椽上的斜芭席，上下彼此搭接，互相叠压，使表面宛若鱼鳞兽甲。窗户较小，用石料砌筑的窗户有平拱形、圆弧形等。50厘米宽的石墙全部是由四指厚的片石干垒起来的，没有一点泥土和砂灰，可也坚固异常，风刮不进，雨淋不透，火烧不裂，冰冻不酥，确是一个人间奇迹。吴垭村石头房的整体结构是四合院式，院子较大，正房和厢房互不相连，不像南方的天井院式，院子狭小，且一圈房子的顶部互相交叉，充分体现了北方民居建筑的特点。最奇特的是，大多数石头房是依山而建，借助山势，有的是上房下院，有的是房院一体，还有的是两房两院呈阶梯状分布，似宫殿一样。值得一提的是，这里的石头房全部使用了拱形梁。它设在都柱之上、瓜柱之下，梁的拱字形结构减少了瓜柱的长度和重量，把房顶的压力分解到两边的墙壁上，减轻了房顶对柱梁的压力，使房子经久耐用。这也反映了吴垭先祖们的勤劳、智慧和创造能力，这种房子在全国都是不多见的。石头房是中原极其罕见的传统古民居建筑群，是宛西一处崭新奇特的民俗文化旅游资源，对研究中原地区明清时期的建筑文化具有重要价值。

临沣寨

一、地理位置

临沣寨是郏县城南 13 千米处的一个古老村落。郏县位于河南省中部偏西南，伏牛山北部余脉向豫东平原的过渡地带。东接襄城县，西邻汝州市，北连禹州市，南依平顶山市卫东区和宝丰县相连，隶属平顶山市。郏县县城地势呈马鞍形，东南、西北部高，中部低，以平原和岗地为主。郏县自然条件优越，物产富饶，气候属温带大陆性季风气候，光照充足，四季分明，气候温和，雨量充沛，土壤肥沃，适合多种作物生长，盛产小麦、大豆和烟叶。郏县境内有裴李岗文化、仰韶文化、龙山文化遗址。这里是苏轼、苏辙、苏洵三父子的长眠之地。伟人毛泽东的一句名言“农村是一个广阔的天地，在那里是可以大有作为的”就是为郏县某公社题的词。(图附录 -49~ 图附录 -61)

二、历史背景

临沣寨是一个古老的村落，虽笔者早有耳闻，但是对其考察则是在 2005 年 6 月上旬才得以成行。笔者一行人从平顶山乘车走了 30 余千米的路程，下车又走了两千米的乡间小道，在薄薄的阴雾天气里，不知不觉来到一座红石寨墙边，真是一座名副其实的古村寨！时值麦收季节，村里的人们忙得顾不上和我们这些外来人搭话，正好有一位朱姓老人因体力有限不能忙于农活被我们拜访到，在和老人的交谈中，我们受益匪浅。

据介绍，临沣寨由来已久。其祖上乃明朝山西移民举家迁移至此，靠给村里一张姓人家种田为生。村南历史上有千亩洼地，自然生长芦苇。朱家农闲之余跟着张姓人家学会了编织芦苇席，并通过陆运和汝河水运将芦苇席及其他芦苇编织品贩卖出去。就这样，朱家靠勤劳逐步走向小康。多年后，朱家终成寨中大户。由此，原村名改为“朱洼寨”。传说明朝末期，朱家有人当官，使朱家开始重视教育，提高了族人的整体素质。至乾隆时期，朱氏家族已是当地小有名气的富户。清道光、咸丰年间，朱氏家族一支的朱紫贵、朱振南、朱紫峰三兄弟以盐业贸易发迹，把朱氏家族推向鼎盛。现在村里朱氏后人及附近村庄还流传着许多朱氏三兄弟发迹后的善举故事，有行侠仗义、乐善好施的，也有义举办学、为民谋利的。因此，朱氏后人深受附近人的拥戴。

例如，为民谋利的故事有“朱紫贵买卖烟叶”：郏县一带盛产烟叶，当时农民的烟叶要到襄城（郏县东毗邻县）去卖，但烟商为了压价，一直等到下雪天才开始收购。当时烟行有个规矩，哪个烟商带钱最多、收烟最多就坐在首位。有一年，朱紫贵也去收烟叶，他财大气粗，以别人收烟 10 倍的价钱去收。就这样，不到三个月他收购了当地所有的烟叶。烟叶存了一年之后，烟商没烟叶可卖，又以朱紫贵收购价的 3 倍从朱紫贵处买走烟叶。这实际是商业垄断行为，农民从中受了益，他自己赚钱更多。

清咸丰末年社会动荡，兄弟三人便商议扒掉土寨，建石寨，就是现在的寨墙。建好这座红石寨后，朱洼寨又易名为临沣寨。老人还向我们介绍说，寨墙的防卫能力发挥过极大的作用，历史上曾有多股土匪攻打过临沣寨，朱家的家丁和村内其他村民凭坚固的寨墙据守，有惊无险。尤其是日本侵华期间，曾有一队（老人说不准时间和侵略者的人数）日军攻打临沣寨，村民凭借寨墙之坚固，靠几杆老枪和敌人对射，敌人到寨墙边就用石头居高临下地往下砸。就这样齐心协力、奋勇抵抗，猖狂的日军攻了一上午，寨子仍固若金汤，日军只得绕寨而去。

遍观南京、开封、西安、荆州、商丘市城的古城墙，林州市任村镇、博爱县寨卜昌村的寨墙，等等，对我们的震撼都不及眼前的这座寨墙。因为，这座寨墙毕竟是封建社会时期一个小村庄所为，论财力、物力、人力都不能与城市相提并论；论修建材料，寨墙外皮为清一色的红石块，绕墙一周不见一块砖，不见一块其他颜色的石料，中原地域无二，不知全国有几；论完整程度，南墙有部分残缺断口，墙基仍是连续完整的，另缺失寨门楼，东、西、北三面墙体外皮完整如初。上述部分地方的城墙有国家保护（国家文物保护单位），又有国家财力支持，但完整程度均不及此寨墙。

寨墙周长 1 100 多米，高 6 ~ 7 米，外皮为红色条石块砌筑，石墙厚 60 厘米，内为夯土构造。寨墙鸟瞰呈椭圆形，长轴为东南、西北向。寨墙外 3 米是筑墙取土形成的护寨河，寨河宽约 10 米，与村西临沣渠水连通，河水清澈，终年不断。我们初到寨墙边时，有几个从城里来的钓鱼人静心垂钓，问及水深，说约有两米。寨墙设有三座寨门，即东门、南门和西北门。其中西北门门楣石匾上阴刻“臨澧”二字，字形外圆内方，丰腴雄浑，体态宽博，气势恢宏，笔力遒劲而凛然大气，犹如颜氏真迹。西北门因面临沣溪而取名临沣，这也正是沿用已久的“临沣寨”村名的由来。下边两扇榆木大门还可以关启，门上包的铁皮已经锈迹斑斑，铁皮上“同治元年”“岁在壬戌”的字样仍可辨识。这使我们毫不费力地了解到，临沣寨的寨墙工程竣工于 1862 年，距今已有 150 多年的历史。另两个寨门也都有雅称，南门叫“来曛”门，东门叫“溥滨”门，定是聘请高士书写的。

此地地势低洼，加上临沣渠环寨墙而过，易遭水患。因此，临沣寨寨墙又多了一项功能，即防洪。紧贴寨门外皮设有两道防洪闸门，遇水患时封堵寨门。老人说这一设施是使临沣寨安全地保留至今重要原因。中华人民共和国成立后，寨墙失去了防卫功能，各地开始拆除古寨墙，其中郏县就扒掉 100 多座，唯有临沣寨留存下来。原因是临沣寨处于两河交界处，地势低洼，极易发生洪涝灾害。20 世纪 50 年代，就在准备拆除临沣寨寨墙时，恰遇洪水围困寨墙 1 米多深而寨内安然无恙，出于防汛之需，临沣寨古寨墙被保存了下来。

前几年，当地政府和村民们认识到这一遗产的价值，又把寨墙的大部分破损处按原样、用相同的原材料和工艺方法进行修复，成为全国罕见的保存完好的村庄古寨墙。加之寨内众多明清古民居遗存，临沣寨于 2005 年 11 月被建设部和国家文物局命名为“国家级历史文化名村”。平顶山市和郏县政府有开发利用此地的想法。在赞扬此善举的同时，还希望能以还原历史面目为出发点，以保护为主。育好梧桐树，不愁凤凰来。到那时，临沣寨也会像巩义的康百万庄园、山西的乔家大院和王家大院一样，焕发青春，造福于人民，成为当地经济的新亮点。

进入临沣寨东门，首先映入眼帘的就是农家宅院门楼。这户人家与寨墙仅一路之隔，约5米。门楼、围墙和院内房屋，都是近10年才建的，无不保留着当地传统建筑风格。村内的新民居基本都与这座宅院一样，保持着传统民居的特色。有些为红砖墙体，但整个房子式样还是硬山坡屋顶。现在的村民自己建房，还能自觉地保持传统特色，这是由他们的审美观所决定的。他们认为：村里都是坡屋顶大瓦房，谁要建平顶房就显得很不好看。认识虽然朴素，道理却非常明了，即与环境协调这一基本的美学思想，在他们心中深深扎下了根。临沛寨在国家公布的第二批中国历史文化名镇（村）中榜上有名，也是河南唯一的国家级历史文化名村，名副其实。

（一）传说的明代民居

临沣寨在平原地区不算大村庄，现在村内人口也只有600多人，分别居住在两条东西街和一条南北街的两侧。东门内的东西街是寨内的主街道，临沣寨的古民居也大多坐落在这条街上。2005年11月中旬，国家公布第二批历史文化名镇（村）名单后，临沣寨深受媒体关注，其中有报纸报道“临沣寨内现有明代民居一栋3间、清代民居100余栋400多间，其中朱氏三兄弟的宅院分别是一进三、一进四、一进五的四合院，且院院相连，从前街一直通到后街，足有100余米”。

笔者早就听说临沣寨有一座“明代建筑”，考察时对此也非常留意。明代民居坐落于主街道中间稍偏西的位置，坐北向南，平面为“凹”字形，面阔三间，五架进深，前檐墙为传统青砖砌筑，两山墙和后檐墙为红石砌筑，也是硬山屋顶。

（二）朱氏大宅院

朱氏三兄弟的大宅院坐落于村内主街道西段，从西往东老大、老二、老三的宅院依次排列，均坐北面南。事过境迁，这三座大宅院的命运也和多数古民居一样，因财产多次分割，加之年久，都不同程度地受到了损坏。老大朱紫贵的宅院相对保存比较完整，老二朱振南的宅院基本消失殆尽，老三朱紫峰的宅院仅剩前面的一进院还基本保存完整，将分别在建筑形制中介绍。村中还有不少古民居，现多单体存在，院落面貌改变很大。

五、朱氏宅院建筑形制

（一）朱紫贵宅院

朱紫贵宅院建于道光十五年（1835 年），已有 180 余年的历史，平面布局为一座很规整的三进四合院，沿中轴线由前至后建筑序列依次为：倒座——一进院—客厅—二进院—三门—三进院—堂楼。

一进院当地人称客房院。倒座五间五架两层，通面阔 15.3 米，通进深 5.4 米。金柱大门辟于倒座东梢间，前不外伸，上不突起，平平淡淡。东西厢房各三间五架，通面阔 9.5 米，通进深 5.1 米。正房为客厅，三间七架前檐廊，通面阔 10.1 米，通进深 7.8 米，当地人称“方三丈”。因进深不足三丈，为追求方三丈的效果，在平面设计中利用加长台唇的方法扩大台基面积，在别处不常见到这样的处理方法。

二进院为磨屋、灶房之用，又叫磨房院。此院仅有对称的两间厢耳房，面积较小。庭院也不大，因房子体量小，倒显得宽敞，适合劳作。

三进院为内宅，院门位于中轴线，这是河南广大地区常见的内门单间小门楼。此院现在完整无缺。两边厢房各为三间五架，通面阔 9 米，通进深 5.2 米。正房（当地也称堂楼）五间五架两层，面阔和进深与倒座相同。东厢房与堂楼之间设一道侧门，是通往后花园和老二朱振南宅院的随墙门。

朱紫贵宅院的房屋，一进院的两座厢房和二进院的厢耳房为单层，其余房屋均为两层。院内房屋共计 49 间（包括一间小门楼）。现缺失的房屋有一进院的东厢房和二进院的两所小房子。听说后花园还有两间房子和花园一起消失了，成为村内荒地。虽然花园不在了，但园里有一棵古老的皂角树仍枝繁叶茂，双人合抱手不相连。陪同我们的老人说，这棵树是朱氏先人栽种的，树龄比朱紫贵的宅院大得多。它见证了朱家过去的兴旺与衰落，也会见证临沣寨今后的发展与进步。

（二）朱紫峰宅院

老三朱紫峰，曾官居河南汝州直隶州盐运使司知事。门首悬挂的文物保护标牌上这样写道：“朱镇府，是盐运使司知事朱紫峰的官宅，建于大清道光二十九年（1849 年）四月，占地 2 516 平方米。号称汝河南岸第一府……”由此得知，这座大宅院也已有 170 年的历史了。朱紫峰宅院大门中，两侧倒座各三间。这一排建筑体量很大，尤其是宅门的开间和高度，比老大朱紫贵的宅门大得多。如老大的大门开间 2.7 米，老三的大门开间 3.5 米；倒座檐口高度也高出 60 厘米。由此可见，官商结合的朱紫峰很讲究面子，把自己的宅院外观建造得既威严又气派。

朱紫峰宅院现状平面图如图附录 -47 所示，其余建筑全部不存在了。这座最大的宅院平面格局与众不同，从现状分析，原格局分为东西两路，中间为道路。西路用于家庭生活，形制与老大朱紫贵的一进院相似。东路一进院用于会客接待，正房为“方三丈”，用于公务接待。台基向前延伸，形成宽大的月台，不知有何用处。这一座方三丈也是三间两层，纵深七架，前后金柱藏于室内。这座厅堂不设檐廊，建成内宅正房的形式，令人费解。

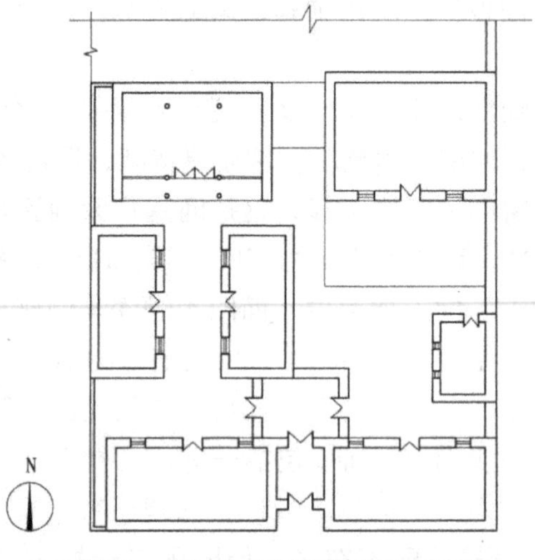

图附录 -47　朱紫峰宅院现状平面图

平面图中显示的两间小房屋，体量很小，通面阔 5 米，室内净进深不足两米，卷棚顶，门位置在北山墙而不在前檐墙上（河南地方说法为“顺山留门”）。笔者向村内老人问及此房的用途，有的说是换衣服用的暖房，也有的说是来客等候处理公务的临时休息房。我们分析，无论是哪种用途都不近情理，如果说用于更衣，哪有更衣不在自己内宅的！如果说外来人更衣，哪有不事先把衣服穿好，等见到主人才更衣的先例。如果说用于来客的临时等候，可里面的面积又太过狭小。主人有经济能力，地面有空间，完全可以把临时休息房建得大一些。我们推测这座小房屋就是河南不常见到的“暖阁”（图附录 -48）。

图附录 -48　朱紫峰宅院内之暖阁

六、建筑特点

从朱紫贵较为完好的宅院中，可看出几个明显的特点，分述如下。

第一，该宅院面阔紧凑而进深疏松。两厢房后檐墙与倒座山墙处于一道线，形成了中间庭院狭长、面阔紧凑的格局。前后院之间、厢房与正房之间的间距较大，最小的三进院厢房与正房的间距也有近 3 米，比其他地方相同位置的间距要大出 1.5 米，此为进深疏松的体现。

第二，建筑朴实无华，雕饰很少，一进院三面房屋无檐廊，更不用木隔扇门窗，体现出实用至上的原则。

第三，墙体构造整体性好，坚固可靠。朱紫贵宅院已有 180 余年的历史，每座房屋的墙体不见一条裂缝。这些房子的墙体和中原地区的多数墙体一样，主要砌体材料都是青砖和土坯，即里生外熟的墙体。不同的是，朱家的墙体扒墙石用得多、分布密。见附图 -49，在这不大的墙面上就用了多块扒墙石，过梁石厚度比五层砖还厚，当地老砖的厚度规格为 7 厘米，足见过梁石的厚度至少为 36 厘米。这里红石资源丰富，寨墙是清一色的红石，村内到处堆放着红石砌块，都是产于距此 10 千米处的紫云山红石基地。河南民居中用扒墙石的地方很多，但都没有此寨墙用得多，因此朱家的墙体最为坚固。

第四，用柱少。中国古建筑的突出特点之一就是“墙倒屋不塌”，即我们常说的有柱支撑，墙体为单纯的围护结构。黏土砖在民间建筑中的大量应用，推动了建筑结构形式的变化，即由非承重墙变为承重墙直接承托大梁。可是，这个转化过程是缓慢的，就河南民居建筑中反映出的规律是，山墙先变为承重墙。如豫北官宅马丕瑶府第，建筑年代有明文记载，比这座宅院还晚50年，山墙内无柱，前后檐柱一根不少。可见朱氏大宅已提前进入结构变化的历史年代，这种率先示范作用不可小觑（附图 -49~ 附图 61）。

附图 -49　朱紫贵宅院建筑墙体构造

附图 -50　红石古寨

附图 -51　临沣寨朱家大院

附图 -52　临沣寨墙面

附图 -53　临沣寨

附图 -54　临沣寨清代建筑

附图 -55　朱紫贵家宅院

附图 -56　朱镇府门窗上的砖雕

附图 -57　朱镇府木雕

附图 -58　朱镇府民居大门

附图 -59　朱镇府明代民居

荆紫关民居

一、地理位置

荆紫关镇隶属南阳市淅川县。淅川县位于河南省西南边陲，豫、鄂、陕三省交界的黄金地带。淅川分布为“七山一水二分田”，是南水北调中线工程的主要水源所在地。该县是集山区、库区、移民区、革命老区于一体的县份。淅川历史悠久，为楚国始都“丹阳”所在地，已发现春秋楚国古城址多处。水利淅川资源丰富，境内丹江、灌河等五大河流均属长江流域汉江水系，丹江口水库 55% 的水域面积在淅川。淅川地处北亚热带向暖温带的过渡地带，属于典型的半湿润大陆性季风气候，冬寒夏热，春季温暖，秋季凉爽，雨量比较充沛，年平均气温 15℃，年平均日照 2 121 小时，年无霜期 225 ~ 240 天，年平均降雨量 800 ~ 1 000 毫米，主要集中在 7 ~ 9 月的炎热季节。

荆紫关镇地理位置更为独特，位于淅川县城西北方向44千米处的丹江岸边。镇西边1.5千米处是荆紫关镇的门户白浪镇。白浪村背负青山，面向四季不断的白浪水。村内59户不足260人的小山村，却居住着鄂、豫、陕三省村民。村内地盘难分经纬，三省居民犬牙交错。一户有三省户口不足为奇，他们世代为邻，和睦相处。白浪街中间埋设一块三角锥石，是三省的交界点。脚踩上这块三角锥石，就是一脚踏入三省领地，故被誉为“一脚踏三省”之地。

荆紫关地形复杂，为伏牛山、秦岭与武当山三大山系的交错处。这里东可下江淮，北可进中原，西可进秦川，南可达荆襄。这里是行政区划的分界点，又是中原、秦晋、楚文化的交会带。此地战略地位十分重要，自古乃兵家必争之地。战国时期，秦楚之间的“丹阳之战”，演绎出“朝秦暮楚”的成语；楚汉相争，刘邦走荆紫关入秦直抵咸阳；明末李自成起义，过荆紫关直捣中原进逼北京；1935年，红四方面军取道荆紫关转入陕西完成战略转移；1946年，李先念、王震率中原野战军突围，攻破荆紫关安全到达陕南根据地。日本侵华期间，河南大学也曾迁到这里，安营扎寨继续办学。这里地处丹江之滨，古时水陆交通发达，八方商贾云集，商业繁荣，是三省边界的贸易中心。明清鼎盛时期，曾有八大帮会、十三大骡马店和二十四大商行。据传，春秋战国时期，领兵驻守此关的为楚国太子名荆，人们就称这里为荆子关。后来，随着商业的繁荣，便把荆子关的“子”改为紫气东来的“紫”，赋予吉祥之意，从此荆紫关之名沿用至今。

二、古民居概况

荆紫关古镇现存一条清代较为完整的商业街，沿丹江南北向带状分布，长度将近2 500米，分为南、中、北三段。沿街主要是商业店铺建筑，另有砖石砌筑的荆紫关南关门。秦、晋商人于清道光年间营建的山陕会馆，是荆紫关镇最大的古建筑群。当年船商们组建船帮会并建了平浪宫，取“风平浪静”之意，供船工们敬河神、娱乐、集会之用。当地还专门为治水有功的大禹建造了禹王宫，即丹江河神庙，为镇内第二大古建筑群。荆紫关古镇保留如此众多的古建筑，加之特殊的地理环境和悠久的历史文化底蕴，于2005年11月15日被公布为“中国历史文化名镇”。

荆紫关民居是商业店铺与居住互为一体、不可分离的建筑群。清代资本主义经济因素逐渐增多，手工业及商业有长足的发展，商品交易除了在集市进行以外，在集镇中往往与商店相结合，各地出现了一种前店后宅的住宅形式。（附图 -60）荆紫关正是因丹江入汉江再入长江的黄金水路，促进了商品经济的发展，所形成的商业大集镇。荆紫关明清商业街地面道路原系青石铺就，前几年修整时变成了水泥路面，这是做了不该做的事。

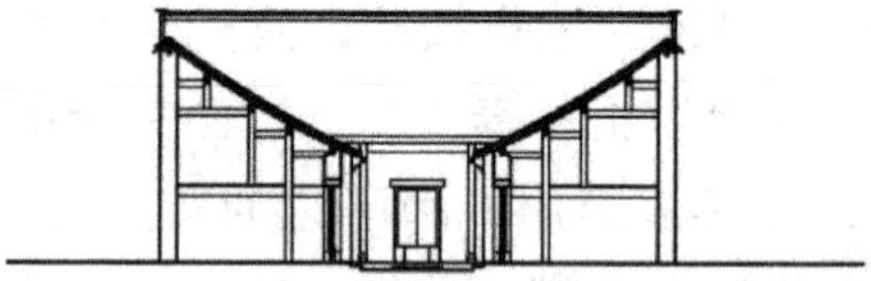

（a）剖面图 1

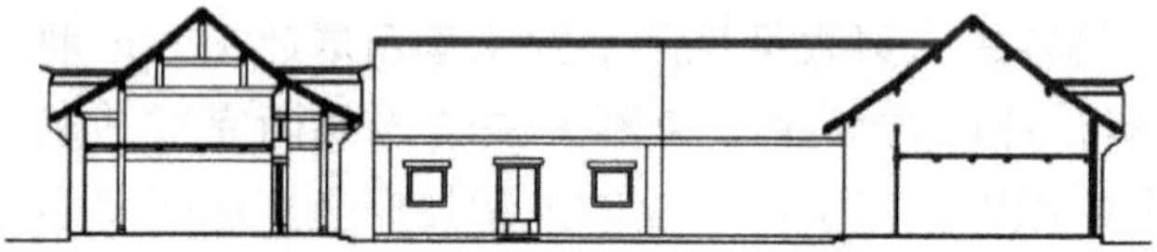

（b）剖面图 2

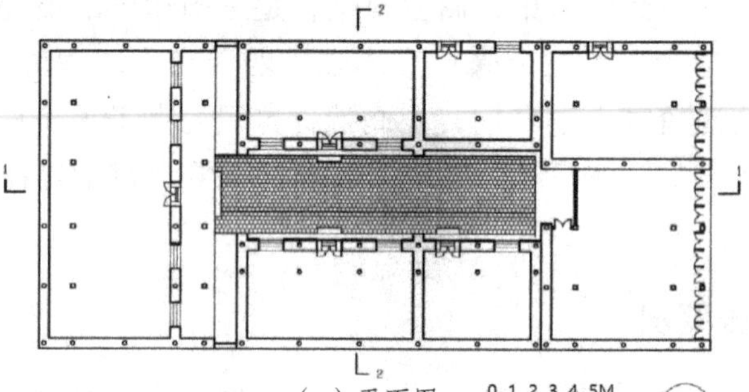

（c）平面图

附图 -60　荆紫关某前店后宅之剖面图、平面图

荆紫关商业街两侧现有 700 余间店铺，大多数铺面为三间面阔，也有少量两间面阔和五间面阔的。这些店铺呈联排式密布排列，两店铺共用山墙，但不通脊、不连檐。门面房前脸皆为活动门板，门板上设有走马板。白天卸掉活动门板，门脸全部敞开，晚间装上门板。黑色的门脸被山墙墀头有序地竖向分隔，加上墀头上伸出的封火马头墙，形成节奏感很强的韵律美。门面房之后便是商人们的住宅，宅院进深不等，或一进或两进，根据门店后的地面长度而定。南北走向的商业街西侧邻丹江，只有一进院的间距，故此路西的宅院进深较浅。北街路西丹江河岸有凹陷的部分，宅院主人为尽量争取到庭院深度最大化，将房屋后檐柱接长，支顶在深陷的石基面上，使得房屋后面一部分坐于崖壁顶上，形成吊脚楼的建筑形式。

三、荆紫关民居庭院实例

荆紫关古商业街的门面房保存相对完整，其余的院落则相反，随着时间的推移和房屋的自然损毁，加之人口增长，庭院的重新分配与改造自不待言，保持原貌的前店后宅院落亦所剩无几。荆紫关中街路西某宅的主人说厢房与正房均大修过，除正房隔扇门窗改变外，房屋体量、形制与院落格局未变动，仍具有代表性。此宅院背靠丹江，受基地长度限制，是一座由门面房、厢房和正房四面围合而成的，比较大的一进四合院。该院五间房宽度，在荆紫关商业区属面阔最大的院落之一。该院通进深 31.8 米，通面阔 14.5 米。该院门面房进深 8.05 米，檐口高度 3.4 米。正房进深和高度略大于门面房，设有前檐廊，原明间槛墙上施木隔扇，经整修改为板门和现代玻璃窗。两侧厢房为单坡顶房屋，五间两所，与门面房后墙呈无间隙连接，屋顶有连属关系。小门面和两间外开门的厢房用于出租，其余房屋自用。所有房屋高度虽然有限，但全部为两层，底层伸手可触及楼板。下层居住，上层储物。在空间利用方面也反映出了商人的精打细算。庭院长度 15.7 米，宽 3.8 米，呈狭长形。基地面积仅 461 平方米，房屋占地面积就有 407 平方米，庭院面积仅占总面积的 12%，建筑密度之高，反映了山区集市的用地紧张程度。

荆紫关古商业街前店后宅民居的面阔有两种：一是上述实例的五间面阔，具有代表性，院内可建两侧厢房；二是庭院宽度仅三间面阔，院内一侧建厢房，且进深比较小。宅院深度为一进者多，二进者少，多进者无。

四、荆紫关民居特点

荆紫关附近及整个淅川县境内，散布的古民居数量比较多，但规模较小，房屋质量较差。因此地是南北气候过渡区域，又是中原、秦晋、楚的文化交会地带，还是山区，房屋极具多元建筑文化融合性、多样性的特点，具体表现在以下几个方面。

第一，民房外观趋于楚域民居形象。这一特性的表现主要在屋顶，“屋顶是中国木构架单体建筑三大构成中最触目的部分。……不论是官式建筑还是民间建筑，屋顶在建筑外观中都占据重要的分量，具有突出的艺术表现力”。正是这种突出的艺术表现力，往往成为房屋外观形象的主要部分。荆紫关（包括附近地带）民居的屋顶处理比较简单，檐口大多不用勾头、滴水；正脊和垂脊不甚突出，构造也较为简单；屋面铺设仰瓦，瓦下苫背很薄，接近于冷摊瓦屋面的厚度。简单的檐口、屋脊及马头墙为南方民居建筑的惯用方法，但南方民居中不用仰瓦而是冷摊阴阳瓦，故而是趋于而不是完全等于楚地南部的民居形象。荆紫关附近的民间建筑屋面也有很多冷摊阴阳瓦屋顶，但荆紫关镇内很少。

第二，木构架的多元混合性。当地房屋的木构架应用非常灵活，有完全纯净的抬梁式或穿斗式，也有二者的混合型木构架。

第三，墙体以北方的传统做法为主。当地的房屋墙体较厚，一般为两顶砖之厚度；墙体材料以砖和土坯为主，有混砖、里生外熟和土坯墙三种墙体。荆紫关是山区，石料丰富，但用石材不多。

第四，凡土坯墙外皮灰泥粉刷后必罩白，灰瓦白墙的色彩亦属南方建筑风格之一。

第五，单坡顶、双坡顶房屋兼而有之。单坡顶用于厢房，双坡顶用于正房，图附录 -60（b）剖面图 2 所示的厢房就是单坡顶，但不是每座厢房都用单坡顶。

如上所述，荆紫关乃鄂、豫、陕三省交会点，其建筑形式的多元融合性尤为突出。

附图 -61~ 附图 -71 如下。

附图 -61　荆紫关门楼

附图 -62　荆紫关戏楼

附图 -63　荆紫关石雕

附图 -64　荆紫关雕梁画栋

附图 -65　荆紫关会馆

附图 -66　荆紫关会馆木雕

附图 -67　荆紫关柱础

附图 -68　荆紫关石槽

附图 -69　荆紫关平浪宫

附图 -70　碑亭前檐

附图 -71　“鄂豫陕”三省纪念塔

参考文献

[1] 秦婧 . 中原窑洞文化生态研究 [D]. 郑州：郑州大学，2011.

[2] 袁如 . 中原地区窑洞式民居的文化分析 [D]. 郑州：郑州大学，2012.

[3] 鲁科科，李润强 . 中原地区民俗特色文化概述 [J]. 东南文化，2007（5）：65–72.

[4] 郑东军 . 中原文化与河南地域建筑研究 [D]. 天津：天津大学，2008.

[5] 刘磊 . 中原地区传统村落历史演变研究 [D]. 南京：南京林业大学，2016.

[6] 赵亚京 . 中原文化与河南民居建筑形式语言研究 [D]. 金华：浙江师范大学，2015.

[7] 王芳 . 中原地区传统民居建筑形态分析 [D]. 焦作：河南理工大学，2007.

[8] 张东 . 中原地区传统村落空间形态研究 [D]. 广州：华南理工大学，2015.

[9] 刘攀 . 郑州传统民居营造技术研究 [D]. 郑州：郑州大学，2015.

[10] 李伟伟 . 商丘古城传统建筑地域性特色研究 [D]. 开封：河南大学，2012.

[11] 庞海敏，朱毅 . 传统民居建筑装饰传承与发展——以河南民居为例 [J]. 美与时代（上），2016（2）：27–29.

[12] 庄昭奎 . 豫北平原地区传统民居营造技术研究 [D]. 郑州：郑州大学，2015.

[13] 王莹莹 . 探析河南民居三雕艺术纹样 [J]. 现代装饰（理论），2015（12）：213.

[14] 金日学，李耒 . 河南民居空间形态 [J]. 四川建材，2016，42（1）：91–92.

[15] 荣树坤 . 河南康百万庄园室内与家具装饰艺术研究 [D]. 哈尔滨：东北林业大学，2012.

[16] 杨睿 .“低技”途径回归中国传统住宅——以中原民居为例 [J]. 艺术与设计（理论），2010，2（9）：117–118.

[17] 左满常，白宪臣 . 河南民居 [M]. 北京：中国建筑工业出版社，2007.

参考文献